能源与环境出版工程

微藻生物柴油全生命周期
"2E&W"分析

Life Cycle "2E&W" Assessment of Microalgal Biodiesel

谢晓敏　张庭婷　黄　震　著

上海交通大学出版社

内容提要

本书从生命周期角度对微藻生物柴油进行了生命周期能源消耗、环境影响以及水足迹(2E&W)评价。论述了微藻生物能源发展历史及微藻生物柴油的技术挑战;全面阐述了车用燃料生命周期评价发展以及生命周期"2E&W"评价方法;结合我国不同地区的资源和气候特点,系统评估了各地培养微藻生产生物柴油的潜力;通过模拟建立微藻生物柴油综合炼厂,深入研究了微藻生物柴油生命周期能源消耗、环境影响和水足迹,对微藻生物柴油生命周期"2E&W"进行了系统、全面的评价。

本书可作为高等学校能源与环境专业教学与科研参考书,也可供从事能源政策和环境评估等工作的相关研究人员和管理人员参考。

图书在版编目(CIP)数据

微藻生物柴油全生命周期"2E&W"分析/谢晓敏,张庭婷,
黄震著.—上海:上海交通大学出版社,2016
能源与环境出版工程
ISBN 978-7-313-14196-5

Ⅰ.①微…　Ⅱ.①谢…②张…③黄…　Ⅲ.①微藻-生物
燃料-柴油-研究　Ⅳ.①TK6

中国版本图书馆 CIP 数据核字(2015)第 298762 号

微藻生物柴油全生命周期"2E&W"分析

著　　者:谢晓敏　张庭婷　黄　震
出版发行:上海交通大学出版社　　　　　　地　　址:上海市番禺路 951 号
邮政编码:200030　　　　　　　　　　　　电　　话:021-64071208
出 版 人:韩建民
印　　制:上海天地海设计印刷有限公司　　经　　销:全国新华书店
开　　本:789mm×1092mm　1/16　　　　　印　　张:19
字　　数:364 千字
版　　次:2016 年 3 月第 1 版　　　　　　　印　　次:2016 年 3 月第 1 次印刷
书　　号:ISBN 978-7-313-14196-5/TK
定　　价:98.00 元

能源与环境出版工程
丛书学术指导委员会

能源与环境出版工程
丛书编委会

总主编

翁史烈（上海交通大学原校长、教授、中国工程院院士）

执行总主编

黄　震（上海交通大学副校长、教授）

编　委（以姓氏笔画为序）

马重芳（北京工业大学环境与能源工程学院院长、教授）

马紫峰（上海交通大学电化学与能源技术研究所教授）

王如竹（上海交通大学制冷与低温工程研究所所长、教授）

王辅臣（华东理工大学资源与环境工程学院教授）

何雅玲（西安交通大学热流科学与工程教育部重点实验室主任、教授）

沈文忠（上海交通大学凝聚态物理研究所副所长、教授）

张希良（清华大学能源环境经济研究所所长、教授）

骆仲泱（浙江大学能源工程学系系主任、教授）

顾　璠（东南大学能源与环境学院教授）

贾金平（上海交通大学环境科学与工程学院教授）

徐明厚（华中科技大学煤燃烧国家重点实验室主任、教授）

盛宏至（中国科学院力学研究所研究员）

章俊良（上海交通大学燃料电池研究所所长、教授）

程　旭（上海交通大学核科学与工程学院院长、教授）

总　　序

　　能源是经济社会发展的基础,同时也是影响经济社会发展的主要因素。为了满足经济社会发展的需要,进入 21 世纪以来,短短十年间(2002—2012年),全世界一次能源总消费从 96 亿吨油当量增加到 125 亿吨油当量,能源资源供需矛盾和生态环境恶化问题日益突显。

　　在此期间,改革开放政策的实施极大地解放了我国的社会生产力,我国国内生产总值从 10 万亿元人民币猛增到 52 万亿元人民币,一跃成为仅次于美国的世界第二大经济体,经济社会发展取得了举世瞩目的成绩!

　　为了支持经济社会的高速发展,我国能源生产和消费也有惊人的进步和变化,此期间全世界一次能源的消费增量 28.8 亿吨油当量竟有 57.7% 发生在中国! 经济发展面临着能源供应和环境保护的双重巨大压力。

　　目前,为了人类社会的可持续发展,世界能源发展已进入新一轮战略调整期,发达国家和新兴国家纷纷制定能源发展战略。战略重点在于:提高化石能源开采和利用率;大力开发可再生能源;最大限度地减少有害物质和温室气体排放,从而实现能源生产和消费的高效、低碳、清洁发展。对高速发展中的我国而言,能源问题的求解直接关系到现代化建设进程,能源已成为中国可持续发展的关键! 因此,我们更有必要以加快转变能源发展方式为主线,以增强自主创新能力为着力点,规划能源新技术的研发和应用。

　　在国家重视和政策激励之下,我国能源领域的新概念、新技术、新成果不断涌现;上海交通大学出版社出版的江泽民学长著作《中国能源问题研究》(2008 年)更是从战略的高度为我国指出了能源可持续的健康发展之路。为了"对接国家能源可持续发展战略,构建适应世界能源科学技术发展趋势的能源科研交流平台",我们策划、组织编写了这套"能源与环境出版工程"丛书,其目的在于:

一是系统总结几十年来机械动力中能源利用和环境保护的新技术新成果；

二是引进、翻译一些关于"能源与环境"研究领域前沿的书籍，为我国能源与环境领域的技术攻关提供智力参考；

三是优化能源与环境专业教材，为高水平技术人员的培养提供一套系统、全面的教科书或教学参考书，满足人才培养对教材的迫切需求；

四是构建一个适应世界能源科学技术发展趋势的能源科研交流平台。

该学术丛书以能源和环境的关系为主线，重点围绕机械过程中的能源转换和利用过程以及这些过程中产生的环境污染治理问题，主要涵盖能源与动力、生物质能、燃料电池、太阳能、风能、智能电网、能源材料、大气污染与气候变化等专业方向，汇集能源与环境领域的关键性技术和成果，注重理论与实践的结合，注重经典性与前瞻性的结合。图书分为译著、专著、教材和工具书等几个模块，其内容包括能源与环境领域内专家们最先进的理论方法和技术成果，也包括能源与环境工程一线的理论和实践。如钟芳源等撰写的《燃气轮机设计》是经典性与前瞻性相统一的工程力作；黄震等撰写的《机动车可吸入颗粒物排放与城市大气污染》和王如竹等撰写的《绿色建筑能源系统》是依托国家重大科研项目的新成果新技术。

为确保这套"能源与环境"丛书具有高品质和重大的社会价值，出版社邀请了杜祥琬院士、黄震教授、王如竹教授等专家，组建了学术指导委员会和编委会，并召开了多次编撰研讨会，商谈丛书框架，精选书目，落实作者。

该学术丛书在策划之初，就受到了国际科技出版集团 Springer 和国际学术出版集团 John Wiley & Sons 的关注，与我们签订了合作出版框架协议。经过严格的同行评审，Springer 首批购买了《低铂燃料电池技术》(*Low Platinum Fuel Cell Technologies*)、《生物质水热氧化法生产高附加值化工产品》(*Hydrothermal Conversion of Biomass into Chemicals*)和《燃煤烟气汞排放控制》(*Coal Fired Flue Gas Mercury Emission Controls*)三本书的英文版权，John Wiley & Sons 购买了《除湿剂超声波再生技术》(*Ultrasonic Technology for Desiccant Regeneration*)的英文版权。这些著作的成功输出体现了图书较高的学术水平和良好的品质。

　　希望这套书的出版能够有益于能源与环境领域里人才的培养,有益于能源与环境领域的技术创新,为我国能源与环境的科研成果提供一个展示的平台,引领国内外前沿学术交流和创新并推动平台的国际化发展!

翁史烈

2013 年 8 月

前　言

当前,尽管全球经济呈现出疲软的总体态势,但全球能源生产与能源消费仍保持持续增长。截至 2014 年底,全球终端能源消费量超过 129 亿吨石油当量,而中国 2014 年的终端能源消费量占了全球的 23%。全球一次能源供应方面,依然是以煤、石油、天然气为主的三大化石能源主导,占比达到 86.3%,但石油所占份额从 1973 年的 46.0% 下降到 2014 年的 32.5%。主要原因是数次石油危机下,各国开始意识到高度依赖石油的风险,从而致力于寻求与发展新能源。正因如此,全球的能源结构也悄然发生着从化石能源向新能源的转变,尽管这个比例目前依然较低。

换言之,因过度依赖化石能源引起的能源安全、环境污染、气候变化及水资源枯竭等问题已成为全世界共同面临的挑战。开发利用新能源逐步成为替代传统化石能源的重要手段,其中,发展非粮生物燃料得到了各国政府和研究学者的认可。微藻因其具有生长速度快、产油效率高、固定 CO_2、不与农作物争地等优点,被认为是未来最有潜力的生产生物燃料的非粮能源作物之一。2014 年 6 月中国正式发布了《能源发展战略行动计划(2014—2020 年)》,其中明确规定要超前部署微藻制油技术研发和示范,积极发展交通燃油替代。这表明,中国已正式将微藻纳入了生物质能发展规划。

目前,国内外的研究者和政府机构都在致力于发展微藻制油替代传统交通燃料的技术。但囿于成本等问题,当前微藻制油在大规模生产这一方面尚未取得实质性突破。利用微藻进行生物柴油的生产具有重要的现实意义,但必须结合我国的资源特点进行系统的评估,特别是从生命周期的角度来评价利用微藻生产生物柴油的资源、能源消耗和环境影响。本书的目的就在于结合我国各地区的资源和气候特点,评估不同地区培养微藻生产生物柴油的潜力,建立微藻生物柴油的全生命周期能源消耗、温室气体排放和水足迹评价模型,通过模拟建立的微藻生物柴油综合炼厂,考察微藻生物柴油在替代传统化石燃油方面的优缺点,同时找出微藻生物柴油生产链中的技术薄弱环节,从而为微藻制油的产业化发展提供指导。

本书围绕微藻生物柴油,首先梳理了微藻制油相关技术发展现状,介绍了生命周期能源消耗、环境影响及水足迹评价方法,概述了车用燃料、生物燃料的生命周期评价和水足迹的生命周期评价发展;然后结合国内各个地区的资源和气候特点考察了不同地区生产微藻生物柴油的潜力;最后构建了微藻制油生物综合炼厂模型,对微藻制油这一生产链进行了能源消耗、温室气体排放和水足迹的系统、全面的生命周期评价。

本书是上海交通大学燃烧与环境技术中心近年来在车用燃料生命周期评价研究方面成果的积累。在此特别感谢美国阿岗国家实验室王全录博士在本书开展的研究工作中给予的支持与指导。感谢 2015 上海高效服务国家重大战略出版工程专项资金的资助,感谢上海交通大学出版社热情、细致的编辑工作。

微藻生物能源作为一种新兴的车用替代能源,国内外尚缺乏对其进行全面的生命周期能源消耗、环境影响以及水足迹分析。希望本书的出版能为我国的非粮生物燃料发展提供指导。本书可作为高等学校能源与环境专业教学与科研参考书,也可供从事能源政策和环境评估等工作的相关研究人员和管理人员参考。

由于作者水平有限,书中存在的一些疏漏和不当之处,恳请读者批评指正。

黄 震

主要缩略词及符号对照表

ANL	阿贡国家实验室（Argonne National Laboratory）
API	空气污染指数（air pollution index）
ASP	水生物种项目（aquatic species program）
ASSF	先进固体发酵技术（advanced solid-state fermentation）
BD	生物柴油（biodiesel）
BE	生物乙醇（bioethanol）
BSFC	有效燃料消耗（brake specific fuel consumption）
COD	化学需氧量（chemical oxygen demand）
CIDI	直喷压缩点燃（compressed ignition with direct injection）
CI - ICE	压燃点燃式内燃机（compressed ignition internal combustion engine）
DAG	甘油二酯（diacylglycerols）
DOE	美国能源部（U. S. Department of Energy）
EIA	美国能源信息署（U. S. Energy Information Administration）
ET	蒸发蒸腾作用（evapo transpiration）
EV	电动车（electricity vehicle）
FAMEs	脂肪酸甲酯（fatty acid methyl esters）
FAO	联合国粮农组织（Food and Agriculture Organization of the United Nations）
FC	燃料电池（fuel cell）
FFA	游离脂肪酸（free fatty acids）
FG	闪蒸汽（flared gas）
FTD	费-托柴油（Fischer-Tropsch diesel）
GDP	国内生产总值（gross domestic product）
GHG	温室气体排放（greenhouse gas emission）
GV	汽油车（gasoline vehicle）
GWP	全球变暖潜值（global warming potential）
HPH	高压均质法（high pressure homogenization）

HRAP	高得率藻培养池(high rate algal pond)
HSH	高速均质法(high speed homogenization)
HTP	人体毒性潜值(health toxic potential)
ICE – HEV	内燃机与电池混合驱动(ICE hybrid electricity vehicle)
IEA	国际能源署(International Energy Agency)
IPCC	政府间气候变化委员会(Intergovernmental Panel on Climate Change)
ISO	国际标准化组织(International Organization for Standardization)
LCA	生命周期评价(life cycle assessment)
LHV	低位热值(low heating value)
LNG	液化天然气(liquefied natural gas)
LPG	液化石油气(liquefied petroleum gas)
MBP	海洋生物质项目(marine biomass program)
MAG	甘油单酯(monoacylglycerols)
Mt	百万吨(million ton)
MTBE	甲基叔丁基醚(methyl tertiary butyl ether)
Mtoe	百万吨油当量(million ton oil equivalent)
MSW	固体废弃物(municipal solid waste)
MW	兆瓦(megawatt)
NASA	美国国家航空航天局(National Aeronautics and Space Administration)
NEDC	欧洲测试循环(new European driving cycle)
NG	天然气(natural gas)
NRDP	不可再生资源耗竭潜值(non-renwable resoure depletion potential)
NREL	美国国家可再生能源实验室(National Renewable Energy Laboratory)
OECD	经济合作与发展组织(Organization for Economic Co-operation and Development)
OPEC	石油输出国组织(Organization of Petroleum Exporting Countries)
ORP	开放式跑道池(open raceway pond)
PAR	光合有效辐射(photosynthetic available solar radiation)
PCSP	光化学烟雾潜值(photo-chemical smog potentail)
PEF	高强脉冲电磁场(pulsed electric field)
$PM_{2.5}$	直径小于等于 2.5 μm 的细颗粒物(particular matter less than 2.5 μm)
PM_{10}	直径小于等于 10 μm 的可吸入颗粒物(particular matter less than 10 μm)
PNNL	太平洋西北国家实验室(Pacific Northwest National Laboratory)
REPA	资源与环境状况分析(resources and environmental profile analysis)

RFG　　　　　重组汽油(reformulated gasoline)

$SCCO_2$　　　超临界 CO_2 萃取(supercritical carbon dioxide extraction)

SETAC　　　　环境毒理与化学协会(Society of Environmental Toxicology and Chemistry)

SI－ICE　　　火花点燃式内燃机(spark ignition internal combustion engine)

SPOLD　　　　欧洲生命周期评价发展促进委员会(Society for Promotion of Life-cycle Assessment Development)

TAG　　　　　甘油三酯(triacylglycerols)

TTW　　　　　下游阶段(tank to wheel)

ULSD　　　　超低硫柴油(ultra low sulfur diesel)

UNESCO　　　联合国教科文组织(United Nations Educational, Scientific and Cultural Organization)

UNFCC　　　联合国气候变化框架公约(United Nations Framework Convention on Climate Change)

UNICEF　　　联合国儿童基金会(United Nations International Children's Emergency Fund)

WF　　　　　水足迹(water footprint)

WF_b　　　　蓝水足迹(blue water footprint)

WF_g　　　　绿水足迹(green water footprint)

WF_{gr}　　　灰水足迹(grey water footprint)

WHO　　　　世界卫生组织(World Health Organization)

WTT　　　　上游阶段(well to tank)

WWF　　　　世界自然基金会(World Wide Fund For Nature)

目　　录

第1章　中国能源形势与生物燃料发展 ···································· 001

1.1　引言 ··· 001

1.1.1　中国经济发展和能源需求间的平衡 ···················· 003

1.1.2　能源需求与能源安全 ································· 005

1.1.3　生物燃料的发展是解决能源安全的手段之一 ········ 018

1.2　生物燃料发展现状 ··· 019

1.2.1　全球生物燃料发展概况 ······························· 019

1.2.2　中国生物燃料发展概况 ······························· 022

1.3　国外生物燃料发展 ··· 024

1.3.1　美国 ··· 024

1.3.2　巴西 ··· 026

1.3.3　欧盟 ··· 028

1.3.4　泰国 ··· 029

1.3.5　澳大利亚 ··· 031

1.3.6　其他 ··· 032

1.4　本书重点内容 ··· 034

参考文献 ··· 034

第2章　微藻制油技术发展概览 ···································· 038

2.1　微藻制油的初步认识 ··· 038

2.1.1　商业化微藻种类代表 ································· 038

2.1.2　微藻的应用价值 ····································· 041

2.1.3　微藻制取生物柴油的优势 ···························· 043

2.2　微藻作物生物质能源的发展历史 ································· 045

2.2.1　国外进展 ··· 045

2.2.2　国内发展 ··· 047

2.3　微藻制取生物柴油的技术挑战 ··································· 049

2.3.1 微藻藻种筛选 ･･････････････････････ 050

2.3.2 微藻培养技术 ････････････････････････ 051

2.3.3 微藻采收脱水技术 ･････････････････ 058

2.3.4 微藻油脂提取 ････････････････････････ 066

2.3.5 油脂转换过程 ････････････････････････ 077

2.3.6 微藻副产品 ･･･････････････････････････ 083

2.4 小结 ･･････････････････････････････････････ 084

参考文献 ･･･････････････････････････････････････ 085

第3章 车用燃料生命周期评价发展 ･･････････ 100

3.1 生命周期评价概念 ･･････････････････････ 100

3.1.1 概念与内涵 ･･･････････････････････････ 100

3.1.2 分析指标 ････････････････････････････ 103

3.2 生命周期评价发展历程 ････････････････ 106

3.3 车用燃料生命周期评价 ････････････････ 108

3.3.1 车用燃料生命周期评价概念 ････････ 108

3.3.2 早期车用燃料生命周期评价研究工作 ･･ 109

3.3.3 车用燃料生命周期评价研究进展 ････ 113

3.3.4 车用生物替代燃料及其生命周期评价进展 ･･ 118

3.4 小结 ････････････････････････････････････ 125

参考文献 ･･･････････････････････････････････････ 125

第4章 水足迹评价发展 ･･････････････････････ 139

4.1 水与能源 ･･････････････････････････････ 139

4.1.1 全球水资源与能源 ･･･････････････････ 139

4.1.2 能源对水的渴望 ･････････････････････ 143

4.1.3 能源生产耗水对生态系统的影响 ････ 145

4.2 水足迹概念发展 ･････････････････････････ 148

4.2.1 水足迹概念 ････････････････････････ 148

4.2.2 水足迹评价内容 ･････････････････････ 149

4.2.3 全球平均水足迹现状 ････････････････ 151

4.3 生物燃料水足迹评价研究现状 ･･････････ 153

4.3.1 生物燃料与水的关系 ････････････････ 154

4.3.2 生物燃料生长过程水足迹比较 ･･････ 155

4.3.3 生物燃料生命周期水足迹比较 ･･････ 156

4.4　小结 ……………………………………………………… 163
参考文献 ……………………………………………………… 163

第5章　"2E&W"计算方法简介 ……………………………… 168
5.1　总体研究框架与分析指标的确立 ……………………… 168
5.1.1　研究框架 ………………………………………… 168
5.1.2　考察指标 ………………………………………… 170
5.1.3　副产品分配方法 ………………………………… 171
5.2　"2E"计算模型 …………………………………………… 173
5.2.1　WTT 计算过程 …………………………………… 173
5.2.2　TTW 计算过程 …………………………………… 177
5.2.3　WTW 计算过程 …………………………………… 177
5.3　"W"计算模型 …………………………………………… 177
5.3.1　水足迹系统边界的确立 ………………………… 178
5.3.2　各类水足迹定义 ………………………………… 178
5.3.3　陆生作物水足迹计算方法 ……………………… 179
5.3.4　微藻水足迹计算方法 …………………………… 180
5.4　小结 ……………………………………………………… 181
参考文献 ……………………………………………………… 181

第6章　微藻生物柴油生产潜力分布特征 …………………… 183
6.1　潜力分布模型依据 ……………………………………… 184
6.1.1　微藻生长模型 …………………………………… 184
6.1.2　微藻生物柴油理论产量 ………………………… 185
6.1.3　微藻生物柴油修正产量 ………………………… 185
6.2　微藻生长区域分布特征 ………………………………… 187
6.2.1　微藻平均生长率 ………………………………… 187
6.2.2　微藻生物柴油理论分布 ………………………… 189
6.2.3　引入光饱和度和水温的微藻生物柴油分布 …… 190
6.2.4　引入水可获取能力的微藻生物柴油分布 ……… 192
6.2.5　影响因素讨论 …………………………………… 196
6.3　小结 ……………………………………………………… 196
参考文献 ……………………………………………………… 197

第7章　过程燃料生命周期分析 ·············· 200

　7.1　过程燃料概述 ·············· 200

　7.2　基础数据 ·············· 201

　　7.2.1　原料开采环节 ·············· 201

　　7.2.2　原料运输环节 ·············· 205

　　7.2.3　原料加工环节 ·············· 209

　7.3　能耗与排放结果 ·············· 212

　　7.3.1　能耗与排放清单 ·············· 212

　　7.3.2　能耗与排放分析 ·············· 213

　7.4　小结 ·············· 214

　参考文献 ·············· 214

第8章　微藻生物柴油生命周期"2E"结果评价 ·············· 216

　8.1　微藻生物柴油炼厂设计及生命周期评价系统边界 ·············· 216

　　8.1.1　微藻生物柴油综合炼厂设计 ·············· 216

　　8.1.2　生命周期评价系统边界 ·············· 217

　8.2　主要技术路线参数 ·············· 218

　　8.2.1　微藻培养阶段 ·············· 218

　　8.2.2　微藻脱水阶段 ·············· 222

　　8.2.3　微藻油脂提取阶段 ·············· 225

　　8.2.4　生物柴油转化阶段 ·············· 226

　　8.2.5　生物柴油运输及分配阶段 ·············· 227

　　8.2.6　生物柴油燃烧阶段 ·············· 227

　　8.2.7　副产品分配方法 ·············· 227

　8.3　微藻生物柴油"2E"结果分析 ·············· 228

　　8.3.1　上游阶段结果 ·············· 229

　　8.3.2　全生命周期结果 ·············· 231

　　8.3.3　敏感性分析 ·············· 232

　　8.3.4　电力结构影响分析 ·············· 235

　　8.3.5　区域特征 ·············· 235

　8.4　小结 ·············· 238

　参考文献 ·············· 239

第9章　微藻生物柴油水足迹分析 ·············· 242

　9.1　生物质基液体燃料路线的选择 ·············· 243

9.1.1 中国生物质液体燃料发展框架 ………………………… 243

9.1.2 主要非粮作物产量 …………………………… 245

9.1.3 非粮作物燃料路线选择 ……………………… 246

9.2 作物生长阶段水足迹计算 ……………………………… 251

9.2.1 模型代表地点选择 ………………………… 252

9.2.2 气候条件的确定 …………………………… 252

9.2.3 作物种植过程主要参数 …………………… 258

9.2.4 作物生长阶段水足迹 ……………………… 259

9.2.5 微藻培养过程水足迹 ……………………… 260

9.3 生物燃料加工过程水足迹计算 ………………………… 260

9.3.1 生物乙醇 …………………………………… 260

9.3.2 生物柴油 …………………………………… 263

9.4 水足迹结果比较 ………………………………………… 265

9.4.1 各阶段水足迹比较 ………………………… 265

9.4.2 生命周期水足迹比较 ……………………… 267

9.4.3 国内外水足迹结果比较 …………………… 269

9.5 小结 …………………………………………………… 270

参考文献 ……………………………………………………… 271

第10章　主要结论与政策建议 …………………………………… 275

10.1 主要结论 ……………………………………………… 275

10.2 政策建议 ……………………………………………… 277

索引 ……………………………………………………………… 279

第1章 中国能源形势与生物燃料发展

1.1 引言

能源是人类社会生存和发展的重要支柱。它存在于自然界中,并随着人类智力的发展而不断被开发利用,强有力地推动了人类文明的发展。人类利用能源的历史可分为五大阶段:第一是火的发现和利用;第二是畜力、风力、水力等自然动力的利用;第三是化石燃料的开发和热的利用;第四是电的发现及开发利用;第五是原子核能的发现及开发利用。每一种能源利用方式的发明使用都与人类的文明程度息息相关。Alfred W. Crosby 在《人类能源史:危机与希望》[1]一书中总结了人类发展经历的三次能源大转换:第一次是因太阳赏赐而得来的主要原料——木材的漫长使用期;第二次是18世纪第一次工业革命因蒸汽机的出现而带来的化石能源时代;第三次是未来第三个千年之交因核而起的核裂变和核聚变使用时期。目前,人类正处在化石燃料使用的主导阶段,石油、天然气和煤成为世界的主要能源。据统计[2],2014 年全球主要能源消费达到 12 928.4 百万吨油当量(million tones oil equivalent,Mtoe),其中,石油、天然气和煤的消费量占总消费量的比例分别是32.6%、23.7%和30.0%,核能、水电和可再生能源的消费比例仅分别是4.4%、6.8%和2.5%。随着人类社会的发展,未来对能源的需求量还会进一步增加。

尽管化石燃料主导着现今的能源消费格局,但是,人们已经意识到不可再生的化石燃料是有缺陷的。一方面,地球上石油等化石燃料的储量有限。如表1-1所示,2014 年全球化石燃料的已探明储量中,煤、石油和天然气的可采年限分别是110、52.5 和 54.1 年[2]。随着开采的深入,煤、石油、天然气等化石能源的开采难度越来越大,成本越来越高,开采得到的产品品质也在大幅降低。以煤为例,全球已探明煤储量中,大约有 45.2%的探明量是品质较好的无烟煤,剩余的54.8%均是品质相对较差的烟煤和褐煤[2]。燃烧这些品质较差的煤将会给环境带来更加严重的污染。石油是工业的血液,也是各国争夺的重要战略资源。石油的大量消费,加上石油资源分布的不均衡,使得各经济体的能源安全受到严峻挑战,这就驱动世界能源向石油以外的能源物质转移。世界能源正面临一个新的转折点。在能源消费结构中,已开始从石油为主的能源结构逐步向多元能源结构过渡。人类已经开始将目光投向了各种形式的新能源,如地热、低品位放射性矿物、地磁等地下能源;潮汐、海浪、海流、海水温差、海水盐差、海水重氢等海洋能、风能、生物能等地面能源;以及太阳能、宇宙射线等太空能源。从近期和中期来看,在这些能源中,生物质能、风能、太阳能等都具有可规模化应用的潜值,从长远来看,核能是最有希望取代石油的重要能源。

表 1-1 全球主要化石燃料已探明储量及储采比

能源种类	2013 年已探明储量	储采比/a
煤	891 531 Mtoe①	110
石油	239 840.4 Mtoe	52.5
天然气	187.1×10^{12} m^3	54.1

① toe 为吨石油当量。

另一方面,化石能源的粗放利用给人类生存环境和人类自身安全带来了灾难性的破坏和威胁。化石燃料燃烧产生的无机污染物主要包括 CO、CO_2、SO_2、H_2S、NO_x、COS、CS_2、C_4H_4S、CH_3SH、C_2H_5SH、C_2H_3SH、$CH_3C_4H_3$ 等,此外,还包括飞灰、各种微量金属元素、放射性微粒[3]。据统计,每年由于人类原因排入大气环境的污染物达六亿多吨,仅美国就约占两亿吨,其中毒害有机污染物含量超过三千万吨[3]。研究表明,这些由化石燃料燃烧而产生的污染物引发了温室效应、酸雨、破坏臭氧层、雾霾频发等环境问题。例如,燃煤产生的 SO_2 等有害气体可转化成酸雨,污染江河湖泊,危急水生生物和农作物生长,严重破坏生态环境;燃烧化石燃料产生的直链烷烃可引起神经系统障碍,并强烈刺激呼吸器官,甚至有产生皮肤癌的风险;产生的芳香烃毒性极大,可使皮肤、肺产生肿瘤和癌症,使生物产生畸变和突变;产生的酚类可使蛋白质变性,对皮肤黏膜有腐蚀性;动力发电、冶金焦化等工业过程及汽车尾气排放产生的二噁英类具有强烈的致癌性[3]。除化石燃料的使用过程外,大量化石能源的开采、加工、运输过程也对生态环境造成了破坏[4]。

为此,国际社会都在加大对可再生能源的开发利用力度,寻求实现能源消费结构的革命性变革,力图从根本上解决人类能源永续安全的问题。近十年来,可再生能源表现出了高速增长的势头,生产规模不断扩张,生产能力迅速增长,生产成本不断下降[5]。据统计,全球累计安装的太阳能光伏发电容量从 2004 年的 2 217 兆瓦(megawatt, MW)增加到 2014 年的 71 869 MW,增长率超过了 30 倍;全球风电的累计安装容量从 2004 年 5 473 MW 增长到 2014 年的 146 577 MW,增长了近 26倍;全球生物燃料产量也从 2004 年的 16.445 Mtoe 增加到 2014 年的70.792 Mtoe,增长了约 3 倍[2]。除此之外,地热等其他清洁能源的发展也得到了重视。据国际能源署(International Energy Agency, IEA)预测[6],到 2035 年,全球清洁能源的消耗量将会在现有基础上增加一倍。清洁能源克服了传统化石能源的枯竭和地理分布的不均衡性,这也会催生以能源技术为焦点的全球能源互联网的形成。

1.1.1　中国经济发展和能源需求间的平衡

自 2007—2009 年金融海啸爆发以后,全球经济一直处于衰退和低速增长阶段。据世界银行统计[7],全球 2011—2014 年的年经济增长率分别是 2.8%、2.3%、2.2% 和 2.5%,低于 20 世纪 90 年代 4% 左右的增长速度。图 1-1 绘制了全球主要国家在过去 10 来年间的国内生产总值(gross domestic product,GDP)增长趋势[7]。可以看出,主要国家中,美国和中国在受到 2009 年金融危机之后,经济逐渐复苏,保持中高速增长,其他国家则受经济危机的影响较大,经济增长趋于平缓。中国的 GDP 总量于 2010 年左右超过日本,成为继美国之后的第二大经济体[7]。自改革开放以来的 35 年中,中国经济发展一直保持快速增长,其 GDP 值从 1978 年的 3 650.2 亿元提高到 2014 年的 636 138.7 亿元[8],增长了约 160 倍。由于中国人口众多,基础薄弱,2014 年人均 GDP 仅为 7 593.9 美元[7],如图 1-2 所示,虽然人均 GDP 较 2013 年有所增加,但相比其他发达国家还存在较大的差距。

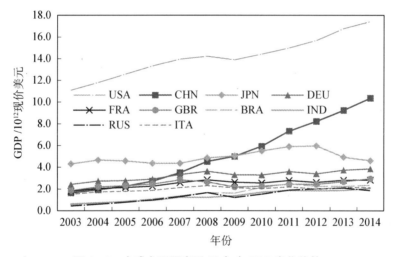

图 1-1　全球主要国家近 10 年来 GDP 变化趋势

USA—美国;CHN—中国;JPN—日本;DEU—德国;FRA—法国;
GBR—英国;BRA—巴西;IND—印度;RUS—俄罗斯;ITA—意大利

经济的发展需要能源作为助推的动力,而人口的增长则给全球能源供给带来新的要求。BP 石油公司的能源统计资料显示[2],在过去的近 50 年中(1965—2014),全球的一次能源总消耗从 3 728.0 Mtoe 增长到 12 928.4 Mtoe,增长了约 2.5 倍。据预测[9],世界人口到 2030 年将达到 83 亿,这意味着有 13 亿新增人口需要能源。其中,新增人口中超过 90% 的增长将出现在经济合作与发展组织(Organization for Economic Co-operation and Development,OECD)外的低、中等

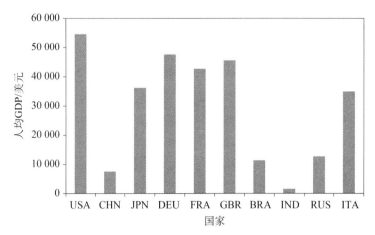

图 1-2　全球主要国家 2014 年人均 GDP 对比

USA—美国；CHN—中国；JPN—日本；DEU—德国；FRA—法国；
GBR—英国；BRA—巴西；IND—印度；RUS—俄罗斯；ITA—意大利

收入经济体,因其工业化、城市化和机动化发展迅猛,这些经济体除贡献 70% 的全球 GDP 增长外,还将贡献 90% 以上的全球能源需求增长[9]。中国是一个人口大国,也是能源需求大国。自 1978 年实行改革开放以来,中国的能源消费总量从当年的 396.6 Mtoe 增加到 2014 年的 2 972.1 Mtoe[2],占了全球 2014 年总能耗的 23.0%[2]。人均能源使用量也从 2000 年的 920 千克石油当量(kgoe)增加到 2012 年的 2 142.8 kgoe[7]。随着经济的发展,未来中国对能源的需求还将持续增加。

图 1-3 为 2014 年全球及中国的一次能源消费构成[2]。在世界总能源消费构成中,原油、煤和天然气(natural gas, NG)依然占据主导地位,比例分别为32.6%、30.0%和23.7%,水电、核电和可再生能源占据的比例较小,分别为6.8%、4.4%和2.5%。也就是说,非化石能源占当今全球能源消费结构的比例大约是 13.7%。相比之下,中国的能源消费结构则是仍保持以煤为主导地位,煤的比例占据了总消费的 66.0%,但煤的消费比例正在逐年减少,相比 2012 年,煤占中国能源消费结构

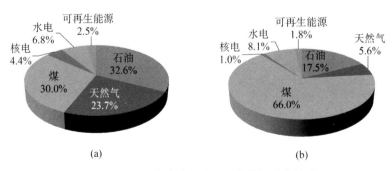

图 1-3　2014 年全球及中国一次能源消费构成

（a）全球；（b）中国

的比例下降了约 2.5%。除煤之外,石油、水电、天然气占中国能源消费结构的比例分别为 17.5%、8.1% 和 5.6%,核电和其他可再生能源的比例为 2.8% 左右。该消费结构主要是由中国"富煤、贫油、少气"的基本国情所决定的。据预测[9],未来 20 年内,全球的能源消费结构有望朝着降低化石燃料比例的方向发展,其中增长最快的燃料类型是可再生能源(包括生物质燃料),年均增幅约为 7.6%,而核电和水电都会分别保持在 2.6% 和 2.0% 的增速发展。

1.1.2　能源需求与能源安全

能源需求的大幅度增加标志着中国经济充满活力,人民生活水平进一步提高,但同时也给中国的能源供应和环境保护带来较大压力。2014 年 6 月发布的《世界能源蓝皮书:世界能源发展报告(2014)》[10]指出,作为世界上最大的能源生产国和消费国,中国的能源安全面临严峻挑战。这些挑战突出表现在我国能源供应与经济发展模式和环境保护之间存在的突出矛盾。这些矛盾主要表现在如下几个方面:①能源安全;②全球气候变化;③大气环境污染;④水资源安全。

1.1.2.1　能源安全问题

1) 原油

据国际能源署 IEA 预测[6],以化石能源为主的能源消费体系在未来 20 年间不会发生实质性改变,其中原油消费比例到 2035 年仍维持在 24.7%～27.4%。截至 2014 年底,全球原油已探明储量 17 001 亿桶,但原油储量分布不均,石油输出国组织(Organization of Petroleum Exporting Countries, OPEC)的原油已探明储量占了全球原油储量的 71.6%,欧盟成员国的原油已探明储量约占全球的 20.1%,而中国的原油已探明储量仅占世界的 1.1%。如果按照当前的开采速度计算,中国的原油现已探明储量仅可开采 11.9 年[2]。据统计[8],2013 年,中国的原油生产总量为 30 260 万吨标煤,但石油总消费量达到 69 000 万吨标煤,很大一部分消耗量都需要对外进口。自 1993 年中国成为石油净进口国以来,中国对外进口的原油量持续攀升,如图 1-4 所

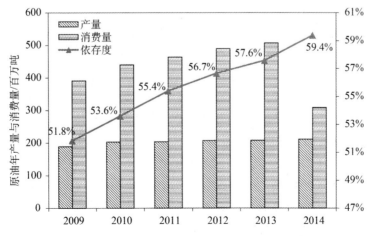

图 1-4　中国原油 2009—2014 年产量、消费量及对外依存度

示,2014 年对外进口原油 309.2 百万吨,原油对外依存度达到了 59.4%[2]。

图 1-5 列出了中国原油进口来源构成[2]。2014 年中国对外进口的原油主要集中在中东和西非等地区,两者的比例分别是 46.1% 和 15.4%。其次,前苏联地区进口的原油比例也相对较高,大约占了 12.3%。持续攀升的对外依存度也给能源运输带来高风险。首先,中国石油进口来源集中于中东、非洲这些局势动荡地区,如图 1-5 所示,中东和西非两地 2014 年的总进口量已经超过了 60%。其次,中国石油海路运输 80% 以上途经霍尔木兹海峡和马六甲海峡,这些地区海盗及海上恐怖主义活动猖獗,导致经过该海域的货船频频受到威胁。第三,中国海上运输能力相对不足,90% 以上的原油运输份额都依赖于海外油轮公司,这不但增加了运输成本,还容易受制于人,是能源运输安全的重大隐患。

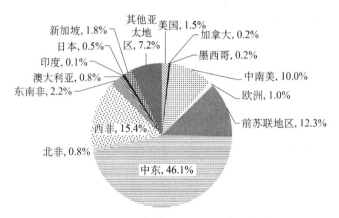

图 1-5　2014 年中国原油进口来源构成

2) 天然气

中国的天然气资源稀少,在消费结构中所占的比例相对较低。2014 年的已探明储量为 3.5×10^{13} m³,占世界已探明储量的 1.8%[2]。全球天然气资源丰富的地区主要集中在伊朗、俄罗斯联邦、卡塔尔、土库曼斯坦等地区,占全球已探明储量的比例分别是 18.2%、17.4%、13.1%、9.3%[2]。图 1-6 给出了中国 2009—2014 年天然气的年产量、消费量与对外依存度的变化趋势。2014 年,中国天然气产量约为 1.345×10^{12} m³,消费量约为 1.855×10^{12} m³,对外进口天然气数量从 2009 年的 7.6×10^{10} m³ 上升至 2014 年的 5.84×10^{11} m³,天然气对外依存度也从 2009 年的 8.2% 急速增长至 2013 年的 30.7%,2014 年对外依存度略有回落[2]。随着天然气进口量的增长和国家用能政策的转变,我国天然气消费占总能源消费的比例逐年上升。2014 年的天然气消费比例约为 5.8%[8]。我国正准备推进能源改革,将大力推广天然气的使用,在国家颁布的《能源发展战略行动计划(2014—2020年)》中提出了到 2020 年将天然气的比重提高到 10% 的战略目标。中国本身就是"少气"的国家,这将使得天然气的进口量进一步增加。

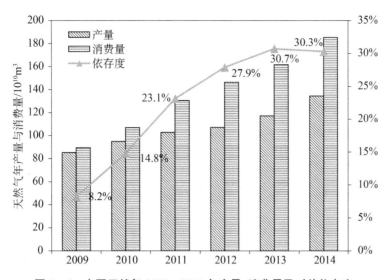

图 1 - 6 中国天然气 2009—2014 年产量、消费量及对外依存度

中国对外进口的天然气中,一部分是以液化天然气(liquefied natural gas, LNG)的形式进口,另一部分则是进口管道输送天然气。2014 年,中国通过管道对外进口了天然气约 3.13×10^{11} m³,除此之外,还进口了 LNG 约 2.71×10^{11} m³。如图 1 - 7(a)所示,2014 年,中国的管道天然气的进口来源地主要是土库曼斯坦、缅甸、乌兹别克斯坦和哈萨克斯坦,比例分别是 81.4%、9.6%、7.8% 和 1.2%。液化天然气的进口来源地主要是卡塔尔、澳大利亚、马来西亚、印度尼西亚等地,如图 1 - 7(b)所示,从这些地区进口 LNG 的比例分别占到了总 LNG 进口量的 33.8%、19.1%、15.0% 和 12.8%[2]。也门、尼日利亚、赤道几内亚、巴布亚新几内亚等地

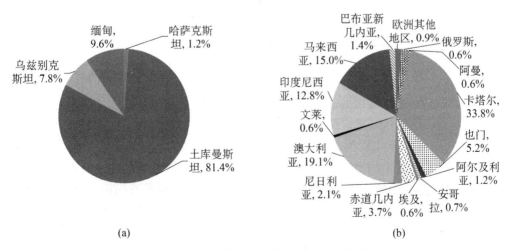

(a)   (b)

图 1 - 7 2014 年中国天然气进口来源构成

(a) 管道天然气;(b) 液化天然气

区也有少量进口。

3）煤

中国煤炭资源丰富,2014 年的已探明储量大约为 114 500 Mt,其中无烟煤大约占 54.3%,烟煤和褐煤的比重大约为 45.7%[2]。从煤炭资源的分布来看,除上海以外,其他各省区均有分布,但分布极不均衡。煤炭资源最丰富的地区主要集中在内蒙古、山西、陕西、宁夏、甘肃、河南等地,其资源量大约占全国煤炭资源总量的 50% 左右。在中国南方地区,煤炭资源丰富的地区主要集中在贵州、云南和四川三省。煤炭是我国的主要消费能源种类,其消费量占总能源的消费比例长期维持在 70% 以上,2010—2014 年煤炭消费比例有所回落,维持在 66%～68% 之间[8]。图 1-8 为我国 2009—2014 年煤炭的产量、消费量和对外依存度变化趋势。从图中可以看出,近几年煤炭的消费量增速放缓,但对外进口的煤炭总量则增长较快,2013 年对外依存度也已突破了 10%,但由于近期国家推出的一系列限制政策,煤炭进口量在 2014 年出现较大幅度下降,进口比例约为 7%[8]。

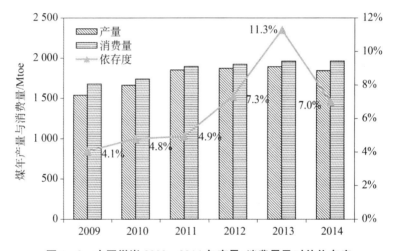

图 1-8 中国煤炭 2009—2014 年产量、消费量及对外依存度

总的来看,中国的原油、天然气和煤的需求量大,也越来越依赖于国外进口,特别是原油和天然气,其进口的来源地主要集中于中东和西非等地区,而这些地区的政治和军事环境异常复杂,这给中国的能源安全从源头上造成诸多不稳定因素。另一方面,中国进口的原油和天然气的运输路线单一,管道运输的比例很小,大部分需要通过远洋油轮进行远距离海上运输。中哈原油管道是我国第一条跨国原油管道,也是我国西北地区的主要油气进口通道。除此之外,我国东北地区的油气输入通道主要有三条:一是东西伯利亚—太平洋石油运输管道;二是奥哈—阿穆尔河畔共青城;三是雅库特输气管道[11]。我国进口的油气远距离海路运输大都必经霍尔木兹海峡和马六甲海峡两个地点,由于这附近区域局势复杂,导致这些地区受到美国及其他地区多方掣肘的可能性增大。因此,保障海上油气运输的安全性尤为重要。

1.1.2.2　全球气候变化

据政府间气候变化委员会(Intergovernmental Panel on Climate Change, IPCC)的资料显示[12],从全球平均气温和海温升高,大范围积雪和冰川融化,全球平均海平面上升的观测中可明显看出全球的气候系统正逐年变暖。普遍认为,变暖的原因很可能是人为温室气体浓度的增加[12]。二氧化碳(CO_2)被认为是最重要的人为温室气体。在 1965—2014 年间,全球的 CO_2 排放增加了大约 2.1 倍[2],到 2014 年世界 CO_2 排放总量达到 35 498.7 百万吨 CO_2 当量($MtCO_2 eq$)。

图 1-9 是世界主要国家 2003—2014 年的 CO_2 排放。从中可知,美国和中国是全球 CO_2 排放最多的国家,2014 年两国的总排放量占了全球总排放量的 44.4%[2]。随着经济的快速发展,中国的 CO_2 排放也逐年快速上升。2003 年至 2014 年的 12 年当中,中国的 CO_2 排放增加了 106.7%。其中 2007 年的 CO_2 排放与美国相当,并于 2008 年超过美国成为 CO_2 第一大排放国。

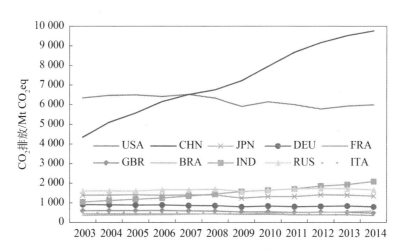

图 1-9　世界主要国家 CO_2 排放

USA—美国;CHN—中国;JPN—日本;DEU—德国;FRA—法国;
GBR—英国;BRA—巴西;IND—印度;RUS—俄罗斯;ITA—意大利

从全球 CO_2 排放源来看,据 IPCC 的统计资料显示[12],2007 年前后,能源供应、工业和林业是排放前三的行业,分别占了 25.9%、19.4% 和 17.4% 的比例,其次为农业、交通和住宅及商业建筑,比例分别为 13.5%、13.1% 和 7.9%,剩下的 2.8% 来自于废弃物和废水的处理。2014 年后,不同部门引起的 CO_2 排放有所变化,发电和供热的 CO_2 排放占总排放的比例最大,为 42%,其次为交通运输行业,约占 23%,工业排放 CO_2 比例大约占总排放的 20%[13]。从燃料的燃烧类型来看,

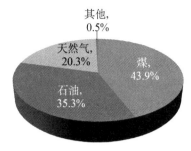

图 1-10　2012 年不同燃料燃烧引起的 CO_2 排放比例

根据 IEA 发布的报告显示[6]，如图 1-10 所示，2012 年的全球 CO_2 排放中，因化石燃料的燃烧引起的排放占了绝大部分。在化石燃料燃烧引起的 CO_2 排放中，43.9％的排放来自于煤的燃烧，35.3％的排放来自于石油，20.3％的排放来自天然气，剩余的0.5％来自其他燃料的燃烧。

气候变化影响到人类生活生存的各个方面，包括淡水资源、生态系统、粮食、纤维和林产品、工业、居住和社会以及健康。气候变化对各区域产生的影响因地理状况而各不相同。气候学家已经确定，为了避免对地球造成不可逆转的破坏，温度上升应以2℃为上限[12]。到目前为止，大多数发达国家都宣布了 2020 年的中期减排目标，但这些目标大多远远低于气候专委会关于到 2020 年比 1990 年减少 25％～40％的预期，若要将升温限制在 2℃之下，就必须实现这一减排目标[14]。

为控制温室气体排放、遏制全球变暖，联合国大会于 1992 年 6 月 4 日在巴西里约热内卢通过世界上第一个为全面控制 CO_2 等温室气体排放的联合国气候变化框架公约（United Nations Framework Convention on Climate Change，UNFCC）简称《公约》。该《公约》规定发达国家为缔约方，应采取措施限制温室气体排放，同时要向发展中国家提供新的额外资金以支付发展中国家履行《公约》所需增加的费用，并采取一切可行的措施促进和方便有关技术转让的进行。1997 年缔约国于日本京都召开的第三次缔约方大会上通过了《京都议定书》，规定了各国的 CO_2 排放标准。2007 年联合国气候大会通过了"巴厘岛路线图"的决议，期望能在路线图指引下约定两年的谈判时间，就 2012 年后应对气候变化达成新协议。2009 年 12 月7—18 日，《公约》第 15 次缔约方会议暨《京都议定书》第 5 次缔约方会议于哥本哈根举行，商讨《京都议定书》一期承诺到期后的后续方案，就未来应对气候变化的全球行动签署新的协议。会上，各国都作出了相应的减排承诺。俄罗斯宣布到 2020年温室气体排放量下降 25％，欧盟承诺 2050 年减排 95％，澳大利亚提出未来十年将较 2000 年减少 5％～15％，英国提出发达国家应为困难国家提供援助，而美国则表示实现 4％的减排承诺较难。作为发展中国家的印度提出 2020 年前将其单位GDP 二氧化碳排放量在 2005 年的基础上削减 20％～25％。中国则作出到 2020年单位 GDP 二氧化碳排放量比 2005 年下降 40％～45％的承诺。2014 年 11 月 12日，中美两国共同发表"中美气候变化联合声明"，提出美国计划于 2025 年实现在2005 年基础上减排 26％～28％的全经济范围减排目标，并将努力减排 28％；中国计划 2030 年左右二氧化碳排放达到峰值且将努力早日达峰，并计划到 2030 年非化石能源占一次能源消费比重提高到 20％左右。这一声明标志着全球两个最大碳排放国家达成了共同减排的承诺,未来双方均将会围绕这一目标开展多种节能减排的工作。目前中国正处于经济转型的关键时期,在 CO_2 排放总量位居世界第一的情况下,要实现这一减排目标仍是一巨大挑战。

1.1.2.3　大气环境污染

除引起全球变暖的温室气体外,化石燃料的大量使用还带来另一个环境问题,即大气污染问题。大气污染根据其存在状态可以分为两类:气溶胶状态污染物和气体状态污染物。气溶胶状态污染物包括粉尘、烟液滴、雾、降尘、飘尘、悬浮物等;气体状态污染物则主要有硫氧化物、氮氧化物、碳氢化合物等。这些污染物的过量存在不但给工农业及气候带来威胁,还给人体健康带来危害。

1) 国内大气环境总体状况

近几年,随着人们对环境重视程度的提高,环境治理的内外需因素都在不断加强,但是环境形势依然严峻,环境风险不断凸显。从大气环境来看,2014 年,全国开展空气质量新标准监测的地级及以上 161 个城市中,空气质量超标的城市比例达到 90.1%[15]。2013 年,京津冀、长三角、珠三角等重点区域及直辖市、省会城市和计划单列市共 74 个城市按照新标准开展监测,依据《环境空气质量标准》(GB 3095—2012)对 SO_2、NO_2、PM_{10}、$PM_{2.5}$ 年均值,CO 日均值和 O_3 日最大 8 小时均值进行评价[16]。从 2014 年的监测结果发现[15],74 个城市中有 8 个城市空气质量达标,占 10.8%;超标城市比例为 89.2%。空气质量相对较好的前 10 位城市是海口、舟山、拉萨、深圳、珠海、惠州、福州、厦门、昆明和中山,空气质量相对较差的 10 个城市是保定、邢台、石家庄、唐山、邯郸、衡水、济南、廊坊、郑州和天津[15]。

从各指标来看,如图 1-11 所示,SO_2 年均浓度范围为 $6\sim82\ \mu g/m^3$,平均浓度为 $32\ \mu g/m^3$,达标城市比例为 89.2%;NO_2 年均浓度范围为 $16\sim61\ \mu g/m^3$,平均浓度为 $42\ \mu g/m^3$,达标城市比例为 48.6%;PM_{10} 年均浓度范围为 $42\sim233\ \mu g/m^3$,平均浓度为 $105\ \mu g/m^3$,达标城市比例为 21.6%;$PM_{2.5}$ 年均浓度范围为 $23\sim130\ \mu g/m^3$,平均浓度为 $64\ \mu g/m^3$,达标城市比例为 12.2%;O_3 日最大 8 小时平均值第 90 百分位数浓度范围为 $69\sim200\ \mu g/m^3$,平均浓度为 $145\ \mu g/m^3$,达标城市比例为 67.6%;CO 日均值第 95 百分位数浓度范围为 $0.9\sim5.4\ mg/m^3$,平均浓度为 $2.11\ mg/m^3$,达标城市比例为 95.9%。

2) 颗粒物

颗粒物是大气中的固体或液体颗粒状物质,一般是由天然污染源和人为污染源释放到大气中直接造成污染的颗粒物。比如细颗粒物 $PM_{2.5}$(particular matter less than 2.5 μm,$PM_{2.5}$),由于它的直径小于或等于 2.5 μm,富含有大量的有毒、有害物质,且在大气中的停留时间长、输送距离远,因此对空气质量和人体健康影响更大,是形成灰霾天气的最大元凶。一旦被人体吸入,可深入到细支气管和肺泡,使机体容易处在缺氧状态[17]。

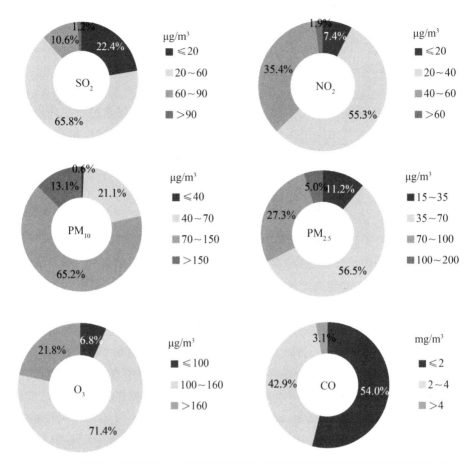

图 1-11　2014 年新标准第一、二阶段监测实施城市各指标不同浓度区间的城市比例

关于 $PM_{2.5}$ 的标准,最早是由美国在 1997 年提出的。但至 2010 年底为止,除美国和欧盟一些国家将 $PM_{2.5}$ 纳入国标并进行强制外,世界上大部分国家都还未开展对 $PM_{2.5}$ 的监测,大多对 PM_{10} 进行监测。中国目前采用的空气污染指数(air pollution index,API)中还没有全面对 $PM_{2.5}$ 进行监控。2012 年 2 月,我国发布的新修订的《环境空气质量标准》中增加了 $PM_{2.5}$ 的监测指标[18]。2012 年 5 月 24 日环保部公布了《空气质量新标准第一阶段监测实施方案》[19],要求全国 74 个城市在 10 月底前完成 $PM_{2.5}$ "国控点"监测的试运行。截至 2012 年底,全国已有 195 个站点完成 $PM_{2.5}$ 仪器安装调试并试运行,有 138 个站点开始正式 $PM_{2.5}$ 监测并发布数据。

大量的研究表明,大气悬浮颗粒物浓度的增加对城市大气能见度、人体健康及气候变化均有着明显的负面作用。城市能见度降低与大气中细颗粒 $PM_{2.5}$ 的浓度有着显著的相关性。2010 年 9 月,美国国家航空航天局(National Aeronautics and Space Administration,NASA)公布了一张全球 $PM_{2.5}$ 的密度地图[20],图上显示密度最高的地区出现在北非、东亚和中国。中国华北、华东和华中地区 $PM_{2.5}$ 的密度指数甚至接近 $80\ \mu g/m^3$[20],世界卫生组织(World Health Organization,WHO)认为,细颗粒物指数小于 10 是安全值,而中国的这些地区全部在 $50\sim80$ 之间。钱孝琳等[21]综合分析了国内外大气中 $PM_{2.5}$ 短期暴露与人群死亡关系的流行病学资料,得到大气 $PM_{2.5}$ 浓度每升高 $0.1\ mg/m^3$,居民死亡发生率增加 12.07%。细颗粒相对大颗粒具有较大的比表面积,通常能富集众多有毒痕量元素(如 As、Se、Pb、Cr 等)和有机物(如多环芳烃 PAHs、二噁英)等污染物,这些污染物质多为致癌物质和基因毒性诱变物质,与肺癌的发病率直接相关[22]。在宏观尺度下,大气颗粒物还可以通过散射和吸收太阳辐射和地面长波辐射改变地气系统的辐射平衡而直接影响气候,也可以作为云凝结核通过改变云的宏、微观特性,特别是改变云的生命期和光学特性来间接影响气候[23]。

3)雾霾与酸雨

上述颗粒物数据给人的直观感受就是雾霾天数的增加和频繁地爆发。2013年全国平均霾日数为 35.9 天,比上年增加 18.3 天,为 1961 年以来最多。如图 1-12 所示,中东部地区雾和霾天气多发,且 $PM_{2.5}$ 浓度最高。根据国家气象局的雾霾时数统计可知[16],华北中南部至江南北部的大部分地区雾和霾日数范围为 $50\sim100$ 天,部分地区超过 100 天。环境保护部基于空气质量的监测结果表明[16],2013年 1 月和 12 月,中国中东部地区发生了两次较大范围区域性灰霾污染。两次灰霾污染过程均呈现出污染范围广、持续时间长、污染程度严重、污染物浓度累积迅速

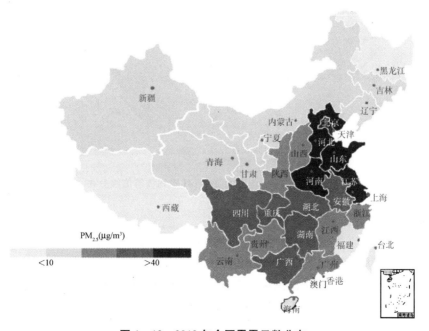

图 1-12　2013 年全国雾霾日数分布

等特点,且污染过程中首要污染物均以 PM$_{2.5}$为主。其中,1月份的灰霾污染过程接连出现17天,造成74个城市发生677天次的重度及以上污染天气,其中重度污染477天次,严重污染200天次。污染较重的区域主要为京津冀及周边地区,特别是河北南部地区,石家庄、邢台等为污染最重城市。2013年12月1日至9日,中东部地区集中发生了严重的灰霾污染过程,造成74城市发生271天次的重度及以上污染天气,其中重度污染160天次,严重污染111天次。污染较重的区域主要为长三角区域、京津冀及周边地区和东北部分地区,长三角区域为污染最重地区。

大气污染除引发雾霾外,还带来酸雨。2014年,全国470个监测降水的城市中,出现酸雨的城市比例为44.3%。从分布来看,如图1-13所示[15],酸雨区面积约占国土面积的10.6%,酸雨分布区域主要集中在长江以南至青藏高原以东地区,主要包括浙江、江西、福建、湖南、重庆的大部分地区,以及长三角、珠三角地区。酸雨会对森林、农作物等造成直接损害,还会抑制某些土壤微生物的繁殖,甚至还会威胁人类的健康。

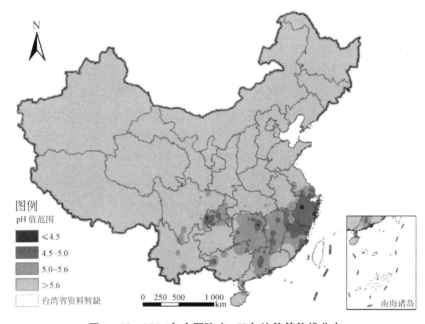

图1-13　2014年全国降水 pH 年均值等值线分布

4) 机动车引起的大气污染

随着经济的发展和居民生活水平的提高,汽车的保有量也大幅增长,同时也伴随着大量的环境污染问题。据国家统计局发布的《2014年国民经济和社会发展统计公报》显示,2014年末中国民用汽车保有量达到15 470万辆,其中私人汽车保有量为12 584万辆。不计三轮汽车和低速货车,2014年末全国民用汽车保有量为

14 475 万辆,千人保有量首次超过百辆,达到 105.83 辆/千人。如图 1-14 所示,
2014 年全国汽车产销分别为 2 372 万辆和 2 349 万辆,预计我国汽车工业在今后十
年里仍将呈现一个快速增长的发展趋势。

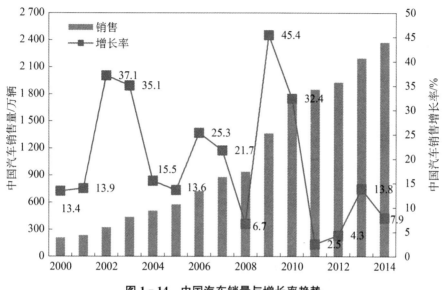

图 1-14　中国汽车销量与增长率趋势

从机动车主要污染物排放来看[24],2013 年,全国机动车四项污染物排放总量
为 4 570.9 万吨。如图 1-15 所示,其中一氧化碳排放约 3 439.7 万吨,碳氢化合
物排放约 431.2 万吨,氮氧化物排放约 640.6 万吨,颗粒物排放约 59.4 万吨。机
动车污染物排放量最大的是汽车,一氧化碳、碳氢化合物、氮氧化物和颗粒物排放
量分别占机动车排放的 84.7%、80.9%、91.9%、95.5%。由于我国机动车的
污染控制水平还普遍落后,单车的排放水平高,在用车使用年限长,维护保养制度
不够完善,交通管理及排放法规等不能满足汽车工业迅速发展的需要,使得汽车排
放污染已严重影响了城市空气质量[17]。

1.1.2.4　水资源安全

中国水资源总体较为丰富,总流域面积约为 $9.51 \times 10^6 \ km^2$,2013 年全国水资
源总量约为 $2.8 \times 10^{13} \ m^3$,全国平均降水量 661.9 mm,折合降水总量约 $6.267 \times
10^{13} \ m^3$,人均水资源量 2 060 m^3[8]。但是我国水资源总量呈现出分布不均的特点,图
1-16 展示了中国水资源总量的地域分布特征。从分区水资源看,北方 6 区,如松花
江区、辽河区、海河区、黄河区、淮河区以及西北诸河区的水资源总量共计约
$4.659 \times 10^{12} \ m^3$,占全国的 17.1%,相比常年值偏少了 11.6%;而长江区、珠江区、东
南诸河区和西南诸河区这 4 个南方地区的水资源总量约为 $2.261 \times 10^{13} \ m^3$,占全国的
82.9%,比常年值略有增加。从行政分区看,东部地区水资源总量 $5.332 \times 10^{12} \ m^3$,占

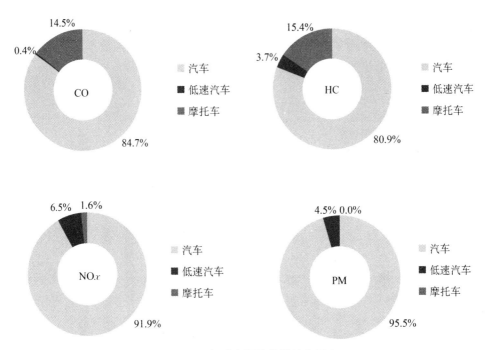

图 1-15　机动车污染物排放分担率

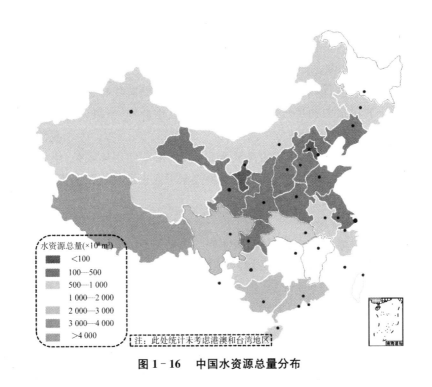

图 1-16　中国水资源总量分布

全国的 19.6％；中部地区水资源总量 6.769×10^{12} m^3，占全国的 24.8％；西部地区水资源总量 1.517×10^{13} m^3，占全国的 55.6％。根据 2014 年水资源统计公报的数据显示[25]，全国水资源总量占降水总量 45.2％，平均单位面积产水量为 2.88×10^5 m^3/km^2。从省市来看，西藏、四川等地水资源总量最多，其次为云南、广西、广东、湖南及江西等地，北方地区除黑龙江以外，其他地方的水资源总量较少，特别是宁夏等地，水资源总量最低。总体来看，我国水资源总量分布呈现出"南多北少"的特点。

图 1-17 为 2014 年中国供水和用水流向示意图。从供水情况来看[24]，2014 年全国总供水量为 6.095×10^{12} m^3，占当年水资源总量的 22.4％。其中，地表水源供水量占 80.8％；地下水源供水量占 18.3％；其他水源供水量占 0.9％。从水的用途来看[24]，其中，生活用水占 12.6％；工业用水占 22.2％；农业用水占 63.5％；生态环境补水占 1.7％[25]。2014 年全国用水消耗总量为 3.222×10^{12} m^3，耗水率（消耗总量占用水总量的百分比）约占 53％。各类用户耗水率差别较大，其中农业耗水为 65％；工业耗水为 23％；生活耗水为 43％；生态环境补水为 81％。从用水指标的数据[24]来看，2014 年全国人均综合用水量约 447 m^3，耕地实际灌溉亩均用水量为 402 m^3，农田灌溉水有效利用系数为 0.530。从东、中、西部来看，用水量差别较大，人均用水量分别是 389 m^3、451 m^3、537 m^3，耕地实际灌溉亩均用水量分别是 363 m^3、357 m^3、504 m^3。该值的大小主要与不同地区的人口数量和耕地面积数量有关。

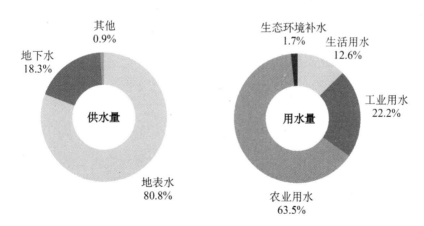

图 1-17　2014 年中国供水和用水情况

水利部对我国的河流、湖泊等的水质考察表明水污染的程度不容乐观，但总体相比 2013 年的水质状况仍有所好转。以 2014 年的数据为例[25]，全国 21.6 万千米的河流水质状况中，西南诸河区、西北诸河区水质为优，珠江区、长江区、东南诸河区水质为良，松花江区、黄河区、辽河区、淮河区水质为中，海河区水质为劣。从全国开发利用程度较高和面积较大的 112 个主要湖泊的水质来看,全年总体水质为Ⅰ～Ⅲ类的湖泊有 39 个,Ⅳ～Ⅴ类湖泊 57 个,劣Ⅴ类湖泊 25 个,分别占评价湖泊总数的 32.2%、47.1% 和 20.7%。主要污染项目是总磷、五日生化需氧量和氨氮。2014 年,国家水利部对上述湖泊进行营养状态评价,发现大约 23.1% 的湖泊处于中营养状态,富营养状态的湖泊比例高达 76.9%[25]。

1.1.3 生物燃料的发展是解决能源安全的手段之一

从全球的能源消费结构来看,2014 年化石燃料的消耗占了全球总能耗的86.3% 左右[2]。统计数据表明,全球所消耗的化石燃料中,用于交通运输部门的煤、石油、天然气的比例分别为 0.4%、63.7% 和 6.6%,此外,1.6% 的电力也用于交通运输[6]。据美国能源信息署(U. S. Energy Information Administration,EIA)统计,截至 2014 年 11 月底,这一年美国交通运输燃料消耗占总一次能源的比例为 27.6%,其中的 91.8% 来自于石油,3.4% 来自于天然气,4.7% 来自于可再生能源[26]。在中国,根据测算可知,我国交通运输总能耗占全部终端能耗的比例约为 12.7%,其中石油消耗占全部石油终端消耗的 60.1%[27]。交通部门能源需求的增加给国家的能源供应安全带来较大的压力,同时,交通运输部门所消耗的大量化石燃料而产生的环境污染毫无疑问也愈加严重。因此,寻找合适的途径来解决道路交通能源引起的环境问题显得尤为紧迫。

近几年来,全球可再生能源的发展非常迅速,它在交通、发电领域占的比例越来越重。可再生能源包括了太阳能、风能、生物质能等。如图 1 - 18 所示[2],20 世纪 90 年代初期,全球可再生能源的消耗占总能耗的比重约为 0.4%,其中交通领域的可再生能源比重约为 0.5%,用于发电的大约占 0.1%。进入 2005 年后,可再生

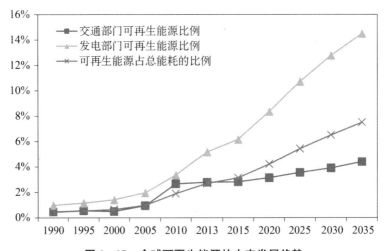

图 1 - 18　全球可再生能源的未来发展趋势

能源逐步受到重视。到 2010 年,全球可再生能源占终端能源的消耗比重为 1.9%,其中用于交通运输领域的可再生能源比例为 2.7%,用于发电的可再生能源比例为 3.4%。2013 年,可再生能源的比例进一步增长,其消耗量占总能源消耗的比重达到 2.7%,在交通运输领域的可再生能源比例约为 2.8%,增速虽然放缓,据预测,2015 年用于发电的可再生能量比例将增加至 6.2%,最终将可再生能源消耗量在总能源消耗中的比例提高至 3.1%。据 BP 石油公司预测[28],未来 20 年中,随着人们对节能和环保的要求越来越高,可再生能源也将会出现持续增长。预计到 2035 年,可再生能源占终端能源的消费比例最终将提高至 7.5% 左右,其中增速较快的是可再生能源发电,比例将占到总发电量的 14.5%,用于交通领域的可再生能源电力比例将为 4.4%[28]。

在上述能源安全和环境风险的挑战下,生物燃料成为了缓解交通能源压力的重要手段。生物燃料,尤其是燃料乙醇和生物柴油,因其原料来源广泛、生产工艺成熟、与传统能源基础设施兼容、环境排放负荷低等优点被公认为是最重要的液体替代燃料[29]。

早在一个世纪前,鲁道夫·狄塞耳就用花生油为燃料驱动汽车。发展至 2014 年,普遍的观点认为车用生物燃料的发展大致经历了三个阶段[30]。第一代生物燃料来源于可食用粮食作物和植物油,包括水稻、小麦、大麦、土豆废弃物、甜菜、高粱、玉米、大豆油、葵花籽油、玉米油、橄榄油、棕榈油、蓖麻油等。这些原料的使用会引起粮食价格增加,并且会给土地使用带来压力。第二代生物燃料以非粮作物乙醇、纤维素乙醇、二甲醚、丁醇、生物甲醇和生物合成柴油、生物质费托合成燃料为代表,原料主要包括非粮作物、麻疯果、芒草、柳枝稷、废弃物(秸秆、枯草、木屑、稻壳、甘蔗渣等),经过预处理、酶降解、糖化、发酵等流程制成。第三代生物燃料以藻类为原料,从微藻中提取油脂。这是因为微藻具有分布广泛,生长周期短,油脂含量高,产量高等优点。并且,微藻生长过程中只需要水和阳光即可满足基本生长需求,从生长到产油只需两周左右的时间,相比其他能源作物生长周期大大缩短。第三代生物燃料目前还停留在实验室阶段,离商业化生产还有很远的距离。有研究者[31]也提出了以工业废气 CO_2 等为原料的第四代生物燃料,但目前尚属于理论研究阶段。

1.2　生物燃料发展现状

1.2.1　全球生物燃料发展概况

近十年左右,全球的生物燃料取得了蓬勃发展。图 1-19 给出了全球生物燃料产量和消费量的发展情况。全球生物燃料产量经过 2006—2010 年的较快增长后逐渐趋于放缓。截至 2012 年底,全球生物燃料的产量约为 1 901 348 桶/天,每天的消费量大约为 1 866 197 桶[32]。生物燃料产量排名前十的国家分别是美国、巴西、德国、中国、阿根廷、法国、印度尼西亚、加拿大、泰国和哥伦比亚,他们占全球总生物燃料的比例分别是 46.7%、22.3%、3.4%、2.9%、2.6%、2.5%、1.9%、1.8%、1.2% 和 0.8%[32]。可以看到的是,美国和巴西仍旧主导着全球的生物燃料产量,两者共占了 68.9% 的比例,特别是美国,几乎占了全球生物燃料产量的一半。

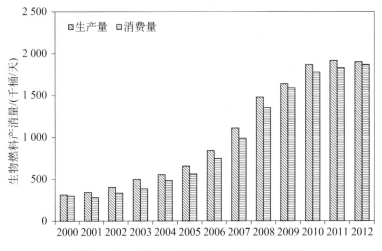

图 1-19 世界生物燃料产量与消费量年变化

图 1-20 为全球燃料乙醇的产量和消费量年变化趋势。在 2006—2010 年,燃料乙醇产量增速较快,但受粮食消耗争议的影响,2011 年后燃料乙醇产量和消费

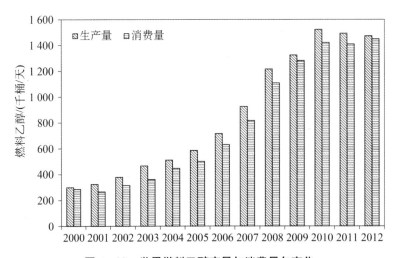

图 1-20 世界燃料乙醇产量与消费量年变化

量的增速都放缓。2012 年全球燃料乙醇的产量大约为每天 1 470 090 桶,消费量为 1 446 969 桶[32]。产量排放前十的国家是美国、巴西、中国、加拿大、法国、德国、哥伦比亚、泰国、危地马拉和西班牙,比例分别是 59.6%、27.4%、2.9%、2.2%、1.2%、0.9%、0.6%、0.6%、0.5%和 0.5%。可以看出,美国和巴西两者是燃料乙醇的生产大国,也是消费大国,他们两国的产量占了燃料乙醇全球总产量的 87%。

全球生物柴油的产量和消费量年变化趋势如图 1 - 21 所示。将其与图 1 - 20 对比可以看出,生物柴油的产量目前还远低于燃料乙醇的产量,这主要归结于原料来源、燃烧兼容性等问题。2012 年,全球每天的生物柴油产量约为 43 129 桶,消费量为 419 228 桶。生物柴油产量排名前十的生物柴油国家分别是美国、德国、阿根廷、巴西、印度尼西亚、法国、中国、泰国、意大利和波兰,各自占全球总生物柴油产量的比例分别是 14.8%、12.7%、11.1%、10.8%、8.8%、7.6%、3.6%、3.6%、2.3%和 2.2%,其他国家,如西班牙、比利时等也都有一定的生物柴油产量[32]。相比燃料乙醇来说,生物柴油的产量分布不像燃料乙醇那么集中,这主要是因为生物柴油的原料来源很广泛,除大豆、菜籽等粮食作物外,还可以利用棕榈树、麻疯树、光皮树等木本植物的果实以及废煎炸油等非粮来源,而乙醇目前还主要集中来源于以玉米为代表的粮食作物。

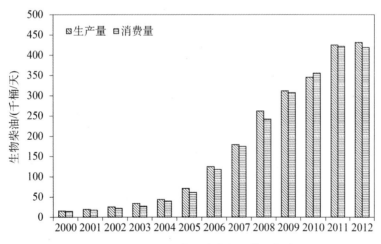

图 1 - 21　世界生物柴油产量与消费量年变化

2013 年,生物质占全球主要能源供应的 10%左右,大约为 56.6 艾焦(EJ),即 56.6 万亿兆焦,包括了为建筑物和工业领域供热在内的"现代生物质"约 13 EJ,其中有 5 EJ 转化为约 1.16×10^{12} L 生物柴油(假设原始生物质的转换效率为 60%),另有等量的生物质用于发电,发电量预计达 405 TW·h(假设转换效率为 30%)[33]。从生物液体燃料来看,2013 年,全球生物燃料消耗量和生产量增加了

7%,总量达 1.166×10^{12} L,其中,全球燃料乙醇产量增加了约 5%,达 8.72×10^{11} L,生物柴油的产量也上升了 11%,达 2.63×10^{11} L[33]。

据推测[33],由于生物燃料具有降低 GHG 排放,保障能源安全和提高农民收入等优点,用作能源供应的生物燃料产量还将持续增加,但会维持在一个相对较低的增长率。美国预测到 2022 年将生物燃料的年利用量提高到 360 亿加仑[34],欧盟的"欧盟的 2020 战略"指出到 2020 年将可再生能源消耗比例增加至 20%,中国也提出到 2020 年要发展包括生物燃料在内的约 4 000 万吨标煤的替代规模[35]。IEA 的预测结果表明[36],2050 年全球生物燃料消耗量将达到 32 艾焦,占全世界交通运输燃料的 27%,尤其可在替代柴油、煤油和航油方面做出贡献。

为达到这些目标,需要大量的生物质原料(如玉米、甘蔗、木薯、甜高粱、大豆、微藻),废弃动植物油脂等作为依托。图 1-22 预测了未来全球不同原料生产燃料乙醇的产量变化[37]。从图中可以看出,玉米乙醇和小麦乙醇的量将不会持续增长,燃料乙醇产量增长的主要动力是糖蜜,其次为二代生物质相关燃料等。在发展中国家,未来生物燃料的产量增长可能会低于预期,主要是因为非粮生物原料的种植,如二代生物燃料,依然是处于小规模发展阶段。这种情况下,农业商品的高价特性也会使得政府不会鼓励用这些非粮作物来大规模地发展生物燃料。

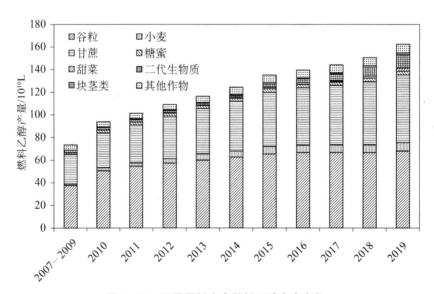

图 1-22 不同原料生产燃料乙醇未来变化

1.2.2 中国生物燃料发展概况

中国的生物燃料发展起步较晚,大约在 21 世纪后才开始受到重视。由上述可知,中国燃料乙醇的产量在全球中排名第四。图 1-23 为中国 2002—2012 年燃料乙醇的产量和消费量变化。从图中可知,中国燃料乙醇产量从 2002 年的 $2.9 \times 10^5 m^3$ 增加到 2012 年的 $2.509 \times 10^6 m^3$[32],这十来年间的增幅非常大。2006 年时中国的燃料乙醇产量达到最高峰,占了全球的比例约为 3.9%[32]。随着国家开始叫停新建以玉米等粮食为主的燃料乙醇生产后,中国的燃料乙醇产量有所下降,企业和政府都将重点放在了非粮乙醇领域。

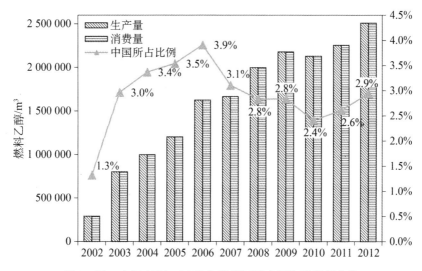

图 1 - 23　中国 2002—2012 年燃料乙醇产量和消费量变化

　　图 1 - 24 为中国 2001—2012 年生物柴油的产量和消费量变化[32]。从图中可以看出,相比燃料乙醇而言,生物柴油的发展起步要晚。2005 年前的产量很少,占全球的总产量比例仅为 $0.2\% \sim 0.5\%$,2006 年后,生物柴油的产量大幅提高,占全球的比例超过 1.1%。当 2007 年国家发布可再生能源发展规划后,生物柴油取

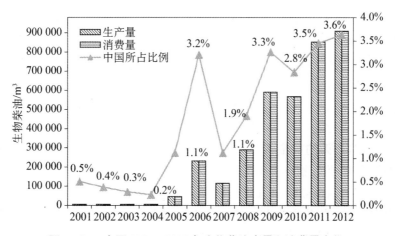

图 1 - 24　中国 2001—2012 年生物柴油产量和消费量变化

得飞速发展,其产量占全球的比例逐步上升。截至 2012 年底,中国生物柴油的产量大约是 $9.09×10^5\,m^3$,但该值仍与国家提出的目标存在很大差距。

1.3 国外生物燃料发展

随着生物燃料产业的快速发展,在区域层面、国家层面、国际组织以及多方利益集团的积极推动下,国际生物燃料可持续行动与倡议正在不断扩张,在法律法规、政策规范、标准认证上也正积极探索,不断完善,特别是美国、巴西、欧盟等几大生物燃料产销大国和地区,他们在发展生物燃料的同时,制定了一系列措施,来保证生物燃料产业链的有效运作。此处将以美国、巴西、欧盟、泰国等国家与地区为例,来分析各国生物燃料产业链的发展状况。

1.3.1 美国

美国燃料乙醇和生物柴油商业化生产均始于 20 世纪 90 年代。当时美国根据其人少地多、玉米和大豆过剩的特点,将玉米作为发展燃料乙醇的主要原料,将转基因大豆为发展生物柴油产业的原料[38]。早在 1978 年,美国出于对能源安全和环境的考虑,开始发展燃料乙醇。到了 80 年代中期,随着石油价格暴跌,玉米大量减产,生物燃料发展陷入低谷,乙醇总产量从 1985 年的 183 万吨缓慢增加到 2000 年的 360 万吨。1991 年,美国能源部(U. S. Department of Energy, DOE)提出了生物质发电计划,随后制定了有关推进生物能源的相关法案,成立了专门的生物质项目办公室及技术咨询委员会。2000 年后,美国生物燃料产量增长迅猛,如图 1-18 所示,到 2008 年,生物质能已占美国能量供给的 3%,2012 年,美国燃料乙醇产量达到 875 558 桶/天[32],10 年间的增幅超过 7 倍。并且已经开发出利用纤维素生产乙醇的技术,燃料乙醇产量的增加使生物质能占美国运输燃料消费总量的比例由 2001 年的 0.58% 提高到 2010 年的 4%。据 OECD 和联合国粮农组织(Food and Agriculture Organization of the United Nations, FAO)发布的报告中预测,2016 年美国将有 1.1 亿吨玉米用于生产燃料乙醇,该使用量相当于美国玉米总产量的 32% 左右。

美国商业化生产生物柴油的原料主要是大豆、菜籽油及其他油脂,其中大豆的比例占到了 85% 以上[38]。从图 1-25 中可以看出,美国生物柴油在 2005 年后才开始较快发展,每天的产量从 2005 年的 5 922 桶增加到 2012 年的 64 000 桶[32],8 年内增长达 10 倍。根据美国国家生物柴油委员会的计划,到 2015 年,美国生物柴油产量将占全国运输柴油消费总量的 5%[38]。美国目前已有 40 个州的多个城市使用生物柴油,主要是以 20% 的比例掺混到石化柴油中调和使用,应用于环保要求高的城市公共交通、卡车和地下采矿业等领域。

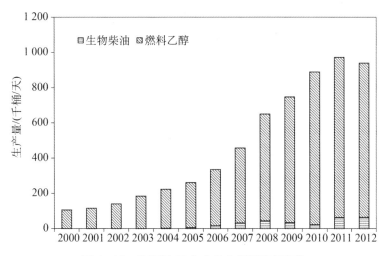

图 1‑25　美国近 10 年来生物燃料产量变化

美国还计划 2020 年生物质能源和生物质基产品较 2000 年增加 20 倍，达到能源总消费量的 25%，并于 2050 年达到 50%。同时提出到 2020 年，生物质能占美国运输燃料消费总量达到 10%，2030 年达到 20%。目前，生物燃料在美国是唯一通过立法保证实现发展目标的可再生能源。从目前公开发表的文章统计来看，美国作为生物燃料发展的领头羊，还与中国、英国、德国、加拿大和韩国等都保持着合作关系[39]。

在促进生物液体燃料的开发与利用过程中，美国逐步推行了一系列的发展规划。2000 年，美国农业部和能源部共同成立了生物质研发技术顾问委员会，提出了一项鼓励生物质能技术发展和商业化进程的法规——《生物质研发方案》。2002 年 10 月，该顾问委员会又在《美国生物质能和生物产品远景规划》中设定了到 2020 年用国产生物质替代 10% 的交通燃料、5% 的工业和各类设施所需的热电以及 18% 的化学品和材料来源的研发路线和远景目标。2003 年 1 月，美国出台了比较清晰的"立法—规划—技术路线—具体实施"的美国发展模式《生物质技术路线图》，并在同年下半年确定了未来 25 年内的核心任务和战略目标。2005 年 4 月，发布了《作为生物能源和生物制品产业给料的生物质能：每年 10 亿吨供给量的技术可行性》报告，该报告是由美国能源部能源效率和可更新能源局、生物质计划办公室发起，美国橡树岭国家实验室（ORNL）完成的，概述了美国政府将用 10 亿干吨生物质能来替代 30% 的交通领域石油消费。2006 年，美国总统布什在《国情咨文》中特别强调了国家的能源问题，并提出了以获得清洁可靠能源为目标的"先进能源计划"，同时还增加了 22% 的投资，用于支持能源部在清洁能源方面的研究。布什总统在 2007 年的《国情咨文》中提出，"到 2017 年，美国生物燃油等替代燃料的产量将达到 350 亿加仑，相当于当年美国机动车燃油总消耗量的 15%"，这远远高于美国此前设定的替代油料产量 2012 年达到 75 亿加仑的目标。2009 年 5 月 6 日,美国发布《发展美国的生物燃料》报告,启动了美国发展生物燃料的中长期计划,计划到 2010 年纤维素乙醇产量达到 1 亿加仑,到 2020 年生物燃料产量达到 360 亿加仑。可以看到,美国政府一直在大力支持第二代和第三代生物燃料技术的研究,并致力于加速其商业化进程。

除此之外,美国还颁布了一系列的法律法规来保证生物燃料产业的发展[38]。在推广乙醇汽油时,美国制定了《清洁空气法案》,从而为生物燃料乙醇的发展提供了法律依据和外部推动力。1978 年在《能源税收法案》中第一次对"酒精-汽油混合燃料"的添加比例进行了不少于 10％的规定。随后 1990 年,美国国会对《清洁空气法修正案》进行了修正,要求美国 39 个 CO_2 排放超标地区必须使用含氧量达到 2.7％的汽油,即在汽油中添加 7.7％以上的生物燃料乙醇,该项法案为乙醇汽油的推广提供了重要的政策支持。2005 年推出的《2005 年能源政策法案》中,明确了在全美范围内实施可再生燃料标准,即在 2006 年、2012 年、2022 年可再生生物燃料的使用量必须分别至少达到 40 亿加仑、132 亿加仑和 360 亿加仑。2007 年 1 月,美国提出《生物燃料安全法案》,指出到 2030 年,要使得每年在机动车燃料中混合 600 亿加仑的乙醇和生物柴油。同年 12 月,美国又对可再生燃料标准进行了更新修正,增加了对以纤维素乙醇为代表的第二代燃料乙醇的要求。同时提出到 2022 年将生物燃料利用量提高至 360 亿加仑,其中包括 160 亿加仑的纤维素乙醇。为达到这一目标,2009 年美国政府斥资 400 亿美元以推动纤维素乙醇商业化。2011 年又提出恢复已过期的可替代燃油税优惠,或延长部分税收优惠有效期限。2013 年又在《2012 年美国纳税人税赋减免方案》中重启 2011 年的税收优惠提案。2014 年 1 月 29 日,美国国会众议院通过了《美国 2014 年农业法案》,将提供 8.8 亿美元的资金对 2008 年的能源项目进行再授权,同时扩大部分生物能源项目。

1.3.2 巴西

作为第二大生物燃料生产大国的巴西,从第一次世界石油危机开始,就大力发展以甘蔗为原料的燃料乙醇[40]。1975 年 11 月,巴西政府颁布了"国家乙醇计划",规定用甘蔗生产的乙醇来替代汽油,标志着巴西乙醇工业的真正开始。在 1979—1987 年间,巴西政府又成立了专门机构,开始制造和推广纯乙醇燃料汽车,标志着巴西燃料乙醇产业达到巅峰期。在 1987—1997 年间,由于国际市场原油价格暴跌,加上糖价上涨,巴西政府无力补贴燃料乙醇,使得乙醇产量停止了增长。1997 年后,燃料乙醇又再次进入大规模商业化阶段。如图 1－26 所示,进入 21 世纪后巴西的燃料乙醇一直保持稳定发展。2003 年,巴西政府引入灵活燃料汽车,进一步增加了燃料乙醇的市场需求。2005 年,巴西燃料乙醇消费量替代了当年汽油消费量的 45％。目前,巴西已建成完整的燃料乙醇产业链,是目前世界上唯一不供应纯汽油的国家,该国乙醇产量的 97% 都用于燃料。全球首座乙醇发电站也于 2010 年在巴西投入使用。截至 2013 年,巴西生物乙醇的产量约 1 880 万吨,占全球的总产量超过了 1/4[38]。

巴西是世界上最早通过立法手段强制推广汽油的国家,其发展生物燃料的主要目的是减少石油进口,降低石油的对外依存度,并同时解决国际市场上食用糖价格波动的问题。早在 1975 年颁布的"国家乙醇计划"中,巴西政府通过一系列政策组合来刺激国内乙醇的生产和消费[41]:①强制全国的车用汽油中掺混一定比例的乙醇,并强制在全国范围内使用;②政府为乙醇生产厂提供贴息贷款;③国有石油公司以合理价格对乙醇进行统购,并保证乙醇生产者的利益;④控制纯乙醇的售价低于平均的汽油价格;⑤对乙醇燃料汽车实现减征营业税等。截至 2015 年,巴西的燃料乙醇计划共经历了四个发展阶段:一是初期(1975—1979 年)大力发展无水乙醇,并将其混入汽油中使用;二是快速发展期(1980—1989 年)内积极发展纯乙醇动力汽车;三是动荡期(1990—1998 年)内乙醇汽油遭遇内外瓶颈;四是进入自由市场期(1999—2015 年),巴西燃料乙醇又进入蓬勃发展阶段。

生物柴油在巴西的利用量较燃料乙醇较小,从图 1-26 中可知,巴西的生物柴油产量从 2007 年开始显著增长。20 世纪 80 年代,巴西开始了"生物柴油计划",后因成本太高而终止,但 2003 年巴西政府仍重启了该计划,旨在用以植物油为原料的生物柴油部分替代常规柴油,并逐步增加对生物柴油的投资。从原料的来源看[42],巴西生物柴油中 81.36% 的为大豆,其余的来自于牛等动物的油脂和其他类脂肪。2005 年 1 月,巴西政府借鉴燃料乙醇发展计划的模式,颁布了第一个生物柴油法令,要求 2008 年生物柴油必须占柴油消费总量的 2%,2013 年强制要求达到 5%。

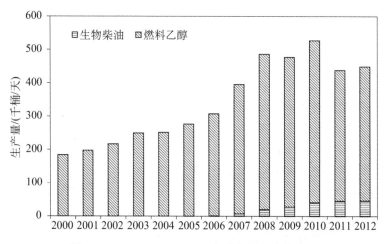

图 1-26 巴西 2000—2012 年生物燃料产量变化

总的来看,巴西推行生物燃料的政策主要有以下几个特点[43]：一是法律强制推行;二是财税与金融政策辅助支撑;三是重视生物燃料技术研发和产业发展。巴西生物燃料政策的推行,给国家带来了一系列的社会、经济和环境效益,不仅减少了对进口化石能源的依赖,显著改善了巴西的经济状况,还大大减少了温室气体的排放。

1.3.3 欧盟

在欧盟的生物燃料使用体系中,燃料乙醇的使用量相对于生物柴油来说规模较小,约占总的生物燃料使用量的20%左右[38],发展也相对比较滞后。欧盟燃料乙醇的原料主要是甜菜和小麦。在使用燃料乙醇时,欧盟主要是通过与乙基叔丁基醚(ETBE)调和使用。图1-27为欧盟2000—2012年燃料乙醇的年产量变化趋势,从中可以看出,2000年后,欧盟的燃料乙醇呈现上升趋势,特别是2007年后,燃料乙醇产量维持着较快的增长势头[32]。

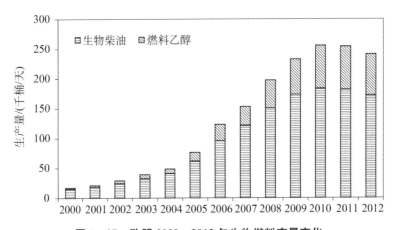

图1-27 欧盟2000—2012年生物燃料产量变化

对于生物柴油,欧盟最早鼓励其成员国生产使用生物柴油。在其交通燃料消费结构中,柴油占55%,剩下的45%为汽油,汽油中混合的燃料乙醇比例仅占0.4%,而生物柴油在传统柴油中的混合比例达到1.6%[38]。欧盟生产生物柴油的原料中,有80%是来自油菜籽,在南欧地区使用较多的则是葵花籽油等。欧盟成员国中,生物柴油产量排名前三的是德国、法国、意大利,日产生物柴油分别约为54 700、32 700和9 800桶[32],其中德国的生物柴油产量约占了整个欧盟总生物柴油产量的1/3。

早在2003年,欧盟就颁布《关于促进交通部门使用生物燃料和其他可再生燃料的指令》,对生物燃料发展的具体战略第一次做出明确规定,提出2005年交通生物燃料比例为2%,2010年达到5.75%。经过多年的实施,欧盟生物燃料利用量大幅增长,2011 年生物柴油超过 1 000 万吨,乙醇也超过 280 万吨。其中,2005 年生物燃料超额完成目标。2006 年欧盟提出了"生物质能源行动计划"、"欧盟生物燃料战略"和"建立生物燃料技术平台"三项重大促进措施,进一步确立了更完善的生物燃料发展目标、政策措施和研发协调机制[41]。2009 年 4 月欧盟委员会通过《可再生能源指令(RED)》[44],并于 2010 年 12 月开始实施,其制订的基本目标是:到 2020 年,欧盟各成员国平均可再生能源份额占能源总消耗量的 20%,并规定每个成员国交通能源消耗中可再生能源份额必须达到 10%。2010 年底,在《可再生能源指令》框架下,配套实施了《燃料质量指令(FQD)》,提出了燃料温室气体减排目标,到 2020 年 12 月 31 日,与基准年相比(2011 年),单位能源交通燃料(包括液体燃料及其他类型车用能源)生命周期温室气体排放(即碳强度)需减少 10%,其中 6%需利用先进生物燃料来实现,再次确定了生物燃料的低碳、可持续发展方向。2011 年 7 月 19 日,欧盟还通过了《生物燃料可持续性认证计划备忘录MEMO/11/522)》[44],陆续批准了 13 个生物燃料自愿性、可持续性标准实施方案。

德国政府多年来一直重视生物质的开发和利用,2002 年底,生物质利用已达德国总供热量的 3.4%。德国政府从 2004 年起免征纯生物燃料或混合燃料部分税款。到 2005 年,德国拥有 140 多个区域热电联产的生物质电厂。其生物柴油生产和消费方面,德国在欧盟乃至全世界均处于领先地位[45]。法国政府从 2003 年开始也采取一系列措施来促进生物能源的开发利用。当年,生物燃料原料种植面积达到 32 万公顷,生产生物燃料约 41 万吨,其中的 80%都为生物柴油。2006 年法国政府宣布投资 10 亿欧元用于发展生物燃料,旨在到 2008 年生物燃料在燃料消费中占比 5.8%,2010 年达到 7%,2015 年达到 10%。除德国、法国和意大利等国外,欧盟成员国里的荷兰和西班牙也开始大力发展生物柴油。另外,欧盟委员会也提出对成员国的生物燃料使用施行税费减免的政策,例如,西班牙和瑞典取消了燃料乙醇和生物柴油的消费税,意大利也取消了生物柴油的消费税,其他成员国的生物燃料消费税率则一般都在化石燃料消费税的 45%以下。

1.3.4　泰国

东南亚地区有着丰富的生物质资源,特别是泰国。我国每年都有从泰国、越南等东南亚国家进口大量的木薯干片,以保证国内燃料乙醇行业的充分发展。但随着能源的紧缺、环境保护的压力以及国内经济的发展要求,泰国也在大力发展生物燃料。泰国的《替代燃料发展规划》中规定,到 2021 年,其国内的生物乙醇产量要达到 900 万升[46]。图 1-28 为泰国 2000—2012 年生物燃料的产量变化趋势。从图中可知,2004 年以前,泰国政府对生物燃料并没有太多的重视。2005 年以后,生物柴油和生物燃料乙醇都开始起步,2008 年以来,泰国的生物燃料产量飞速增加。

截至 2012 年 12 月,泰国有 19 个乙醇加工厂,总规模为 3.07×10^6 L/d。这包

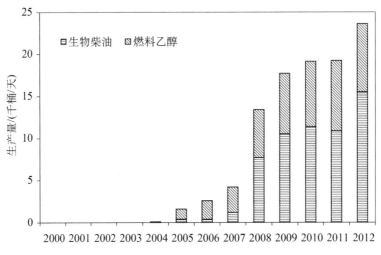

图 1-28　泰国 2000—2012 年生物燃料产量变化

含了 13 个糖蜜乙醇厂(总规模为 2×10^6 L/d),5 个木薯乙醇加工厂(7.8×10^5 L/d)以及 1 个甘蔗乙醇厂(2×10^5 L/d)[47]。基于泰国现在仍有很多新工厂在建,特别是木薯乙醇加工厂,未来泰国生物燃料的产量还会进一步增加。未来总共在政府注册的乙醇加工厂大约有 48 个,累积总规模约 1.25×10^7 L/d,如表 1-2 所示,这些加工厂主要位于泰国北部和东北部甘蔗和木薯种植面积大的地区,包括 15 个糖蜜、1 个甘蔗、24 个木薯和 8 个糖蜜/木薯燃料乙醇厂[47]。

表 1-2　泰国的乙醇加工厂[48]

原料种类	已获批工厂数量/个	规模/(10^6 L/d)	已运行工厂数量	规模/(10^6 L/d)
糖蜜	15	2.685	5	0.78
甘蔗汁	1	0.2	1	0.2
糖蜜/木薯	8	1.22	8	1.22
木薯	24	8.39	5	0.78
总计	48	12.495	19	3.07

　　泰国经济很大程度上都依赖于进口原油和农业经济,为提高能源的供应自主性,泰国政府决定发展生物燃料来减少对进口能源的依赖。泰国政府颁布的第一个国家替代能源发展计划(2004—2011 年)[48],旨在促进替代能源,特别是生物能源的发展,该计划通过税收和免税激励政策,强制在泰国内推广生物燃料,特别是生物柴油。2004 年,泰国的石油公司开始销售含 10% 的乙醇汽油,2005 年乙醇汽油的销售量增加到 17.4%,但 2006 年乙醇汽油的销售量又开始回落。这主要是由

于用户反映 E10 乙醇汽油在汽车里的表现不如传统汽油,并且 E10 与传统汽油的价格差异并不明显。为此,政府开始从乙醇汽油的价格方面做出调整,提高乙醇汽油与传统汽油价格之间的差距,这逐渐使得乙醇汽油的销量上升。随后,泰国政府又于 2007 和 2008 年分别推广了 E20 和 E85 汽油的使用。由于政府补贴力度大,E20 的销售量上升很快,但 E85 的销量增幅不大,原因在于 E85 在市场上的占有率依然很小。

泰国推广使用生物柴油是从 2005 年开始的。2006 年,泰国每天的生物柴油 B5 的销售量都稳步上升,2010 年每天的销售量达到 1.93×10^7 L[48]。2008 年,泰国政府又出台强制生产 B2 的生物柴油的政策。2010 年,由于棕榈油原料充足,泰国又致力于推广 B3。由于 B2 和 B3 的政府补贴少于 B5,故 B5 是在泰国销售较好的生物柴油。

2008 年,泰国出台了第二个替代能源发展规划(2008—2022 年),旨在到 2022 年将替代能源占终端能源消费的比例提高至 20%,以进一步减少对进口石油的依赖,提高国家的能源安全。该项规划分为 3 个阶段:近期(2008—2011 年)重点促进包含生物燃料、生物质和生物气在内的高潜能替代能源技术的商业化;中期(2012—2016 年)旨在发展替代能源产业技术,鼓励新的替代能源技术研发,引入"绿色城市"示范社区,使其向能源自足的可持续方向发展;远期(2017—2022 年)是提高新的替代能源技术的应用率,如氢能等,将"绿色城市"示范扩大。泰国政府还为这三个阶段分别设定了不同的生物燃料目标,如第一阶段每天的乙醇产量要达到 300 万升,第二阶段达到 620 万升,第三阶段达到 900 万升,而三个阶段下设定的生物柴油日产量目标则分别是 302 万升(2011 年)、364 万升(2016 年)和 450 万升(2022 年)。

由于第一阶段的目标尚未达成,泰国政府于 2012 年制定了新的替代能源发展规划(2012—2021 年)。该规划中指出到 2021 年,替代能源占终端能源消费的比例要达到 25%,其中生物燃料对石油的替代率要达到 44%。但由于原料的有限性,泰国政府制定的这一目标同样面临着巨大的挑战。

1.3.5　澳大利亚

在澳大利亚,交通运输部门是第二大耗能部门,其能耗占了总能源消耗的 24%,澳大利亚政府希望通过生物燃料替代来降低交通运输部门的化石能源消耗[31]。图 1-29 为澳大利亚 2000—2012 年生物燃料的产量变化趋势[38]。可以看出的是,澳大利亚的生物柴油和燃料乙醇在 2005 年后才开始迅速增长,但相比其他国家而言,该国生物燃料的规模还是相对较小,这主要归结于澳大利亚本身具有比较丰富的煤、石油、天然气等化石能源。从统计数据来看,澳大利亚是世界第 9 大能源生产国、第 17 大非可再生能源消耗国以及第 19 大人均能源消耗国。其中

96%的能源消耗都是来自于煤、石油、天然气及其他相关产品,可再生能源的比例大约仅占4%左右[31]。

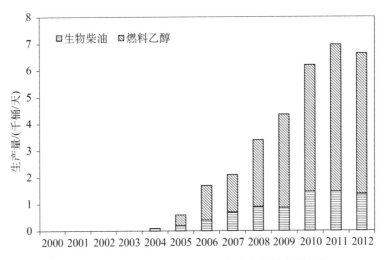

图1‑29　澳大利亚2000—2012年生物燃料产量变化

澳大利亚现有生物燃料规模约为$3.6×10^8$ L/a,主要用的原料包括动物油脂、餐厨废弃油、菜籽油、罂粟油、棕榈油等[31]。昆士兰州具有年产$1.2×10^8$ L燃料乙醇规模的乙醇生产工厂,主要原料来自第一代原料,如糖类和谷物等。2010年,昆士兰州政府投资了约360万澳元用于生物燃料生产,其中200万澳元用于生产甘蔗渣乙醇,剩下的150万澳元用于投资高效的光化学生物反应器,以培养微藻生产生物柴油[31]。澳大利亚政府还发布了《清洁能源财务合作》计划,将投资1 000万澳元用于发展可再生能源以及低污染、高效的生产技术[31]。未来,随着新加工厂的投建和现有加工厂的规模扩大,澳大利亚生物燃料产量还将继续增加。

1.3.6　其他

除此之外,印度、日本等国也重视生物液体燃料的发展。印度发展生物燃料的目的是降低石油进口依存度。印度政府从20世纪70年代就意识到可再生能源的重要性,并已推出一系列发展计划。由于印度的制糖工业比较发达,初期生产生物乙醇的原料是糖蜜。2001年,印度政府在马哈拉施特拉邦和北方邦分别推出了三个试点项目,研究在车辆上使用5%的乙醇汽油[49]。2002年9月,印度联邦政府颁布了《乙醇混合计划通知》,要求在产甘蔗的9个邦和4个中央直辖区强制实施5%的乙醇混合计划。为此,政府采取了退税政策以鼓励燃料乙醇的使用。但该项计划被迫于2004年因甘蔗减产而取消。随着甘蔗产量的恢复,印度政府又于2006年重启这项计划,并成立了专门的政府专家委员会。随着原料逐渐由糖蜜调整为甘蔗,使得燃料乙醇的发展较为顺利,2008 年印度政府在大多数地区将乙醇混合比例提高至 10%,但最终因程序上的障碍未能顺利实施,到 2015 年为止仍是维持在 5% 的乙醇混合比例[38]。

相较于生物乙醇,生物柴油的发展起步较晚。印度政府提出在 2012 年用生物柴油替代 20% 的石化柴油。由于受到人口众多、食用油短缺的影响,印度发展生物柴油的主要原料是麻疯树和水黄皮属卡兰贾等植物。2002 年起,政府还分阶段实施麻疯树作物种植计划,以满足生物柴油的生产要求。2003 年 4 月,印度计划委员会启动了《国家生物柴油计划》,目标是"种植 1 120 万公顷麻疯树,满足 2012 年 20% 的印度柴油需求"。为此,该计划分为两个阶段:第一阶段是从 2003—2007 年,计划种植 40 万公顷麻疯树,并确认在各种农业气候区适合种植的麻疯树品种、发展苗圃、向农民提供给予补贴的种植材料;第二阶段是从 2007—2012 年,生产 2011—2012 年需要的 20% 混合柴油,在 1 100 万公顷荒地上种植麻疯树,以保障充足原料供应。但印度政府制定的这个计划是难以实现的,因为没有充足的原料和高产耐寒的麻疯树品种[50]。2004 年,印度政府还为麻疯树建立了国际研发网络,期待可以发展出高产品种。2005 年,印度石油和天然气部颁布了《国家生物柴油购买政策》,旨在降低生物柴油的销售价格。

2008 年,印度政府批准了《国家生物燃料政策》,其规定:①利用荒废、退化、边缘土地种植非食用油籽来生产生物柴油;②建议到 2017 年实现混合生物燃料达到 20% 的指标;③定期调整公布对非食用种子的最低扶持价格和生物乙醇、生物柴油的最低购买价格;④重点支持生物燃料种植、加工和生产等方面的研究、开发和示范,通过财政激励措施来鼓励发展第二代生物燃料。2010 年,印度政府内阁决定提高石油公司收购乙醇的价格。2011 年,印度政府还为麻疯树的种植亏损风险作了担保,这项保险覆盖了印度中央邦、马哈拉施特拉邦、古吉拉特邦和泰米尔纳德邦等。印度政府制定的政策很大程度上促进了印度生物燃料的发展。

日本最早生产生物乙醇的原料是土豆,生产生物柴油的原料是大豆和麻疯树。二战过后,日本还发展以糖蜜为原料来生产生物乙醇。20 世纪 70 年代的石油危机后,日本政府开始实施生物乙醇开发计划。1997 年 12 月,日本为实现《京都议定书》中提出的减排承诺,决定加快生物燃料的发展。2002 年 12 月,日本政府发布了《日本生物质能战略》,提出了具体的规划和措施。2005 年 4 月,日本内阁出台了《京都议定书目标达成计划》,决定在 2010 年前利用新能源替代 191 亿升的原油用量,其中包括 20.8 亿升的生物热利用。2006 年日本对生物质能战略进行了修订,重点强调了生物质燃料在交通运输方面的利用。为此,2007 年 2 月发布了《促进生物燃料在日本的生产》报告,提出到 2011 年用糖蜜和不合格大米来生产 50 000 千升的生物燃料,并用建筑废弃物生产 10 000 千升的生物质燃料。至 2030 年左右,用纤维素材料和甘蔗、甜菜等可用作物资源来生产生物质燃料 6 000 000

千升,相当于日本国内燃料消费量的 $10\%^{[38]}$。

1.4 本书重点内容

将以燃料乙醇、生物柴油为代表的生物燃料用来替代交通燃油时,一方面可以减少化石能源的使用,保障能源安全;另一方面还可在一定程度上降低温室气体排放,改善环境。同时鼓励农民种植这些能源作物,还可提高农民的收入,带来良好的社会效益。目前,国内外普遍用于生产生物乙醇的原料主要有玉米、小麦、高粱、甘蔗、木薯及其他薯类作物等,除此之外,还有废醪液、甘蔗渣等[29, 51]。在中国,生产生物乙醇的原料主要是玉米、小麦、木薯,除此之外,还有少量的甜高粱、甘蔗和甜菜[52]。生产生物柴油的原料主要是地沟油、野生油料、植物油下脚料和餐饮废弃油等。这其中很多一部分原料都是粮食作物,近年来逐渐被学术界和政府所诟病。因为这些粮食作物会与口粮争地、与人争口粮,从而引发粮食价格上涨等一系列不安全因素。目前,被认为最有生产潜力的近期和中期可用于生产燃料乙醇的作物分别是木薯和甜高粱[53, 54],生物柴油原料现阶段还主要依赖于地沟油等,但微藻被认为是一种非常有潜力的生物柴油作物。

鉴于此,本书的重点内容是考察以微藻为代表的生物燃料,在其全生命周期过程中具有怎样的能源消耗、温室气体排放及水资源消耗,主要思路包括:一是通过建立微藻为代表的非粮生物燃料可持续发展标准与原则;二是建立微藻为代表的非粮生物燃料的生命周期能源效率、温室气体排放和水资源消耗评价体系(2E&W);三是在此基础上提出微藻生物柴油等非粮作物的产业化发展对策和建议。

参考文献

[1] 克劳士比. 人类能源史:危机与希望[M]. 王正林,王权,译. 北京:中国青年出版社,2009.

[2] BP. BP Statistical review of world energy 2015[DB/OL]. London:BP, http://www.bp. com/en/global/corporate/energy-economics/statistical-review-of-world-energy. html.

[3] 曾凡刚,王玮,吴燕红,等. 化石燃料燃烧产物对大气环境质量的影响及研究现状[J]. 中央民族大学学报(自然科学版),2001,(02):113 – 120.

[4] 刘志逊,刘珍奇,黄文辉. 中国化石燃料环境污染治理重点及措施[J]. 资源·产业,2005,(05):53 – 56.

[5] 许勤华. 能源互联下的世界能源秩序[J]. 国家电网,2014,(10):52 – 54.

[6] IEA. Key world energy statistics 2014[R]. Paris:International Energy Agency, 2014.

［7］ 世界银行.世界银行数据库［DB/OL］.华盛顿:世界银行,2015 - 03 - 03. http://data. worldbank. org. cn/.

［8］ 国家统计局.中国统计年鉴 2014［M］.北京:中国统计出版社,2014.

［9］ BP. BP2030 世界能源展望［R］.伦敦:BP,2013.

［10］ 黄晓勇,苏树辉,邢广程.世界能源蓝皮书:世界能源发展报告(2014)［M］.北京:社会科学出版社,2014.

［11］ 李霞.东北亚区域能源安全与能源合作研究［D］.长春:吉林大学,2012.

［12］ IPCC. Climate change 2007:Synthesis report. Contribution of working groups I,II and III to the fourth assessment report of the intergovernmental panel on climate change［Core Writing Team, Pachauri, R. K and Reisinger, A. (eds.)］［R］. Geneva, Switzerland:IPCC,2007.

［13］ IEA. CO_2 emissions from fuel combustion Highlights (2014 Edition)［R］. Paris: International Energy Agency,2014.

［14］ 黄晓勇,邢广程.世界能源发展报告［M］.北京:社会科学文献出版社,2013.

［15］ 环境保护部. 2014 中国环境状况公报［EB/OL］. (2015 - 06 - 04) http://jcs. mep. gov. cn/hjzl/zkgb/2014zkgb/.

［16］ 环境保护部. 2013 年中国环境状况公报［EB/OL］. (2014 - 06 - 05) http://jcs. mep. gov. cn/hjzl/zkgb/2013zkgb/.

［17］ 吕田.压燃式发动机颗粒物排放理化特性及其对大气环境的影响［D］.上海:上海交通大学,2013.

［18］ 环境保护部. GB 3095 - 2012 环境空气质量标准［S］. 2012.

［19］ 环境保护部.空气质量新标准第一阶段监测实施方案［EB/OL］. (2012 - 05 - 24) http://www. gov. cn/zwgk/2012-05-24/content_2144221. htm.

［20］ Aaron van Donkelaar R V M, Michael B, Ralph K, et al. Global estimates of ambient fine particulate matter concentrations from satellite-based aerosol optical depth: development and application［J］. Environ Health Perspect,2010,- 118(- 6):- 847.

［21］ 钱孝琳,阚海东,宋伟民,等.大气细颗粒物污染与居民每日死亡关系的 Meta 分析［J］.环境与健康杂志,2005,(04):246 - 248.

［22］ 高知义.大气细颗粒物人群暴露的健康影响及遗传易感性研究［D］.上海:复旦大学,2010.

［23］ 刘毅,周明煜.北京及中国海春季沙尘气溶胶浓度变化规律的研究［J］.环境科学学报,1999,(19):642 - 647.

［24］ 环境保护部. 2013 年环境统计年报［EB/OL］. (2014 - 11 - 24) http://zls. mep. gov. cn/hjtj/nb/2013tjnb/.

［25］ 水利部. 2014 中国水资源公报［EB/OL］. (2015 - 08 - 28) http://www. mwr. gov. cn/zwzc/hygb/szygb/qgszygb/201508/t20150828_719423. html.

［26］ EIA. Annual energy review［DB/OL］. Washington D C:U. S. Department of

Energy, http://www.eia.gov/totalenergy/data/annual/#consumption.

[27] 贾顺平,毛保华,刘爽,等.中国交通运输能源消耗水平测算与分析[J].交通运输系统工程与信息,2010,(01):22-27.

[28] BP. BP energy outlook 2035[R]. London:BP, 2015.

[29] Ishola M M, Brandberg T, Sanni S A, et al. Biofuels in Nigeria: A critical and strategic evaluation [J]. Renewable Energy, 2013, 55: 554-560.

[30] Hariskos I, Posten C. Biorefinery of microalgae—opportunities and constraints for different production scenarios [J]. Biotechnology Journal, 2014,9(6):739-752.

[31] Azad A K, Rasul M G, Khan M M K, et al. Prospect of biofuels as an alternative transport fuel in Australia [J]. Renewable and Sustainable Energy Reviews, 2015,43: 331-351.

[32] EIA. International energy statistics [DB/OL]. Washington DC: U.S. Department of Energy http://www.eia.gov/countries/data.cfm.

[33] REN21. Renewables 2014 global status report [R]. Paris:REN21 Secretariat, 2014.

[34] Martín M, Ahmetović E, Grossmann I E. Optimization of water consumption in second generation bioethanol plants [J]. Industrial & Engineering Chemistry Research, 2010,50(7):3705-3721.

[35] 国务院办公厅.能源发展战略行动计划(2014—2020 年)[EB/OL]. (2014-11-19) http://www.gov.cn/zhengce/content/2014-11/19/content_9222.htm.

[36] IEA. World energy outlook 2014[R]. Paris:International Energy Agency, 2014.

[37] WWAP. The united nations world water development report 2014: water and energy [R]. Paris: UNESCO, 2014.

[38] 谢光辉,张宝贵,刘宏曼等.世界主要国家生物燃料产业政策报告[R].北京:中国农业大学和能源基金会,2014.

[39] Yaoyang X, Boeing W J. Mapping biofuel field: A bibliometric evaluation of research output [J]. Renewable and Sustainable Energy Reviews, 2013,28:82-91.

[40] Bergmann J C, Tupinambá D D, Costa O Y A, et al. Biodiesel production in Brazil and alternative biomass feedstocks [J]. Renewable and Sustainable Energy Reviews, 2013,21:411-420.

[41] 李元龙,陆文聪.国外生物燃料发展政策及其对我国的启示[J].现代经济探讨,2011, (05):81-85.

[42] André Cremonez P, Feroldi M, Cézar Nadaleti W, et al. Biodiesel production in Brazil: Current scenario and perspectives [J]. Renewable and Sustainable Energy Reviews, 2015,42:415-428.

[43] 夏芸,徐萍,江洪波,等.巴西生物燃料政策及对我国的启示[J].生命科学,2007,19 (05):482-485.

[44] 康利平,Earley R,安锋,等.国际生物燃料可持续标准与政策背景报告[R].北京:能源

与交通创新中心,2013.

[45] EIA. International energy statistics-total biofuels production [DB/OL]. U. S. Energy Information Administration.

[46] Pongpinyopap S, Mungcharoen T. Bioethanol water footprint: Life cycle optimization for water reduction [J]. Water Science and Technology: Water Supply, 2015,15: 395 - 403.

[47] Gheewala S H, Silalertruksa T, Nilsalab P, et al. Implications of the biofuels policy mandate in Thailand on water: The case of bioethanol [J]. Bioresource Technol. , 2013,150:457 - 465.

[48] Wattana S. Bioenergy development in Thailand: Challenges and strategies [C]. Energy Procedia,2014.

[49] 魏玮,刘志红. 印度生物燃料政策的演进、经验及其对中国的启示[J]. 经济问题探索, 2012,(12):149 - 153.

[50] 刘贺青. 印度生物燃料政策及其对中国的启示[J]. 南亚研究季刊,2009,(02):61 - 67,113.

[51] Mangmeechai A, Pavasant P. Water footprints of cassava- and molasses-based ethanol production in Thailand [J]. Natural Resources Research,2013:1 - 10.

[52] Liang S, Xu M, Zhang T. Unintended consequences of bioethanol feedstock choice in China [J]. Bioresour. Technol. , 2012,125:312 - 317.

[53] Dutra E D, Neto A G B, de Souza R B, et al. Ethanol production from the stem juice of different sweet sorghum cultivars in the state of Pernambuco, northeast of Brazil [J]. Sugar Tech. , 2013,15(3):316 - 321.

[54] Papong S, Malakul P. Life-cycle energy and environmental analysis of bioethanol production from cassava in Thailand [J]. Bioresour. Technol. , 2010, 101 (1, Supplement 1):S112 - S118.

第 2 章 微藻制油技术发展概览

2.1 微藻制油的初步认识

2.1.1 商业化微藻种类代表

藻类泛指能够进行放氧光合作用的自养无胚植物。根据细胞大小的不同，藻类分为大藻(如海带、紫菜和裙带等)和微藻(如小球藻、螺旋藻、盐藻、栅藻、紫球藻、雨生红球藻和鱼腥藻等)。按生长环境的不同，藻类又可分为水生微藻、陆生微藻和气生微藻等，其中水生微藻又包括淡水生微藻和海水生微藻。按生活方式的不同，藻类则可分为浮游微藻和底栖微藻。一般而言，微藻是指一类在陆地、海洋及淡水湖等地方分布广泛的自养植物，直径一般为 $5\sim50~\mu m$[1]，由于只有在显微镜中才能分辨其具体形态，故人们将这一类微小藻类类群称作为微藻。

目前已发现的微藻种类已超过 3 万余种，其中微小类群就占了 70%[2]。国际上已有微藻进入商业化生产阶段，主要用于生产高附加值产品。东亚和东欧地区以及我国台湾地区以生产栅藻和小球藻为主，年产藻粉在 1 000 万吨以上；墨西哥、乍得等国家相继建立起螺旋藻生产线，年产量达数百吨；我国从 1958 年开始培养作为食品和饲料的微型藻类[2]。图 2-1 是几种已商业化的微藻种类[3]，包括螺旋藻、杜氏藻、小球藻和红球藻。

1) 螺旋藻(*Spirulina*)

螺旋藻是由单细胞或多细胞组成的丝状体，如图 2-1(a)所示，它是蓝藻门念珠藻目颤藻科中的一个属，本属约 30 种，一般体长为 $200\sim500~\mu m$，宽 $5\sim10~\mu m$。螺旋藻主要生长于各种淡水和海水中，常浮游生长于中、低潮带海水中或附生于其他藻类和附着物上形成青绿色的被覆物。可自然生长螺旋藻的四大湖泊包括非洲的乍得湖、墨西哥的特斯科科湖、中国云南丽江的程海湖以及内蒙古鄂尔多斯的哈马太碱湖。国内外目前大规模培养的螺旋藻主要为钝顶螺旋藻、极大螺旋藻和印度螺旋藻三种。在中国，螺旋藻主要有 9 种，其中，钝顶螺旋藻和极大螺旋藻能在我国进行规模化人工培育，主要分布在南方和沿海地区。螺旋藻产业在内蒙古鄂尔多斯高原地区发展也非常迅速,主要分布在内蒙古乌审旗和鄂托克旗地区。其中,占地 12 400 亩的鄂托克旗螺旋藻产业园区已成为全球最大的螺旋藻养殖基地[4]。

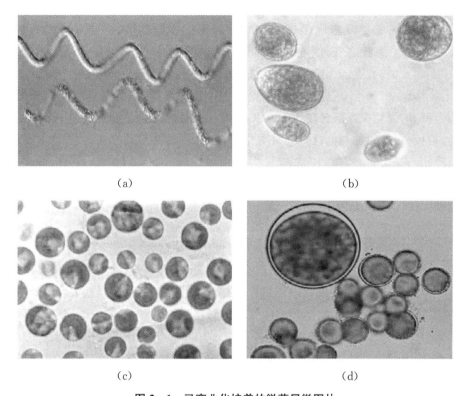

(a)　　　　　　　　　　　　　　　(b)

(c)　　　　　　　　　　　　　　　(d)

图 2-1　已商业化培养的微藻显微图片

(a) 螺旋藻(*Spirulina*);(b) 盐生杜氏藻(*Dunaliella salina*);(c) 小球藻(*Chlorella vulgaris*);(d) 雨生红球藻(*Haematococcus pluvialis*)

螺旋藻细胞通过二分分裂无性繁殖的方式来增加藻丝长度。它既可在淡水中培养,也可经驯化后在海水中生长。经证明,螺旋藻可在含有 85～270 g/L 盐类的水体中生存,最适生长盐度为 20～70 g/L、最适温度为 30～37℃、最适光照强度为 30 000～35 000 lx、最适 pH 值为 8.6～9.5[2]。巩东辉等研究了在内蒙古鄂尔多斯高原碱湖地区培养螺旋藻的可行性,其研究结果表明,鄂尔多斯高原碱湖钝顶螺旋藻也适于我国北方地区养殖[4],进一步丰富了我国的螺旋藻种质资源。

螺旋藻之所以受到众多科学家和国际组织的关注和高度评价,是因为螺旋藻具有全面均衡的营养和极高的防病保健价值。它被誉为"地球上的营养冠军"、"药源新星",也被世界卫生组织认定为"人类 21 世纪最佳保健品"和"未来超级营养食品"[5]。螺旋藻蛋白质含量高达 60%～72%,而脂肪、纤维素的含量低,除此之外,还含有碳水化合物、叶绿素、类胡萝卜素、藻青素、烟酸(nicotinicacid)、肌酸(creatine)、 γ-亚麻酸(γ-linolenicacid)、泛酸钙、叶酸(folicacid)、钙、铁、锌、镁及维生素(vitamin) A、B1、B2、B6、B12、E等成分[6,7]。例如,螺旋藻多糖是螺旋藻藻体中碳水化合物的主要存在形式,含量高达干重的14%～16%,它具有促进血液循环,激活体内激素产生,促进肾上腺和胰岛素分泌,提高神经系统反应速度和促进肌肉组织生长等作用[5]。再如,螺旋藻细胞中还含有丰富的不饱和脂肪酸,γ-亚麻酸含量高达11 970 mg/kg。除此之外,螺旋藻还含有大量的蛋白质,其含量相当于玉米的9.3倍、小麦的6倍、大豆的1.7倍、鸡肉的3.1倍、牛肉的3.5倍、猪肉的7倍、鱼肉的3.7倍、蛋类的4.6倍、全脂奶粉的2.9倍[5]。总的来看,螺旋藻具有降低胆固醇、调节血糖、增强免疫系统、保护肠胃、抗肿瘤、防癌抑癌、防治高脂血症、抗氧化、抗衰老、抗疲劳、抗辐射和治疗贫血症等保健功效,因此常被用于生产保健品等高附加值产品。

2) 杜氏藻($Dunaliella$)

杜氏藻是绿藻门多鞭藻科的一属。如图2-1(b)所示,它是单细胞个体,形状为卵形或梨形,前端有一对较长的鞭毛,杜氏藻因其细胞内含有大量胡萝卜素而呈现橘红色,常生活在海水、咸水湖及盐池中,人们也将其称之为"盐藻"[2]。杜氏藻是目前已知真核生物中最耐盐的生物,能在0.05 mol/L至饱和NaCl浓度下生存,其耐盐机制被认为是通过调节自身细胞内甘油的合成与转化来实现的[8]:当盐浓度较低时,细胞内的甘油转化为淀粉;反之,当盐浓度较高时,淀粉降解为甘油。这样就可以让盐藻细胞在高盐状况下生长,从而用以积累甘油。此外,由于杜氏藻没有坚硬的细胞壁,故渗透压的改变对其形状的影响也较大。它与通常的植物耐盐机制存在明显不同,主要是:①杜氏盐藻内脯氨酸含量和Na^+浓度并不随外界盐浓度的增大而提高;②在高盐环境中生长时,细胞内的甘油含量可达细胞湿重的50%,以此补偿细胞内外的渗透压差,同时为酶提供合适的溶质,以防止酶的失活或抑制[9]。

杜氏藻的生殖方式有无性生殖和有性生殖两种:无性生殖是在游动中直接进行分裂,由一个细胞分裂为两个游动的子细胞;有性生殖在不良环境时产生,为同配生殖,由具有两条长鞭毛的孢子结合后发育形成2～8个游动细胞[2]。海产杜氏藻因种类的不同,其耐盐度范围和对酸碱的适应范围较广,耐盐度为0.5～5 mol/L,pH值从1～11,最适温度为25℃左右,最适光照范围为200～6 000 lx[2,9]。由于杜氏藻含丰富β-胡萝卜素,而β-胡萝卜素又具有防癌、抗癌的作用,因此,在澳大利亚、美国和中国等国家大规模培养来生产天然胡萝卜素。

3) 小球藻($Chlorella sp.$)

小球藻是绿藻门($Chlorophyta$)绿藻纲($Chloophyceae$)绿球藻目的一属,它是一种球形单细胞淡水藻类,是世界上最早出现生命的生物之一[10]。小球藻一般为单生或聚生,其细胞多为球形或椭圆形,如图2-1(c)所示,它的细胞壁很薄,直径通常为3～8 μm。小球藻在自然界分布极广,海洋、湖泊、池塘、土壤、树皮等环境中均可生长繁殖,以淡水种类居多,而且在春夏之交时繁殖最旺盛。目前世界上已知的小球藻大约有 10 种,若加上其变种数量可达数百种。我国常见的种类有蛋白核小球藻、椭圆小球藻、普通小球藻等,其中蛋白核小球藻的营养价值最高。小球藻适应能力强,主要营腐生生活,在富含有机质的污水中能大量繁殖;除此之外,还能营共生生活,可在其他的动植物体内生活,如构成地衣[2]。

小球藻通过无性繁殖的方式繁殖下一代,依靠细胞内原生质体多次分裂形成似亲孢子,当细胞分裂时原生质体分裂出似亲孢子,待母细胞破裂后似亲孢子释放出来,然后长大成新个体。小球藻对盐度的适应范围较广,最适温度为 25℃左右,最适光照强度为 10 000 lx,适宜 pH 值为 6～8[2]。小球藻作为一种优质的绿色营养食品,具有高蛋白、低脂肪、低糖、低热量以及维生素、矿物质元素含量丰富的优点,同时还具有某些特殊的医疗保健功能。在美国、日本和欧洲等地,小球藻被作为营养保健品出售,也是水产养殖过程中倡议的饵料微藻[10]。除了作为营养品的原料外,小球藻还被用作生物能源的原料,如生物柴油,所得的生物燃料能达到国际标准[11]。

4)红球藻(*Haematococcus pluvialis*)

红球藻是淡水单胞绿藻,是绿藻门绿藻纲团藻目红球藻科的一个属。它的细胞由广卵形到椭圆形不等,宽 19～51 μm,长 28～63 μm,自养生活[12],如图 2-1(d)所示。由于红球藻中虾青素的含量高,所以该类藻总是呈现出红色。红球藻常生长在有机质较丰富的小水体中,如花园、小水坑等,由于这种环境经常间断性干旱,因此它大多时间处于休眠状态。红球藻一般是用单细胞的孢子或合子进行生殖,其繁殖方式为细胞分裂,产生 2,4,8,…,n 个细胞,能观测到鞭毛的存在,并能自由游动,属于游动孢子。在环境不良时进行无性生殖,发育成厚壁孢子,细胞形态呈圆形,无鞭毛,不会游动,因血色素积累而成红色。光照是红球藻生长的重要因素,最适宜红球藻生长的光照强度约为 30 lx,高于 50 lx 的光照将抑制红球藻的生长。最适生长温度为 25～28℃,最适生长 pH 值为中性至微碱性[2]。

红球藻是目前科学界发现的继螺旋藻、小球藻之后,富含营养价值和药用价值的藻类食品。雨生红球藻中含有丰富的天然花青素,在特定条件下,它可以积累占其干重 1%以上的虾青素[12]。从红球藻中提取的虾青素具有极强的穿透力、跨膜稳定性以及超强吸收性。它作为一种最高效的纯天然抗氧化剂,最主要的功能是清除自由基,提高人体抗衰老能力。除此之外,也具有防紫外线辐射、治疗和预防眼病、抑制肿瘤、缓解运动疲劳和防止心脑血管疾病等作用[13]。

2.1.2　微藻的应用价值

长期以来,微藻都是作为鱼、虾、贝、蟹育苗生产中的饵料[14]。但实际上,微藻通过自身的光合作用,经细胞代谢后产生的多糖、蛋白质、色素等,使其在食品、化工、医药、基因工程及液体燃料等领域具有良好的开发应用前景。

在医药工业领域,从微藻中提取的天然 β-胡萝卜素具有抑制肿瘤、抗辐射和升高白细胞等作用,尤其对萎缩性胃炎、口腔溃疡、皮肤疾病和放化疗患者等有着明显的辅助治疗效果[15]。已开发出的产品有天然胡萝卜素口服液、冲剂、口含片、水分散型干粉等产品。微藻胶体(ECP)因其具有较强的抗肿瘤活性而引起国内外专家的关注。例如,螺旋藻对于糖尿病、高血压、心脏病、胃病、贫血病、肝病、肾脏病、风湿病、骨质疏松症、营养不良等具有预防和辅助疗效[16]。除此之外,也有微藻被用于化妆品生产领域[17]。

在保健食品领域,微藻中含有丰富蛋白质、多不饱和脂肪酸、维生素、多糖、矿物质等,是优良的天然保健食品。藻类的粗蛋白含量高达 60%～70%,生物学产量高于任何作物,并且具有很高的营养价值[14]。藻类蛋白的生产正在迅速发展,小球藻、栅列藻、新月藻、螺旋藻已被用作蛋白质来源,小球藻、螺旋藻、杜氏盐藻还以粉剂、丸剂、提取物等形式投放保健品市场或用作食品添加剂,雨生红球藻细胞积累的虾青素也成为研究者们关注的热点[18]。虽然藻粗蛋白还没有完全进入到全球营养品市场,但它具有可持续、素食以及不过敏的特点,使其成为一种替代传统蛋白的有效物质[17]。

在环境净化等方面,许多微藻能够对污水进行除氮和除磷处理,此外还能吸收钴、锰、汞等重金属离子,以及一定浓度的 NO_x、SO_x、H_2S 等污染物,效果较好的有螺旋藻、小球藻、栅藻、颤藻、栅列藻等[15]。用微藻净化污水,不仅能减少环境污染,还可以将得到的藻类细胞用作饲料和肥料。与传统的废水处理方法相比,用微藻处理废水,具有成本低、耗能少、效益好的特点,在环保工程中应用的潜力巨大[1]。在美国、挪威、日本以及新加坡等地早已开始研究培养微藻进行环境保护[3, 19]。除此之外,废水培养微藻联合烟道气中的 CO_2,可进一步降低微藻培养成本[20]。在生物技术方面,微藻生长周期短、耐受性的基因是生物技术关注的热点,开发新型的微藻生物反应器,利用藻类蛋白生产口服疫苗等,用活性物质制成干粉,口服。例如,杜氏盐藻也已被广泛应用于生物工程和遗传工程等领域,这是因为杜氏盐藻没有细胞壁,其原生质膜仅有一层由糖蛋白和神经氨酸组成的黏液状细胞外膜,并且其细胞顶端有两根等长鞭毛,可以自由移动,因此被认为是一种良好的模式生物[21]。并且,杜氏盐藻由于其独特的耐盐机制,可以积累甘油,从而还被应用到化妆品生产加工领域[8]。除了从微藻细胞中获得主要的高附加值产品外,人们也在研究利用藻提取后的剩余生物质来生产各种产品。例如,当从盐藻中提取了 β-胡萝卜素后,为充分利用盐藻渣资源,提高盐藻开发的综合效益,人们也研究从盐藻残渣中提取其余的物质,如多糖等[22]。

除此之外,微藻作为一种能源物质已越来越得到人们关注。已有的报道表明,可以利用微藻制取氢气、生产沼气以及燃料乙醇和生物柴油等能源[23-26]。在生物质能源的大规模利用方面,盐生杜氏藻、小球藻等藻类因其能累计大量甘油、油脂、耐盐性极佳等优势,被认为具备独特的生产生物质能源的潜力[23]。

2.1.3　微藻制取生物柴油的优势

生物燃料根据原料来源的不同而分为不同的种类:第一代生物燃料指的是以粮食作物为原料生产得到的燃料,如玉米、大豆、甘蔗和油菜籽等;第二代生物燃料指的是来源于非粮作物的燃料,包括麻疯树、芒草、柳枝稷等;以微藻为代表的藻类生物质则被认为是第三代生物燃料[27-29]。除此之外,以木薯、甜高粱为原料生产的燃料乙醇也被叫做第 1.5 代生物燃料,也有人将捕获的工业废气 CO_2 等称为是第四代生物燃料[30]。与玉米、大豆等粮食作物相比,微藻具有一系列优点:光合作用效率高;生长周期短;油脂含量高;生物质产量高;占地面积小;能在废水等环境中生长以及固定 CO_2 能力强等优点[31-34]。因此,它被认为是最具有潜力的生物燃料原料。

微藻制油的原理是利用微藻进行光合作用,将化工生产过程中产生的二氧化碳转化为微藻自身的生物质从而固定了碳元素,再通过诱导反应使微藻自身的碳物质转化为油脂,然后利用物理或化学方法把微藻细胞内的油脂转化到细胞外,再进行提炼加工,从而得到生物柴油。微藻被用于制取生物柴油的原因主要有以下几点:一是微藻具有积累脂肪的能力;二是相比其他油料作物,微藻产油潜力较大;三是微藻油的品质适于生产生物柴油。

据报道,很多微藻都具有在细胞中累积脂肪的能力,其油脂成分是生产生物柴油的重要原料[23]。表 2-1 总结了不同藻类细胞中脂肪的含量[35-37]。由于微藻种类及培养方式的差异,微藻的脂肪含量一般在 5%～75%[35,36],有些物种的含油量甚至能超过 80%[35]。从表中可以看出,大部分微藻的脂肪含量均在 20%～50% 之间,主要集中在小球藻、杜氏盐藻、等鞭金藻、布朗葡萄藻、栅藻以及裂殖壶菌等几类。在实际大规模培养微藻生产生物燃料时,还需根据当地的条件筛选适合的品种进行培养。

表 2-1　微藻细胞中的主要成分含量

藻　种	蛋白质/%	碳水化合物/%	脂肪/%
鱼腥藻(Anabaena cylindrica)	43～56	25～30	4～7
布朗葡萄藻(Botryococcus braunii)	8～17	8～20	25～75
衣藻(Chlamydomonas rheinhardii)	48	17	21
蛋白核小球藻(Chlorella pyrenoidosa)	57	26	2
小球藻(Chlorella vulgaris)	51～58	12～17	14～22
隐甲藻(Crypthecodinium)	—	—	20
细柱藻(Cylindrotheca sp.)	—	—	16～37

（续表）

藻　　种	蛋白质/%	碳水化合物/%	脂肪/%
杜氏藻（*Dunaliella bioculata*）	49	4	8
盐生杜氏藻（*Dunaliella salina*）	57	32	6
眼虫藻（*Euglena gracilis*）	39～61	14～18	14～20
等鞭金藻（*Isochrysis sp.*）	31～51	11～14	20～22
富油绿球藻（*Neochloris oleoabundans*）	20～60	20～60	35～54
三角褐指藻（*Phaeodactylum tricornutum*）	—		20～30
紫球藻（*Porphyridium cruentum*）	28～39	40～57	9～14
小定鞭金藻（*Prymnesium parvum*）	28～45	25～33	22～38
二形栅藻（*Scenedesmus dimorphus*）	8～18	21～52	16～40
斜生栅藻（*Scenedesmus obliquus*）	50～56	10～17	12～14
四尾栅藻（*Scenedesmus quadricauda*）	48	17	21
裂殖壶菌（*Schizochytrium sp.*）	—		50～77
水绵绿藻（*Spirogyra sp.*）	6～20	33～64	11～21
极大螺旋藻（*Spirulina maxima*）	60～71	13～16	6～7
钝顶螺旋藻（*Spirulina platensis*）	46～43	8～14	4～9
聚球藻（*Synechoccus sp.*）	63	15	11
四爿藻（*Tetraselmis maculata*）	52	15	3

　　与其他传统油料作物,如大豆、油菜籽等相比,微藻还具有显著的年产油量高的特点。表2-2对比了几种传统油料作物的年产量及产油量。从表中可知,豆类作物因含油量低、每公顷产量低,而使得年产油量最低。玉米类作物虽年产量较高,但因其含油量极低,故年产油量也少。蓖麻和菜油籽含油量高,但年产量低下,故年产油量仅在0.67～0.77吨/公顷。麻疯树和棕榈树年产油量较高,在3～3.7吨/公顷。而微藻由于其生长速度快,脂肪含量高,年产油量也相对最高,据估算,微藻的年产油量可达到10～50吨/公顷,是其他作物的15～180倍。

表2-2　微藻与传统油料作物的年产量及产油量对比

作　　物	年产量/(吨/公顷)	含油量/%	年产油量/(吨/公顷)
大豆	1.771[38]	16.0	0.28
豆类	1.792[39]	16.0	0.29

（续表）

作　物	年产量/(吨/公顷)	含油量/%	年产油量/(吨/公顷)
高油玉米	5.28	9.0	0.48
玉米	5.747[39]	6.6[40]	0.38
蓖麻	1.005	66.5	0.67
菜油籽	1.827[39]	41.9	0.77
麻疯树	5[41]	44.1[42]	2.20
油莎豆果	13.1[43]	26.5[43]	3.47
棕榈树	7.4	50.0	3.70
微藻 1[44]	41.296	25.0	10.32
微藻 2[44]	124.6	40.0	49.84

　　利用微藻生产生物柴油还能减少耕地面积的使用,减少与其他作物争地的风险。据推算,假设所需的生物柴油都来源于某一种生物质原料,微藻所需的耕地面积远远低于其他生物质[10]。以中国为例,如果种植大豆、高油玉米和棕榈树等作为生产可满足我国交通运输用油的生物燃料,那么所需的种植面积将占我国现有耕地面积的 14.1%～225%,而培养微藻来生产生物燃料所需的耕地面积仅占我国耕地面积的 0.45%～1.05%[45]。

　　此外,从微藻提取出来的微藻油一般是由富含 12～22 个碳原子的饱和和不饱和脂肪酸构成[46],饱和脂肪酸的比例在 23%～28% 之间[46, 47],这些组分极其适合于转变成生物柴油。未来若将微藻生物柴油用于汽车等领域使用时,还应当对微藻生物柴油进行催化加氢重整,以减少微藻生物柴油中的不饱和脂肪酸等含量,使其达到国际上规定的生物柴油标准[35]。

2.2　微藻作物生物质能源的发展历史

2.2.1　国外进展

　　微藻作为生物质能源的利用可追溯到 20 世纪中叶,当时研究者提出利用微藻厌氧发酵来生产甲烷,随后又对大型跑道式培养池中培养的微藻用以厌氧发酵生产甲烷进行了技术-经济工程分析[48],虽然没有实现微藻生物质能源的规模化与商业化生产,但却为生物质能源的发展开辟了新的方式。

　　第二次世界大战后,德国科学家首次尝试在户外开放池中大规模培养微藻生产生物柴油[3, 37]。20 世纪 70 年代因石油禁运导致油价迅速攀升,进一步激发了人们利用藻类油脂生产生物燃料的想法,最终这次危机推动了美国能源部开展水生物种项目(aquatic species program, ASP)[23]。研究者们从美国各地收集了三千多种藻类,测试它们在不同温度、盐度、酸碱度水体中的产油能力,并最终筛选出三百多种潜力藻种,大多是绿藻和硅藻。后来随着部分能大量产油的藻类品系被发现,脂类燃料——即俗称的"生物柴油"才成为研究重心。该项目历时7年,筛选了多种富含油脂的藻株,并在加利福尼亚州、夏威夷州和新墨西哥州等建立了中试基地,通过开放式跑道池(open raceway pond, ORP)培养微藻,研究微藻油脂的转换工艺[23]。

除ASP外,美国能源部于1968到1990年期间还赞助了一个利用大型藻通过厌氧消化生产天然气的海洋生物质项目(marine biomass program, MBP)[23]。ASP和MBP两个项目论证了将藻类作为生物能源原料的可行性,并获得了许多重要的技术进展。然而,相比传统化石燃料,藻类生物能源的成本依然较高。要实现微藻生物燃料经济可行的生产工艺,仍旧需要克服诸多技术、政策等各方面的难题。

日本国际贸易和工业部也于1990—2000年投资25亿美元,资助了"地球研究更新技术计划",旨在筛选生长速度快、细胞密度高、耐受高浓CO_2的藻种,建立光生物反应器的技术平台[3]。在这期间,共计有20多家日本企业、研究机构及政府相关部门共同参与了这个项目。通过该项目发现,微藻在实现商业化的过程中,还需解决培养、提取油脂及燃料化等关键问题。2012年6月,日本企业成立了微藻燃料开发推进协会,该协会由吉坤日矿日石能源、IHI(石川岛播磨重工业)和电装三家公司发起,日立工业设备技术、三菱商事、出光兴产、Euglena、Neo Morgan研究所、Idea及洋马(Ynmar)6家公司加盟。该协会致力于找出开发微藻燃料制造技术方面存在的共性问题,以期在2020年之前确立微藻燃料一条龙生产体系。

进入21世纪后,石油价格大幅上扬,使得微藻生物柴油技术得到进一步发展。2008年12月,美国能源部组织国内200多名专家学者讨论并明确了现阶段限制藻类生物燃料商业化的关键问题[23]。随后,4个研究团队被选定致力于微藻生物燃料大规模生产的研究。除美国能源部外,美国国防部、国家科学基金委、农业部、小企业研究计划及一些国家实验室都开始赞助研究用微藻、蓝绿藻及大型藻生产生物柴油。欧洲研究人员也曾预测欧洲市场上生产的微藻生物柴油在未来十年内有望降低成本,从而与常规燃料持平。国外很多企业,如GreenFuel Technologies、LiveFuels、Shell、AlgaeLink NV、RRA等多家公司都在积极开展微藻能源相关技术研究,并取得了一定的进展。

在西班牙,阿里坎得生物燃料公司也于2007年开始着手研究微藻生物燃料。因为以微藻为原料的生物燃料的生产效率要比以大豆等作为生产生物燃料的效率高出数千倍,而且占地面积小,也没有较大的环境污染问题[45]。2008年英国"卫报"一则消息表示,英国计划斥资2 600万英镑,启动一项"微藻生物燃料"项目,预计在2020年之前实现以微藻生物燃料替代传统的化石燃料。近年来,澳大利亚已经建立了试点藻类种植项目,如果该项目取得成功,藻类将会成为一种潜力巨大的生物燃料资源。此外,荷兰 AlgaeLink 公司也于 2008 年与荷兰航空公司签订协议,并一直致力于开发微藻航空燃油[49]。

2.2.2　国内发展

微藻研究在我国起步较晚,根据国家知识产权总局的统计数据显示,微藻生物质能源真正引起中国科研工作者的关注始于 2008 年,截至 2010 年,已公开的相关专利有 39 项[50],主要包括产油微藻资源的筛选、微藻培养系统、采收系统、微藻生物柴油炼制及含油微藻综合利用等方面[50]。2010—2015 年,我国微藻发展较快,专利数量增长迅速,已公开的专利数量将近 250 项,数量最多的是新奥科技发展有限公司,其次为中科院过程研究所、中国石油化工股份有限公司、中石化抚顺石油化工研究院、中科院青岛生物能源与过程研究所、暨南大学、中国海洋大学、云南爱尔发生物技术有限公司和天津大学等[51]。这些研究虽取得了一定的进展,但在技术上较先进国家仍存在一定差距。

表 2-3 总结了近年来国内涉足微藻研究的主要相关科研单位和企业。早期清华大学的微藻研究主要是通过异养培养小球藻获得生物柴油[52],但这种方法需补充额外碳源,成本较高,在工业化养殖上难以取得较大突破。上海交通大学的缪晓玲等人进一步利用稻草水解液作为碳源的方式培养产油微藻,以降低碳成本[53]。微藻光自养研究是当前较易大规模培养的方式,大多微藻研究单位都转向自养培养微藻生产生物柴油。这其中包括中科院过程研究所、烟台海岸带研究所、青岛生物质能源与过程研究所、中国热带农业研究院以及厦门大学等。此外,国家科技部于 2007 年批准成立了国家海藻工程技术中心,旨在收集保存国内外经济海藻原良种资源,培育海藻优良品质,研究开发海藻配套培养技术,并研究海藻深加工利用技术。2011 年,李元广领衔主持的微藻能源项目——"微藻能源规模化制备的科学基础"获"973 计划"资助。国家生物质能发展"十二五"规划也鼓励在条件适宜地区开展微藻固碳生物燃料产业化示范[54]。

表 2-3　国内开展微藻生物燃料的主要机构

研究机构及企业	主要研究内容及计划
研究机构	
清华大学	产油微藻筛选、异养转化细胞工程技术培养微藻、提取油脂和生物柴油加工研究[52,55,56]
国家海藻技术研究中心	从事海藻育种、栽培及加工等工程技术研究开发
中科院过程工程研究所	微藻培养、采收及光生物反应器设计研究[57,58]

（续表）

研究机构及企业	主要研究内容及计划
研究机构	
中科院烟台海岸带研究所	微藻培养条件对脂肪的影响[59, 60]
中科院青岛生物质能源与过程研究所	微藻培养及光生物反应器设计及微藻生物柴油示范工程项目等[61, 62]
华东理工大学	高密度微藻培养技术及新型反应器开发[63, 64]
中国热带农业研究院	微藻脂肪积累的机理研究[65, 66]
天津大学	研究微藻油脂的生产[67]
浙江大学	微藻培养基因技术及采收方法的研究[68, 69]
上海交通大学	异养培养产油微藻、CO_2固碳及外界碳源对微藻生长的影响[11, 53, 70]
企业[26]	
新奥集团股份有限公司	已在内蒙古达拉特旗建设了微藻生物能源产业化示范工程,微藻生物吸碳技术已列入国家"863"计划
中国石油化工集团	与中科院合作开展"微藻生物柴油成套技术开放"项目研究
内蒙古金骄集团	目前国内唯一一家利用林业剩余物生产高端液体燃料的企业,2008年起在内蒙古科技厅支持下研发光生物反应器大规模培养微藻
洋浦绿地能源科技有限公司	投资2 980万美元启动微藻生物柴油产业化项目,形成年生产生物柴油30万吨
嘉兴大祺生物能源有限公司	通过"治污—养藻—炼油"的思路,成功开发利用CO_2与有机废水大规模养殖微藻,生产生物柴油、微藻蛋白、饲料等多种产品的技术
兆凯生物工程研发中心(深圳)有限公司	已启动海洋为主生物能源开放项目,实施微藻本地规模化养殖,开放油脂分离提取的技术

除科研单位外,一些大中型企业也开始转向研究微藻生物能源。例如,中石化与中科院合作成立的"微藻生物柴油成套技术开发"项目从产油微藻资源调查、筛选、建库和遗传育种方面出发,研究不同微藻培养方式生产生物柴油,预计2015年前后实现户外中试装置研发,远期将建设万吨级工业示范装置[71]。新奥集团从2007年开始启动微藻生物能源生产。前期,新奥主要始于中科院青岛海洋所合作进行微藻藻种的筛选,初步得到了13种含油率超过25%的微藻。除此之外,还从

国外购进了 11 株高含油率的微藻用于前期研发。2008 年新奥在打通实验室流程的基础上,完成了中试基地建设[72],成为国内唯一取得微藻生物柴油中试成功的企业,其正在内蒙古建设 5 000 吨微藻生物柴油示范工程,同时配套 280 公顷的微藻养殖基地,有望实现产业化。2012 年,空中客车公司和欧洲宇航防务集团与新奥公司签署了合作备忘录,三方将合作共同探索开发环保型航空替代燃料的新途径,项目的核心就在于开发基于微藻的生物航空燃料,并促进在中国市场的应用[51]。2010 年,中科院青岛生物能源与过程研究所(以下简称青能所)与美国波音公司研发中心共同签署了《关于推进藻类可持续航空生物燃料合作备忘录》[73],双方组建可持续航空生物燃料联合研究实验室,以加快微藻生物燃料的研究,并促进航空业可持续生物燃料的产业化进程。此外,兆凯生物工程研发中心(深圳)有限公司、内蒙古金骄集团、嘉兴大祺生物能源有限公司以及洋浦绿地新能源科技有限公司等企业,也在尝试微藻生物燃料及其相关领域的研究。由此可见,微藻生物燃料在我国已经掀起了一股研发和产业化的发展热潮。

2.3　微藻制取生物柴油的技术挑战

　　微藻生物柴油产业链涵盖多个技术环节,是一个复杂的系统工程。将微藻转化成生物柴油主要经过以下几个步骤,如图 2-2 所示,包括藻种的筛选和培育,获得性状优良的高含油量藻种,在光生物反应器中吸收阳光、CO_2 等,生产微藻生物质,最后经过采收、加工,转化为微藻生物柴油[74]。

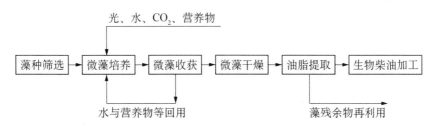

图 2-2　微藻生物柴油产业链

　　藻种筛选指的是选育油脂含量高、生长速率快、环境适应能力强的微藻,用于生产生物柴油。微藻培养指的是根据藻的生长特点选取合适的培养方式,以达到最大化微藻产量、最优化微藻油脂产量的目的。微藻采收则是将藻从大量的水培养介质中浓缩,以供后续燃料生产。微藻干燥则是根据后续油脂提取工艺的要求,将含水量高的微藻尽可能地脱除水分,达到适应下一步处理要求的含水量。油脂提取则是用合适的方法将微藻细胞中的脂肪提取出来,用于生物柴油加工转化。提取后的油脂最终用于生产加工生物柴油。

当前,微藻产业已初见端倪,但尚未真正实现大规模工业化。究其原因主要在于微藻产业链以下各环节中存在很大的挑战:①获得优质藻种;②微藻的大规模培养;③微藻的大规模采收;④微藻细胞内产物的分离提取;⑤微藻综合产品的开发。就我国的发展水平而言,微藻藻种筛选方面已具有较好的工作基础,但在微藻的大规模培养、采收和胞内产物的分离提取方面还比较薄弱,是制约我国微藻产业化发展的根本原因所在。

2.3.1 微藻藻种筛选

筛选出脂肪含量高、易于培养、环境耐受程度高、易于基因工程改造的微藻是实现微藻制油技术的关键。简而言之,能源微藻的筛选要以高油脂产率为目标。在筛选微藻时,主要考虑的有以下三个内容:生长生理学、代谢产物生产力以及藻种的生命力[23]。生长生理学包括一系列参数,如最大比生长速率、最大藻密度、对环境变化(温度、pH 值、盐度、溶解氧含量、CO_2 浓度)的抵抗力以及营养需求等。这项工作需要通过大量的试验作为支撑。代谢产物生产力方面的筛选工作通常指的是以藻细胞组分为研究划分依据。例如,以油脂生产为目的的藻种筛选工作,不仅要区分藻细胞中的中性、极性脂肪,还要区分脂肪酸以及其他附加值高的代谢产物等。藻生命力筛选工作主要指的是评价其培养连续性、恢复能力、群落稳定性以及对特定环境中捕食者的敏感性等。对于小球藻来说,不同的生长模式对其积累脂肪的能力有不同的影响:在"适宜模式"下,温度、光强、铁浓度和盐度等因素在一定条件下能提高小球藻的油脂含量;在"胁迫模式"下,一定量的氮浓度能使得小球藻在不利于生长的条件下也能提高细胞内的油脂含量。故而,在筛选小球藻优良产油藻种时,只有在适宜的培养条件下油脂含量高的藻种才具有高的产油潜力[75]。

一般在对藻种进行筛选时,通常需要进行小规模的培养模拟研究,以便为后期大规模培养提供数据支撑。这是因为微藻生物燃料的产业化还需达到在不同地区不同季节均能做到连续生产的要求。因此,在藻种筛选时还需考虑到区域性生长特性,不仅要在实验室条件下进行,而且需模拟户外规模化培养的实际条件(如昼夜温差、夜晚无光照)来考察藻种的性能,最终需要通过户外培养来确定藻种的性能[45]。目前,位于美国德克萨斯州大学的藻种保藏中心大约有 3 000 株藻种,Provasoli-Guillard 国家海洋浮游植物保藏中心也有超过 2 500 株藻种,这些筛选后的藻种可为研究者提供详细的藻种相关信息和丰富的藻种资源[23]。但当前大规模藻种筛选遭遇的主要技术瓶颈是缺乏高通量、可同时评价多指标的筛选方法。快速筛选方法在藻种的鉴定领域将会发挥关键的作用,一方面可促进未来藻类生态学的发展,另一方面还能为藻类生物质能源的发展提供数据支撑[23]。

从当前已筛选的藻种来看,作为具有生产生物燃料潜力的藻种而言,小球藻常被研究者们作为生产生物燃料的研究对象[11, 70]。小球藻的细胞产率较高,每天的产率最高时可达到 0.364 g/L;油脂含量一般在 20%～30% 之间,在某些特定条件下油脂含量可高达 57%～63%[35]。因此,小球藻具有较高的细胞产率和油脂产率。并且,利用以高蛋白质含量为目标的小球藻光自养培养方式已成功在户外实现了大规模培养,并且广泛应用于营养补充剂和动物饲料及水产馆料的生产[45]。故而,本研究中后续的微藻生物柴油研究将更多考虑以小球藻为主要研究对象。

2.3.2　微藻培养技术

2.3.2.1　微藻的营养方式

根据微藻的生长对光源和碳源选择的不同,微藻的营养方式包括光自养、异养和混养三种,如表 2-4 所示[45]。

表 2-4　微藻不同营养方式的比较

营养方式	光　自　养	异　养	混　养
能源	光照	有机物	光照＋有机物
碳源	无机物,如 CO_2	有机物	无机物＋有机物
细胞密度	低	高	高
培养装置	开放池或光生物反应器	发酵罐	封闭式光生物反应器
费用	低	高	高
存在问题	低细胞密度;易受杂藻和原生动物污染;采收费用高	易染菌;培养基成本高	易染菌;设备费用高;培养基成本高

光自养是指微藻以光为能源,以无机碳(如 CO_2)为碳源,将光能转化为化学能的一种营养方式。光自养是自然界中微藻最常见的营养方式,其操作简单、易于放大,几乎适用于所有的微藻培养,且培养成本低[76]。目前国内外大规模培养微藻大多采用光自养的方式。但采用光自养的方式也存在一些不足,如微藻细胞密度低,而较低的细胞密度不利于采收。并且暴露的环境容易使得微藻被其他杂藻或原生动物污染[35]。

异养是指微藻在无光照的条件下,利用外源有机物,如糖类、蛋白水解物和有机酸等,作为微藻生长的能源和碳源。异养培养基通常是在光能自养培养基的基础上添加适量的葡萄糖、乙酸盐、甘油等有机碳源,以及蛋白等有机氮源[52, 77],甚至甜高粱汁、经转化酶水解后的甜高粱汁以及经淀粉酶和葡萄糖化酶水解后的木薯淀粉等[78]。但这类培养基成本过高,难以直接用于能源微藻的规模化培养[1]。

从工业化的角度分析,异养培养便于在生产过程中实现纯种培养及稳定的生产,可用于自养前对藻种进行扩培。微藻光自养接种时,由于种子自养扩培存在耗时长、易被杂藻和原生动物污染等缺点,从而难以提供充足且稳定的藻种。异养培养由于其生长速率快、细胞密度高且在发酵罐中培养而不易受到外在环境的影响[45]。因此采用异养方式培养种子可避免上述种子光自养扩培时带来的缺点。

混养又称兼性培养,是指微藻在光照的条件下,既利用 CO_2 进行光合作用,又利用外源有机物作为其营养物来源。微藻的混养培养虽可获得较高的细胞密度和细胞产率,但在大规模混养过程中无法实现微藻无菌培养,易滋生杂菌,特别是以易被微生物利用的糖类为碳源时。所以混养时一般使用封闭式光生物反应器,但由于这种光反应器成本高、难以放大等原因,迄今尚未应用于微藻的大规模培养[45]。

由上可见,采用异养方式培养藻细胞来快速提供充足且稳定的藻种,随后再将异养细胞作为种子在户外进行大规模的光自养培养,这一培养模式可能是实现能源微藻规模化培养的一条有效途径。

2.3.2.2 微藻的培养模式

微藻的大规模培养是将微藻生物柴油推向商业化应用的首要前提。开发和研制新型高效的微藻培养系统,同时实现微藻的高密度培养已成为微藻生物技术的重要组成部分。目前,利用微藻作为生物柴油生产的原料来源时,普遍采用的微藻培养模式有开放池、光生物反应器和发酵罐等。

在敞开式反应器中,户外跑道式开放池是最典型最常用的微藻培养方式,也是最早、最简单的培养系统,至今仍被广泛应用于微藻规模化养殖。世界上最大的跑道式开放池隶属于 Earhrise Nutritionals 公司,占地面积达到 440 000 m^2,主要培养蓝藻用以生产保健食品[35]。开放式培养池在水、培养基及 CO_2 的补充上能体现出优势。并且,在这种培养系统中,微藻的培养条件更接近于其在野外生长的最优环境[10]。开放式系统有许多不同的设计,其中有三种主要的设计成功地应用于商

(a)   (b)   (c)

图 2-3　三种不同开放式系统

(a) 跑道式培养池;(b) 圆形循环培养池;(c) 开放式无搅拌池

注:(a)图来源:http://www.eastbio.cn/engineering/biodiesel.asp;
　　(b)图来源:http://baike.haosou.com/doc/6239729.html;
　　(c)图来源:http://www.bioindustry.cn/info/view/15017

业化生产,如图 2-3 所示,分别是跑道式微藻培养池、圆形循环培养池以及开放式无搅拌池。总的来看,开放式培养池具有成本低、易操作、能耗少等优点,但这种培养系统占地面积大,微藻产量很容易受到天气和季节的影响,且易受杂菌的污染,从而影响微藻生长[32]。

光生物反应器的广泛应用主要克服了开放池的一些弊端,如易污染,易受环境的影响,水分蒸发快,藻种不稳定及占地面积大等问题[79]。光生物反应器不直接暴露在大气中,而是利用玻璃及塑料构建一个密闭系统用来微藻培养生产转化物质,能够直接吸收户外阳光或者间接通过光收集引导系统来完成。目前,光生物反应器的设计多种多样,包括管式光生物反应器(直管式和螺旋式)、板式光生物反应器、软体式光生物反应器以及生物膜式光生物反应器等[35, 74],如图 2-4 所示。与

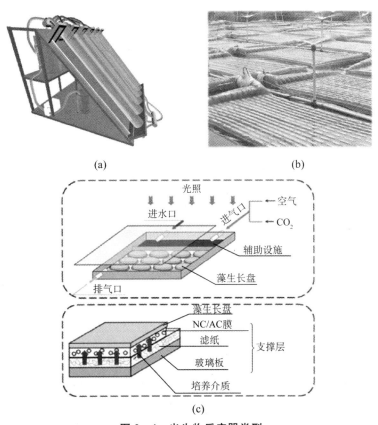

(a)　　　　　　　　　　　　　(b)

图 2-4　光生物反应器类型

(a) 管式光生物反应器;(b) 软体式光生物反应器;(c) 生物膜式光生物反应器

注:(a)图来源:http://www. tiaozhanbei. net/project/9647/;
　　(b)图来源:http://www. ipe. ac. cn/jgsz/cxtd/shgcjzysb/
　　201010/t20101028_2997896. html;
　　(c)图来源:Yin S.[80]

开放式光微藻培养池相比,封闭式光生物反应器提高了微藻的密度和产率,简化了细胞的采收过程,但其较高的成本成为这种反应器大规模应用的瓶颈[32]。

由于微藻自养受到光照等因素的限制,导致其生长速率和生物量都难以达到像大肠杆菌、酵母等微生物那样的水平。异养培养微藻摒弃了对光照的依赖,使得生长速率和生物量都有很明显的提高[78]。因此,微藻异养培养也得到了学者们的广泛关注。在异养条件下,微藻能利用有机物质,如葡萄糖、乙酸盐、果糖和柠檬酸盐等,进行生长并将生物质转化为能源前驱物[52, 77]。与光合自养相比,异养具有较高的控制技术,较成熟的发酵技术,无需用光,天气变化影响小及成本低等优点。此外,异养培养微藻密度的大大提高也能降低细胞采收的成本[32]。研究表明,发酵罐培养微藻较易实现规模化,其体积范围从 1 L 到 500 000 L 不等,但随着体积的增加,罐内 O_2 的存在是制约高密度培养的主要因素[81]。

比较上述三种培养方式可知,开放式培养因其具有易于操作、维护方便、成本低廉等优点,已被应用于微藻的大规模培养。因此,本文后续的讨论和微藻生物炼厂思路的构建,将以开放式培养池为微藻的培养方式。

2.3.2.3 影响微藻培养的因素

开放式培养微藻系统主要是在敞开的人工池塘中培养,因此常受多方面因素影响,如光照、温度、营养物浓度、CO_2、pH 值和 O_2 等非生物因素,剪切力、稀释率、搅拌速度、采收频率等人为因素[26]以及细菌、病毒、真菌和一些同主体微藻竞争的因素等[82]。采收生物因素及人为因素的影响相对较为复杂,且不可控,故此处主要讨论非生物因素对开放式培养微藻的影响。

1) 光照

微藻作为一种自养生物,其生长机理是利用阳光,将 CO_2 和水转化成 O_2 和有机大分子(如碳水化合物和脂肪)的过程。Walker 等人[83, 84]将这一生长原理称为"Z 计划"(见图 2-5)。详细的反应过程如下:

光合系统阶段 I(PS I): $2H_2O \longrightarrow O_2 + 4H^+$

光合系统阶段 II(PS II): $CO_2 + 4H^+ \longrightarrow CH_2O + H_2O$

也就是说,在微藻光合作用过程中,需要 8 个光子来协助生产微藻的前驱物质 CH_2O。光照强度与藻细胞生长及其生化组成之间有着密切的关系。当微藻在室内小试培养时,一般采用连续光照的方式。在一定光强范围内,光照强度的升高能加速细胞的生长,而且藻细胞体积会随之增大,与此同时藻细胞的生化组成也会发生相应的变化[45]。研究表明,较强的光照强度还能提高藻细胞中甘油三酯的含量[85]。在户外开放池中大规模培养时,给微藻人为补充光源较为困难,这时开放池中微藻的生长依赖于太阳光。虽然太阳光为微藻生长提供了大量的免费光源,然而,90%的太阳辐射以热量或荧光等形式浪费掉,微藻仅能利用约 10%[3]。同时,白天的太阳光光照强度变化幅度较大,且存在昼夜交替、季节交替。许多研究

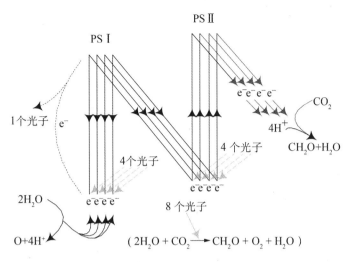

图 2-5　微藻光合作用机理——"Z 计划"

者认为光强和光周期（日/夜周期）是影响微藻生长率和脂肪酸含量的主要因素[86,87]。据报道，最适宜微藻生长的光强范围在 $185 \sim 200\ \mu\mathrm{mol}/(\mathrm{m}^2 \cdot \mathrm{s})$ 之间[35,88,89]，有报道指出小球藻也能在 $150 \sim 350\ \mu\mathrm{mol}/(\mathrm{m}^2 \cdot \mathrm{s})$ 的光照强度下生长[90]。当光强超过这个范围时，微藻的生长率将受到限制。培养池中水的深度也直接影响光的穿透能力。位于池底部的微藻由于光强较弱，生长速率会受到一定的影响。因此，对开放池来说，增加光照强度的直接手段是减小水池深度，一般维持在 0.3 m 左右，同时池内应安装桨轮保证系统在一定的流速下流动，以增加微藻的曝光率，避免成团聚集沉降[3]。

2）温度

温度对微藻培养的影响主要有两方面：一是对细胞组成的影响，特别是对蛋白质和油脂的影响；二是对生长速率的影响，并影响微藻细胞的代谢途径调控、特异性酶反应和细胞的通透性等[91]。气温影响微藻的生长速率主要体现在细胞成分的稳定性和化学反应速率两方面[87]。气温因时而异，因地而异，因季节而异的特征对开放池培养微藻的影响更为显著[46]。微藻的生长速率随着池温的升高而升高，但超过一定温度时，生长速率反而下降[88]。据报道，适宜微藻生长的最佳温度范围为 $20 \sim 35\,℃$[3,87]，许多藻种都可以承受低于其最适温度 $15\,℃$ 以上的温度，但是培养温度若高于其最适温度 $2 \sim 4\,℃$ 便可导致培养失败[92]。此外，藻中的细胞组成，如脂肪含量等，也极易受天气影响，不适宜的温度范围将会严重影响开放池培养微藻的能效[46]。Crowe 等人[93]设计了一种可在极端温度波动下良好运行的户外培养池，可减少因夜间气温降低而引起的藻生长损失。因此，在户外池中培养微藻时，不仅要在特定试验条件下考虑温度的影响，而且要模拟户外规模化培养的实际温度范围或昼夜温差来考察微藻的生长特性[45]。这就需要在全年连续培养微藻的过程中,采集大量温度与微藻细胞生长特性的数据进行相关性分析,为微藻生物燃料的规模化提供数据支持。

3) CO_2

CO_2 是微藻生长过程中的一种重要碳源。如前文所述,微藻生长中所必需的碳源包括无机碳源和有机碳源,无机碳源主要有 CO_2、HCO_3^- 等,有机碳源主要包括葡萄糖、果糖、乳酸、甜高粱汁液以及其他有机物类[78]。CO_2 是空气中常见的化合物,其分子呈线性对称结构,非极性,略溶于水中形成碳酸,且分子较小,能够以被动运输方式自由扩散至细胞内部。因此,CO_2 是自然界植物进行光合作用的主要碳源。同样,在微藻自养生长过程中,碳源的补充主要是采用 CO_2。据测算,每生产 1 t 干藻需要 $1.5\sim3.0$ t CO_2[29],CO_2 的利用效率大概为 85%[94]。由于大气中的 CO_2 浓度低,大约在 0.04%,不能满足微藻快速生长的需求,因此,在微藻培养过程中需有富集的 CO_2 源作为补充[23],以提高微藻的产量。朱笃等人[95]的研究表明 CO_2 浓度对转基因聚球藻的影响不显著。Tang 等人[33]也证实 CO_2 浓度在 2%、4% 和 6% 时对微藻的生长率影响不大。Bhola 等研究了影响小球藻生长的因素,得出当 CO_2 浓度为 4% 时,小球藻具有最佳的生长条件,碳固定速率约 6.17 mg/(L·h),脂肪含量达到 21%[90]。Miao 等人[70]将 CO_2 的浓度范围扩大,从 0.03% 的浓度一直到 50% 的浓度,结果发现,当 CO_2 的浓度在 10% 时,微藻的浓度最高。对于大规模培养微藻,被认为最经济可行的方式就是利用从化石燃料燃烧排放的烟道气中的 CO_2[96],或其他工厂如发酵厂排放的 CO_2。故微藻培养地址选择应考虑靠近 CO_2 排放源,这不但可以实现 CO_2 的减排,缓解温室效应,而且还可以降低微藻培养过程中无机碳源的成本。但烟道气中通常含有一定量的 NO_x 和 SO_x 等杂质,在使用前需对这些气体进行处理。另外,由于烟道气等废气中的 CO_2 浓度较高且温度也较高,因此,利用该气源还会对藻种的选择存在一定的局限性,需要对合适的藻种进行筛选。

4) 其他营养物

在微藻生长过程中,N、P 和一些少量元素(如 Fe、K、Na、Mg、Ca 和 S 等)和微量元素(如 B、Cu、Mn、Zn、Mo、Co、V 和 Se 等)也是必需的营养物。一些藻类,如硅藻,还需要硅等特殊元素来合成细胞壁,营养素的水平决定藻类生长和生物产品的产量。营养素的过多或者过少都将改变藻类的代谢途径[10],包括脂肪积累途径。一般而言,在藻细胞培养初期,应给予充足的营养盐浓度,从而有利于藻细胞数量的快速增加;而在培养后期(稳定期),采用营养盐限制的方法能在很大程度上促进藻细胞油脂的积累,从而提高藻细胞的油脂产率[45]。例如,小球藻在光合自养培养条件下,培养基同样需要一些营养物质,特别是一些必需元素,如 N、P、Mg、Fe 等对小球藻生长和油脂的含量也有较大影响,研究发现通过添加或限制某些营养物会对小球藻生长或油脂含量的提高有很大帮助[97]。Illman 等研究发现小球藻 Chlorella emersonii,小球藻 Chlorella minutissima,小球藻 Chlorella *vugaris* 及小球藻 *Chlorella pyrenoidosa* 四种微藻在抑制氮元素的培养基中生长时，其油脂含量分别高达 63％、57％、40％和 23％[92]。Kawata 等在氮缺乏的条件下培养 *Neochloris oleoabundans*，其油脂含量达到 35％～54％，其中甘油三酯高达 80％[98]。Takagi 等在 4 L 光反应器中分别于氮限制、氮完全以及氮充足三种条件下培养 *Nannochloris sp.*，结果表明，氮限制情况下的藻细胞脂肪含量是氮完全情况下的 1.5 倍，但氮完全情况下的藻细胞密度为 2.7 g/L，而氮限制情况下的藻细胞密度仅为 0.39 g/L[99]。

除了氮元素会对微藻生长造成影响外，磷元素的限制也能影响微藻生长及其油脂含量。Khozin 等研究了 K_2HPO_4 对油脂含量的影响，结果表明，随着磷浓度的降低，藻细胞二十碳五烯酸含量逐渐降低，但油脂含量随之上升，这主要是由于甘油三酯含量的急速升高；在无磷情况下，总脂肪中甘油三酯含量从 6.5％增加至 39.3％[100]。Reitan 等研究了培养基成分对海洋微藻细胞中脂肪酸及油脂含量的影响，其中研究了磷元素的限制对海洋微藻细胞油脂含量的影响。结果表明，磷限制有利于 *Bacillariophyceae* 和 *Prymnesiophyceae* 两种藻细胞中油脂的积累，而不利于 *N. atomus* 和 *Tetrmelmis sp.* 的藻细胞油脂积累[101]。

此外，铁离子浓度改变也能促进微藻的油脂积累。Liu 等研究了在不同 $FeCl_3$ 添加量下，对小球藻 *Chlorella vulgaris* 生长速率和脂肪含量的影响，结果表明，当铁离子缺乏时，小球藻细胞内的油脂含量可达到 56.6％[102]。

由上述可知，在某些营养盐限制或缺乏的条件下，有利于微藻细胞中油脂含量的提高，但这相应降低了微藻细胞的生长速率。因此，在培养微藻时，可考虑当藻细胞密度达到一定数量后，再采用营养盐限制的方法来快速积累油脂，从而进一步提高微藻细胞油脂产率。

5）水

对户外开放池微藻培养过程来说，另一大挑战是水的蒸发损失。蒸发速率受温度、风速和相对湿度等共同影响[3]。Batan 等人[103]认为水蒸发的日损失大约为 250 mm，Lardon 等人[104]估计每年的蒸发损失为 300 mm，Collet 等人[105]则认为是 600 mm/a。高国栋等人[106]分析了我国最大可能蒸发量的分布情况，指出我国年最大可能蒸发量在东部地区基本上随纬度的升高而降低，且受季风气候影响较显著。华南和珠江流域一带的年最大可能蒸发量为 900～1 000 mm，长江流域年蒸发量较小，为 700～800 mm，内蒙古和东北一些地区可降低至 500 mm。Wigmosta 等人[29]分析了美国大规模开放式培养微藻的潜力，考虑了气温、水资源等气候条件，筛选出了大约 5.5％的适宜土地，如果这些面积均用于培养微藻，每年可生产约 2 200 亿升油，相当于美国用于交通运输的石油原料的 48％。因此，在筛选合适的地点用开放式培养微藻时，要科学合理地选择适宜地点，尽可能降低外在环境因素的影响。

许多研究侧重于利用微藻去除废水中氮、磷和降低生化需氧量的同时，也考虑将这些氮、磷作为微藻生长的营养盐,达到既能净化废水,又能降低微藻生物燃料生产成本的目的[1, 88]。但废水培养微藻也存在一些亟待解决的问题,例如,废水池中存在多种多样的藻种,包括单细胞细菌、绿藻、蓝藻及一些原生动物等[19],这不仅增加了从废水中分离微藻的成本,还对下游生物燃料的处理带来挑战[107]。在考虑用废水培养时,有研究者建议采用适应当地水体的藻群落,用两步法的方式培养,既使得细胞增殖,又能累计较高的脂肪含量,但大规模使用废水培养微藻生产生物燃料还需要更深入的研究[108]。

2.3.3 微藻采收脱水技术

将微藻培养系统中的微藻生物质转化为生物柴油等下游产品,还需经过采收、脱水及油脂前驱物提取等步骤。采收过程是将浓度约为 $0.02\% \sim 0.07\%$ 的藻液浓缩成至少为 1% 的藻浓,最终的藻浓取决于下游燃料的制取方法[23]。由于微藻的直径小,培养浓度低(一般为 $0.5 \sim 3.0$ g/L),细胞表面带有负电荷,稳定悬浮于培养液中,给微藻采收带来很大困难[109, 110]。采收脱水过程被认为是微藻整个生命周期中能耗最高、成本最高的过程[111],并且,微藻采收的成本约占总成本的 $20\% \sim 30\%$[32, 50]。随着微藻产业的快速发展,微藻采收在整个产业链中的重要性逐渐凸显。但由于采收技术和成本的限制,寻求一种高效率、低成本的采收方法是当前亟需解决的问题,是实现微藻生物柴油规模化、产业化发展的关键之一[109]。

微藻采收一般分为两大步:①首先将微藻从大量的悬浮液中分离,常用絮凝、浮选或重力沉降等方法使之达到 $2\% \sim 7\%$ 的固含量;②采用过滤、离心、干燥等手段进一步浓缩[112],如微藻通过离心后固含量能达到 30%,甚至以上[113],但往往第二步所需的外在能源远大于第一步。在采收微藻时,常用的方法有离心、沉降、过滤、浮选、絮凝等传统方法,除此之外也有其他新兴的采收方法,如固定化培养、电泳、人工控制电场、生物采收、磁选法、真空气举、微生物共生等[23, 110]。不同采收方法的优缺点比较如表 2-5 所示[109, 114]。

表 2-5 不同微藻采收方法的比较

采收方法		适用藻类	采收效率/%	优点	缺点
沉降法		适用于细胞密度大的微藻,如硅藻等	20~55	方法简单、设备成本低、能耗低	效率低、耗时长、稳定性差
离心法		普遍适用各类微藻	80~90	采收效率高、易于操作、可连续工作	能耗大、运行成本高

（续表）

采收方法		适用藻类	采收效率/%	优点	缺点
过滤法		适合个体较大的微藻，如螺旋藻、空星藻等	70～90	操作简单	易堵塞，需定期更换滤膜
气浮法		适合细胞密度小的微藻，如斜生栅藻等	80～90	采收效率高、操作方便、条件温和、对细胞损失小	气浮池附近味道较重、操作环境较差、能耗高
化学絮凝法	金属离子	栅藻、小球藻、新绿藻和褐藻等	＞70	采收效率高、能耗低、工艺成熟	增加成本、金属离子残留给水体带来污染，也给微藻手续加工带来麻烦
	高分子聚合物	栅藻、小球藻和富油新绿藻等	＞80	采收效果较好、能耗低	
物理絮凝法	电场絮凝	普遍适用于各种微藻	80～95	采收效果好	仪器设备技术要求较高、能耗大
	电解絮凝	绿藻、蓝绿藻和硅藻等	＞95	电解絮凝"絮凝剂"用量相对较少、金属离子残留少	需定期更换电极，增加了生产成本
生物絮凝法	微生物絮凝	小球藻、颗石藻等	＞80，＞90	操作简单、可避免化学絮凝剂对产物的污染	可能引发生物安全性问题
	微生物剂絮凝	小球藻、斜生栅藻、微拟球藻等	＞80	采收效果好	成本高、存在絮凝剂残留和生物安全性问题
	自絮凝	微拟球藻、小球藻、富油新绿藻和栅藻等	40～70	采收效率高、操作简单、生物安全以及成本能耗低	可靠性和普遍适用性还有待研究
磁选法		布朗葡萄藻、小球藻等	94～98	采收效率高、对水体无污染	成本高

(续表)

采收方法	适用藻类	采收效率/%	优点	缺点
正向渗透法	普遍适用于小球藻等多种微藻	65～85	无污染、能耗低	杂质可能对膜造成污染
真空气举法	适合细胞密度小的微藻	20～50	采收效果良好	成本高、能耗高

2.3.3.1 沉降法

沉降法是在重力的作用下使微藻沉降采收的方法,沉降效率主要受藻细胞密度、半径和沉降速度等影响[112]。该法常用于水和废水处理过程,其主要问题是效率低、耗时长。沉降法适宜采收细胞密度大的微藻,如硅藻(*Asterionella formosa*,*Melosira sp.*)。例如,有研究者发现[115],由于铜绿微囊藻(*Microcystis aeruginosa*)细胞内含有气泡导致细胞密度降低,使得该藻的沉降效率远小于细胞密度大的硅藻(*Melosira sp.*)。为提高采收效率,沉降法通常与絮凝方法联合使用,经絮凝后的微藻可显著提升沉降速率,从而更有利于采收。此外,沉降法也需要合适的沉降设备相配合,如兰美拉分离器、沉降罐等,才能达到更高效的目的。

2.3.3.2 离心法

离心分离是借助离心机旋转产生的离心力而进行物料分离的分离技术,是应用最为广泛的生物分离方法,也是目前微藻采收的常用方法之一。该法适合于大多数微藻的采收。在用离心法采收微藻时,其采收效率不仅受微藻细胞自身性质和藻液浓度的影响,还受藻细胞在离心机中的停留时间、沉降深度和离心机功率的影响[110]。实验室报道称[112],离心分离可在2～5 min 内达到80%～90%的采收效率。Heasman 等人[116]对不同微藻种类进行离心实验,结果表明,当离心力为13 000 g(g 为重力加速度)时,采收效率能达到95%,但随着离心力的降低,采收效率也随之下降。当离心力降至1 300 g 时,采收效率只有40%。从离心法分离微藻的经济效应分析可知,当回收率为95%时,每离心1 m³微藻需消耗大约20 kW·h电。当增大藻液流量时,可减少能耗,但同时会降低回收率[117]。虽然微藻离心分离应用简单,但高重力和剪切力也可能会破坏细胞结构[112],同时高成本是限制其在微藻大规模培养中应用的主要瓶颈[23]。

2.3.3.3 过滤法

过滤法也是微藻采收的常用方法之一。其基本原理是在压强差或离心力的作用下,使微藻悬浮液通过多孔的过滤基质,液相由孔隙流过介质,固相则被截留在介质上形成滤饼,达到微藻固液分离的目的[110]。过滤用到的主要设备是振动筛及微滤器。影响过滤最主要的因素是微藻细胞的大小，细胞较大、较长或以群体形式存在的微藻易被截留下来，而个体较小的微藻却容易堵塞滤网或滤膜的小孔，造成滤网或滤膜失效。故过滤主要用于采收形体较大或呈长链状的微藻，如长鼻空星藻（*Coelastrum proboscideum*）、钝顶螺旋藻（*Spirulina platensis*）等[109]。切线流过滤采收微藻的效率可达 $70\% \sim 89\%$[112]，但仍具有成本高的缺点。

对于个体较小的微藻，过滤法采收的效果则不太理想，但随着近几年膜技术的发展，膜过滤技术也适宜用来采收细胞尺寸较小的微藻[118, 119]。例如，当微藻的采收量小于 $2\ m^3/d$ 时，用膜过滤的方法所需的能耗小于用离心方法所需的能耗[120]。膜分离技术采收微藻的效率受藻细胞的大小和形态影响[121]。Zhang 等人[118]用一种超滤膜（LU8A‑4A）来分离微藻，处理后的微藻被浓缩了 150 倍，藻浓达到 154.85 g/L。膜过滤法采收微藻依然存在处理能力小，过滤过程中微藻细胞易受机械或流体剪切作用而破裂，或悬浮于藻液中的其他微小颗粒物容易导致膜污染等问题，不但影响过滤的效率，增加使用成本，还给膜的清洗和再次利用带来困难[23]。故而，目前膜过滤技术在微藻的大规模采收方面的应用较少。

2.3.3.4　气浮法

气浮法也叫浮选法，其基本原理是：在固液悬浮液中通入微气泡（直径 < 0.1 mm），形成气、液、固三相混合流，固体颗粒与微气泡粘附形成共聚体，使其密度变小，从而在浮力的作用下使共聚体上浮，达到固液分离的目的[110]。气浮技术根据气泡产生的不同，可分为分散空气气浮、电解凝聚气浮、生物及化学气浮和溶解空气气浮。其中，根据气泡析出时所处压力的不同，溶气气浮又可分为加压溶气气浮和溶气真空气浮两种类型[122]。

由于微藻细胞个体小，在利用气浮法采收时，一般需先加入絮凝药剂，使藻细胞絮凝，从而增大藻细胞体的尺寸，随后再向微藻悬浮液中通入大量的微气泡，使气泡与微藻絮凝体通过碰撞粘附、絮体对气泡的网捕、卷扫和架桥、微气泡在絮凝体中成核等作用形成微藻絮体-气泡的共聚体，使其密度降低，然后利用机械臂将表面的藻聚集体刮入浆池中收集，从而实现微藻细胞采收[123]。相对于重力沉降采收微藻而言，浮选方法更为高效[112]。Lin 等[124]在研究气浮法采收小球藻时，发现在促凝剂氯化铁用量为 300 mg/L，絮凝剂聚丙烯酰胺用量为 100 mg/L，以及表面活性剂乙醇用量为 20 mg/L 时，小球藻的最佳采收率能达到 89.57%。同时，该研究者还对比了离心、絮凝浮选及过滤三种方法采收微藻的效率，发现絮凝浮选方法采收微藻的最佳采收率能达到 90%。除添加絮凝剂实现气浮采收外，通过条件 pH 值（为 10.1）也可获得藻细胞絮体，细胞采收率可到 90% 以上[125]。

影响气浮采收微藻的因素很多，包括混凝剂的投加量、絮凝颗粒的大小、反应搅拌强度、絮凝池停留时间、微气泡大小、接触区接触时间、压力罐的压力、回收率以及溶气时间[112, 122]。以往，气浮法作为一种高效的固液分离技术，主要用于水处理及选矿方面。随着能源微藻产业的发展,气浮法也越来越多的应用在微藻采收过程,但在应用时还需充分考虑这些影响因素。总的来看,气浮分离法具有流程和设备较为简单、条件温和、操作方便、采收效率高、可连续操作、对细胞损伤小等优点,适用于能源微藻采收。但气浮法易受气泡尺寸、细胞表面性质、溶液化学条件、气浮环境等因素的影响[110],因此,在实际应用时,还应根据不同的微藻种类选择不同的气浮方法和采收条件。

2.3.3.5 絮凝法

由于微藻细胞表面带有负电荷,细胞间相互排斥而稳定地悬浮于培养液中,加上微藻细胞尺寸小、密度低,采用传统离心、过滤等方法则会相对费时、能耗大、成本高。因此,往往在传统采收前,加入絮凝剂,使微藻细胞通过电中和、架桥或/和网捕作用而使分散的带电荷藻细胞凝聚成小聚集体,实现固液分离,从而提高细胞的沉降、离心、过滤和浮选的效率。絮凝法被认为是能耗最低的微藻采收方法[46, 126],它既可以作为一种采收方法单独使用,也可以用作采收前预处理,与其他方法耦合使用,进而达到更好的采收效果。微藻经絮凝后浓度一般在 1% 左右[111]。根据絮凝机理的不同,微藻絮凝方法可分为以下几种。

1) 化学絮凝

根据微藻细胞表面带负电荷的性质,可向微藻悬浮液中加入阳离子电解质对微藻细胞表面电荷进行中和,从而减少细胞间的排斥力。随着阳离子的进一步增加,细胞表面电荷继续减少,当细胞间的相互引力大于静电斥力时,细胞间则被拉拢而聚集成团。常用的化学絮凝剂包括金属离子絮凝剂、高分子聚合物絮凝剂以及其他化学絮凝剂等。

可用于絮凝采收微藻的金属离子絮凝剂主要指各类金属盐,如 Al^{3+}、Fe^{3+}、Zn^{2+}、Ca^{2+} 和 Mg^{2+} 等。这些金属阳离子絮凝剂通过水解生成带正电荷的金属离子,进而与带负电荷的微藻细胞进行中和,使得微藻絮凝。在特定条件下,这些金属离子可形成 $Al(OH)_3(s)$、$Fe_3(OH)_3(s)$、$CaCO_3(s)$ 和 $Mg(OH)_2(s)$ 等难溶物质,以网捕沉淀作用促进微藻的絮凝沉降;此外,Al^{3+}、Fe^{3+} 等金属盐还能形成 $[Al(OH)_3]_n$、$[Fe(OH)_3]_n$ 等聚合体,以吸附架桥形式作用于藻细胞使其絮凝沉淀。有研究者对比了包括 Al^{3+}、Fe^{3+}、Ca^{2+}、Mg^{2+} 等在内的 12 种金属离子对小球藻的絮凝效果,发现 Al^{3+} 的絮凝效果最好[127],但可能引发胞溶作用,铁盐次之,锌盐对细胞的损害最小,但藻细胞容易粘在容器边缘。总的来看,无机阳离子絮凝剂具有絮凝效果较高、pH值适用范围广的特点,可用于大多数微藻细胞采收。但是,由于金属阳离子的加入,可能对微藻产品的后续利用造成影响[110]。

高分子聚合物絮凝微藻是通过吸附架桥及网捕作用,达到絮凝采收的目的。通常,高分子聚合物包括无机金属盐类聚合物和有机高分子聚合物两类。前者主要包括铝、铁的聚合物,如聚合氯化铝、聚合硫酸铝、聚合氯化铁、聚合硫酸铁等;后者主要有壳聚糖、阳离子淀粉、纤维素和聚丙烯酰胺等[23, 128]。与金属离子絮凝剂类似,无机金属盐类聚合物絮凝微藻也存在残留金属离子影响水质和下游处理的问题。有机高分子聚合物,如壳聚糖或淀粉等不仅絮凝效果好,用量小,而且对采收后的水体和微藻的下游处理的影响非常小[129]。Beach 等[130] 比较了壳聚糖、金属铝盐和铁盐对富油新绿藻(Neochloris oleoabundans)的絮凝效果,发现壳聚糖的絮凝效果较金属盐好,当壳聚糖的用量为 100 mg/L 时,絮凝效果可达 95%。

除此之外,石灰、氨水等也被作为絮凝剂使用,能达到较好的微藻采收效果。虽然化学絮凝具有采收效率高、操作简单、工艺成熟等优点,但絮凝剂的添加也增加了生产成本,同时,絮凝剂的残留也给下游处理带来挑战[109]。因此,就化学絮凝剂而言,未来仍需寻找一种安全、高效、低廉的絮凝剂。

2) 物理絮凝

相比较化学絮凝而言,物理絮凝避免了因添加化学絮凝剂造成的污染问题。其原理是利用外加电场来打破微藻个体自身的静电平衡,使得微藻细胞相互聚集而达到絮凝效果。物理絮凝包括电场絮凝、电解絮凝和超声絮凝等。

电场絮凝是通过外接电力的输入形成特殊电场,从而促进微藻细胞聚集分离的载体絮凝技术[23]。Poleman 等[131] 利用电场絮凝的方法处理 100 L 微藻液,35 min 内便可达到 80%~95% 的采收率。Xiong 等[132] 利用电场絮凝采收盐生杜氏藻(Dunaliella Salina),6 min 内采收率达到 95.13%。并且,电场絮凝对微藻群落的影响较小[133]。但由于该法使用的仪器设备技术要求较高,能耗大,故在规模化应用时还存在挑战。

电解絮凝是指利用阳极的 Al 或 Fe 电极和阴极的 H 电极在电解作用下生成 Al^{3+}/Fe^{3+} 和 H_2 微泡,Al^{3+}/Fe^{3+} 通过中和或降低藻细胞表面的负电荷,使微藻形成絮凝体,而 H_2 微泡附着于絮凝体上使其上浮,从而实现微藻的采收。研究表明[134],铝电极要优于铁电极,并可通过降低 pH 值、增加藻液浓度、提高电流密度等方法来提高电解絮凝采收效率。Uduman 等[135] 利用电解法处理绿球藻(Chlorococcum sp.),采收效率达到 98%。Gao 等[136] 利用电解絮凝气浮去除水体中的藻类,去除率可高达 100%。虽然电解絮凝相比化学法来说,絮凝剂用量更少,且电解絮凝不会对微藻生长过程中的细菌群落产生影响[137],但电解絮凝需定期更换电机,并且效率低、能耗大、成本高,现阶段还不适合用于微藻的大规模生产。

3) 生物絮凝

生物絮凝是利用微藻本身或其代谢产生的黏性物质,通过网捕或键桥作用,使得细胞聚集而实现采收的过程。它被认为是最有希望规模化应用的絮凝采收技术,主要包括微生物絮凝、微生物絮凝剂絮凝和微藻细胞自絮凝等[114]。

微生物絮凝是指利用真菌、细菌等自带的正电荷菌丝等去中和带负电荷的微藻细胞,使其形成微藻絮凝的过程。细菌主要通过粘附作用吸附在微藻细胞表面引起藻细胞聚集,而真菌主要是通过菌丝来引发微藻絮凝。此外,细菌菌丝、胞壁蛋白、细胞表面电荷以及胞外多聚颗粒的形成均对藻细胞絮凝起促进作用。微生物絮凝方法已在废水处理和发酵等过程中成功使用,近年来也被研究者用于微藻采收领域。Lee 等人[138]用细菌来絮凝微藻 *Pleurochrysis carterae*,发现在营养物耗尽的情形下,细菌能产生一种胞外聚合物,可促进微藻细胞的凝聚,平均采收效率达到 90%,该方法不但高效地采收了微藻,而且采收后的培养物无需额外处理即可循环利用。由于微生物絮凝是培养与微藻共同生长的微生物,故微藻细胞不会被破坏,能使藻细胞保持相对完整,效果更佳[138,139]。微生物絮凝避免了化学絮凝剂对产物的二次污染[139],但随之可能引发的生物安全性问题有待进一步研究。

微生物絮凝剂因其可降解、絮凝效率高、无二次污染等特点,被广泛应用于食品加工和废水处理中,也有研究者将其用于采收微藻。据推测[114],利用微生物絮凝剂絮凝微藻的原理之一可能是絮凝剂中的羧基和羟基等引起的静电吸附作用;之二可能是该官能团结合微藻细胞引起的架桥作用。Oh 等[140]利用 *Paenibacillus sp*. AM49 提取的物质来收获小球藻 *Chlorella vulgaris*,采收效率达到 83%,高于硫酸铝和聚丙烯酰胺的采收率。Wan 等[141]从活性污泥中筛选出菌株 *Solibacillus silvestris* W01,并将其产生的生物活性物质用于絮凝海洋藻 *Nannochloropsis oceanica*,絮凝效率可到达 90%,且该种絮凝剂不会对微藻生长造成影响,也可将采收后的液体直接回收。Kim 等[142]也对比了无机絮凝剂和微生物絮凝剂采收微藻的效果,结果表明,1% 的生物絮凝剂用量便可达到 95% 的采收效率。进一步研究表明[143],通过修正微藻悬浮液的离子强度、降低 pH 值和生物絮凝剂的添加量等手段,可提高微生物絮凝剂采收微藻的效率。尽管微生物絮凝剂絮凝取得了良好的效果,然而微生物的培养、絮凝物质的获得会增加成本,且这些微生物的存在是否会影响微藻的下游处理也需要进一步研究。

自絮凝在自然界中普遍存在,但絮凝的机理是在近期才被揭示。微藻细胞自絮凝是微藻培养过程中合成絮凝物质并分泌到细胞壁上,如糖苷、多糖等,这些物质能粘附藻细胞而引发絮凝现象[114]。自絮凝过程受很多因素影响,如营养成分、pH 值、温度、光照等。另外,自絮凝不但可使同种类型的藻细胞絮凝,还可引发其他种类藻细胞产生絮凝现象。研究发现,在低浓度的铝离子和铁离子的协助下,自絮凝栅藻、小球藻的絮凝率在 60%~70%[144,145]。Sandbank 等人[107]提出的自絮凝法可将絮凝后的藻浓度提高到 4%~6%,进一步筛选后浓度可达到 8%~10%。与微生物絮凝剂和微生物絮凝采收微藻的技术相比,自絮凝微藻因其采收效率高、操作简单、生物安全以及成本能耗低等优点,在絮凝采收技术中越来越受到关注,然而其规模化应用仍有待时日。

2.3.3.6　微藻采收新技术

1) 磁选法

磁选法是通过向微藻悬浮液中加入预先处理好的纳米级磁粒(如 Fe_3O_4 等),由于静电吸附等作用,微藻细胞与磁粒相互粘附,在外加磁场的作用下,微藻细胞向磁极一端运动,从而实现分离[110]。磁选法是一种新兴的微藻采收技术,回收率和处理效率较高,并且水损失小[146]。Lee 等[147]采用循环利用磁性颗粒策略采收小球藻 *Chlorella sp*. KR-1,采收效果超过 94%。Xu 等[148]通过磁选法采收布朗葡萄藻(*Botryococcus braunii*)和小球藻(*Chlorella ellipsoidea*),回收率最高可达98%。然而利用磁选法分离采收微藻成本很高,因为磁性物质的回收利用较为困难,尚不能大规模应用[149],有待开发一种可循环利用的磁性物质,降低采收成本。

2) 正向渗透技术

正向渗透是利用正向渗透膜内外盐度差异而实现脱水的一种固液分离技术。早期研究中渗透膜主要是由天然材料制成,到 20 世纪 60 年代后,合成材料被更多地用于制造渗透膜[150]。该技术主要被用在污水处理、食品加工、海水淡化等领域。近年来研究者也将渗透膜技术用于采收微藻。Buckwalter 等[151]通过人工配制不同盐度的海水,利用正向渗透膜方法采收海水环境下的微藻,平均脱水速率为 1.8~2.4 L/(m² · h),可脱去 65%~85% 的水。Kim 等[152]人研究了正向渗膜技术采收污水处理厂二级出水中培养的小球藻(*Chlorella sp*. ADE4),当使用海水为提取液时,平均脱水率约为 2.9 L/(m² · h),而当使用海水反渗透浓缩液为提取液时,脱水率达到 4.8 L/(m² · h)。$MgCl_2$ 的存在可以增加渗透的水通量,抑制溶质的反渗透[119]。利用正向渗透技术进行能源微藻脱水处理,无需在藻液中加入其他化学药剂,对藻细胞无污染,并且处理能耗低,但是在脱水过程中要防止杂质对膜的污染,影响膜的循环使用。

3) 真空气举

气举法常用于原油的开采,是依靠从地面注入井内的高压气体与油层产生流体在井筒中的混合,利用气体的膨胀使井筒中的混合液密度降低,将流入到井内的原油举升到地面的一种采油方式。Barrut 等[153]利用真空气举法采收微藻,其原理如图 2-6[110]所示。其工作原理是[110]通过空压机向气举柱内注入空气,同时由于真空泵的抽真空作用,加速微藻细胞与空气的混合流上升到柱顶,利用抽真空将微藻细胞收集到采收罐中,从而实现微藻采收。从能耗来看,真空气举采收微藻的能耗小于 0.2 kW · h/kg(湿重)[153]。气举法采收微藻的处理效率较高,能耗较低,适用于大多数藻类,是一种较为理想的能源微藻采收方法,但目前的应用还比较少。

2.3.3.7　微藻干燥技术

微藻的脱水干燥过程一般通过加热来完成,目前已使用的方法有甲烷转鼓干燥等[23]。在低湿度的条件下,也可采用自然风干法。有条件的地方,可以采用太

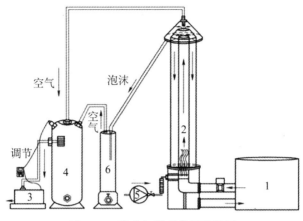

图 2-6 真空气举采收微藻装置

1—藻液缓冲罐；2—真空气举柱；3—真空泵；4—真空罐；
5—进气泵；6—采收罐

阳能或风能进行干燥。Ansari 等[154]对比了烘炉干燥、冷冻干燥和自然晒干三种干燥方法来处理提取脂肪后的微藻，发现烘炉干燥的得率最高，其次为冷冻干燥，自然晒干的得率是最低的。但相对来说，采用烘炉干燥等加热设备所消耗的外加能源和成本比自然晒干的高很多。总的来讲，选取何种采收技术取决于微藻的性质（如密度、尺寸等）及关联的下游产品。

2.3.4　微藻油脂提取

微藻脂肪构成除了因物种而异外，也与微藻的培养环境有关，如培养基质成分组成、温度、光照强度、营养成分、CO_2浓度、昼夜比及曝气率等，一般而言，微藻脂肪碳链含有 12～22 个碳[34]。微藻的油脂分子一般是由中性油脂和极性油脂组成，前者用于储存能量，后者构成双分子层细胞膜[46]。中性油脂主要指甘油酯和游离脂肪酸(free fatty acids，FFA)，极性油脂包括磷脂和糖脂等。油脂分子的结构如图 2-7(a)与(b)所示[46]。甘油酯是脂肪酸酯与甘油结合而成，按照羰基数量的多少可分为甘油三酯（triacylglycerols，TAG）、甘油二酯（diacylglycerols，DAG)和甘油单酯(monoacylglycerols，MAG)。游离脂肪酸是脂肪酸与氢原子结合的产物。脂肪中最理想的生产生物柴油的前驱物是酰基甘油，由此生产出的生物柴油具有较高的氧化稳定性[46]。因此，在提取微藻的脂肪生产生物柴油时，理想的脂肪提取过程是：①不减少非脂肪成分的提取；②对甘油酯进行高效的选择性提取[47]。

目前，虽然有很多生物产品都来源于微藻，但仍缺乏高效的可供工业规模化的下游油脂提取技术。其中，将微藻转化成生物柴油的主要工艺仍是以传统的先油脂提取再酯化转化的工艺，即是将提取出来的油脂里的有效成分——酰基甘油（甘

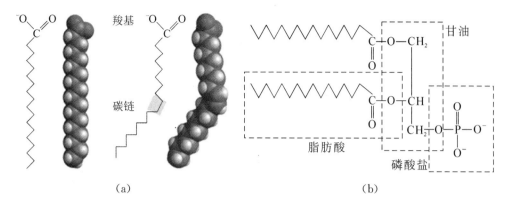

图 2 - 7　脂肪酸与油脂分子结构

（a）脂肪酸链；（b）脂肪分子结构

酯,acylglycerols)转化成生物柴油[46]。根据相似相溶原理可知,油脂一般不溶于水,而易溶于有机溶剂中。并且,很多微藻细胞都有一层坚硬的细胞壁,细胞壁的存在限制了提取溶剂的进入和脂肪的流出。对于微藻细胞油脂提取而言,选择合适的有机溶剂萃取油脂是油脂提取的关键,而提取前的微藻细胞破碎预处理能帮助溶剂更好地从细胞体内萃取出油脂,有利于提高油脂提取率。

2.3.4.1　预处理方法

为提高油脂提取效率,通常会先将浓缩后的微藻预处理,以破坏细胞壁的结构,从而利于溶剂的渗透[46, 111]。常用的细胞破碎方法有机械法和非机械法两类,如图 2 - 8 所示[155, 156]。根据物料形态的不同,机械法可按固相和液相进行分类,其中固相作用的方法包括球珠研磨法和机械压榨法等;液相作用的方法有高压匀浆法、超声波破碎法、微射流均质法等。非机械法主要包括物理法、化学法和酶法,其中物理法破碎指的是热解法、渗透压冲击、高强脉冲电磁场等;化学法指的是酸解法、螯合剂法和离子交换树脂法等;酶法则指的是利用纤维素酶破壁、自溶等方法[111, 155]。由于一些破碎方法需要一定量的水分,如球磨、超声波和高压均质等,细胞破碎一般在干燥之前进行。

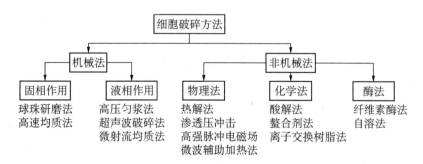

图 2 - 8　部分微藻细胞破碎方法

1）固相作用

球珠研磨法（bead milling）因其具有单次破碎效率高、物流通过量大、生物质加载量多、温度易于控制、设备已商业化、规模容易放大、劳动强度低以及运行成本低等优点，被认为是最易实现商业化的微藻预处理方法[46, 156]。据统计，球珠研磨法破碎微藻细胞的破碎效果一般在55%～99.9%[156]。Postma 等[157]用球磨法处理小球藻悬浮液，细胞破碎率达到97%，其中水溶性蛋白质的溶出率达到85%，能耗大约为2.5 kW·h/kg（藻干重）。Safi 等[158]研究了球磨对小球藻脂肪和色素等提取性能的影响，发现使用球磨进行预处理可促进目标成分的提取，使总提取率增加了16%。Günerken 等[159]以富油新绿藻 Neochloris oleabundans 为研究对象，证实了球磨预处理对藻细胞中的成分没有选择性。尽管球珠研磨法具有很多优点，但该法需要消耗较大的能源。此外，处理后细小的微藻细胞残骸及对化学成分的非选择性溶出，增加了下游处理的成本。

高速均质法（high speed homogenization，HSH）一般是依靠高速均质机来完成的，它是适用于低黏度液体的混合、黏稠液体的混合、液体和粉体的混合及气液混合和乳化加工的一种湿式混合机械产品。其均质头犹如一台泵，其工作原理是通过涡轮桨的高速旋转，使涡轮底部和上部间产生压差，不断地将流体从底部向上抽吸。由于定子和高速旋转的涡轮桨叶的间隙仅0.3～0.5 mm，其间产生强大的剪切力，使物料通过泵吸—剪切—湍流—折回达到液粒的微粒化和均质的目的[160]。高速均质机预处理微藻具有操作简易、高效、时间短等优点[156]，但由于在强剪切力的作用下易对细胞成分造成损伤，故不是理想的微藻生物燃料处理技术。

2）液相作用

高压匀浆法（high pressure homogenization，HPH）是将微藻在高压下通过一个小孔冲击喷射到固定阀上，当微藻穿过阀到室腔时在剪切力作用下使细胞破碎[46]。它是利用高压迫使悬浮液通过针形阀，由于突然减压和高速冲击造成细胞破裂。在高压匀浆器中，细胞经历了高速造成的剪切、碰撞和由高压到常压的突变，从而造成细胞壁的破坏，细胞膜随之破裂，胞内产物得到释放。目前已利用该法破碎螺旋藻细胞来释放藻蛋白。有研究者[156]利用此方法来处理微藻 Nannochloropsis salina 生产生物质气，结果表明，用高压均质法处理后的微藻产气率比没处理过的高32.6%。Samarasinghe 等[161]用高压均质法处理微藻 Nannochloropsis oculata，其破碎率为67%，后续的油脂提取率是没经过处理的8.5倍。同样的藻在不同的条件下，细胞破碎率可接近100%[162]。Halim 等[163]比较了几种不同细胞破碎方法的效率，发现高压均质法的细胞破碎率最高，为73.8%。比较而言，高压匀浆法处理微藻尽管效率高，但它也有一些不足之处，例如，在处理低浓度的藻液时，增加了下游处理能耗和水足迹；对细胞内化合物具有非选择性；破碎细胞壁有一定的困难；且伴随有细小的、难以处理的细胞残骸。

超声破碎是利用超声波形成的气穴作用破碎细胞。它的原理是将电能转换为声能,这种声能通过液体介质使之变成一个个密集的小气泡,这些小气泡迅速炸裂,产生像小炸弹一样的能量,从而起到破碎细胞的作用。Dos Santos 等[164]研究了超声破碎和 Potter 均质机两种方法预处理小球藻 *Chlorella vulgaris*,并在破碎后用四种有机溶剂提取藻细胞中的脂肪,结果表明,经超声破碎后再提取脂肪的效果要优于均质法。Horváth 等[165]在提取蓝绿藻中的藻青蛋白时,对比了包括反复冻融、均质化、超声破碎和 Polytron 均质机四种细胞破碎方法,发现反复冻融联合超声破碎的方法可使提取得率增加 25%。超声辅助提取微藻脂肪能取得一定的效果,但该法成本较高,大规模应用还比较困难[34]。

3）物理法

高强脉冲电磁场法(pulsed electric field, PEF)是最近几年用于微藻细胞破碎的手段之一。它是在脉冲电场的作用下对微藻细胞进行电穿孔,使得细胞膜外围的孔被打开,从而加速油脂从细胞壁中释放出来。2011 年 2 月,美国 Diversified 技术公司开发出了 PEF 辅助提取微藻油的技术[166],可将微藻制油的成本从传统的 1.75 美元/加仑降低至 0.10 美元/加仑。PEF 系统的核心组成部分是脉冲发生器和金属电极。Qin 等[167]人在用 PEF 处理螺旋藻 *Spirulina* 后得知,当电场强度为33.3 kV/cm时,脉冲次数在 100～500 间微藻细胞便停止生产;当单场强度增至 66.7 kV/cm 时,仅需 50 次脉冲便可使微藻细胞失活。Parniakov 等[168]的研究发现 PEF 预处理微拟球藻 *Nannochloropsis* 比声波技术的蛋白选择性更高。Goettel 等[169]考察了不同处理能耗强度、电场强度和生物质浓度对微藻 *Auxenochlorella prototheoides* 细胞破碎程度的影响,结果表明 PEF 均有助于微藻细胞内物质的溶出,随着能耗强度的增加,破碎效率也随之增加;而电场强度的大小对细胞破碎的影响不显著。相比未预处理过的微藻,经 PEF 预处理后,其后续用乙醇提取脂肪的效率提高 4 倍[170]。

微波辅助有机溶剂提取是用特殊频率范围的电磁辐射将大量的热能转移给微藻细胞,当细胞受到该热量发生局部内部过热引起瞬时的温度升高和快速压力作用在细胞壁和膜上,于是细胞结构瞬间被破坏引起细胞内的物体流出。研究结果表明利用微波辅助加热可加速脂肪的提取,一般会使得提取率高出 1.05～5.33倍[156]。并且,微波辅助加热微藻还存在耗时短的优点。例如,当用微波辅助处理葡萄藻 *Botryococcus sp.* MCC31 和小球藻 *Chlorococcum sp.* MCC30 时,各自仅需要 6 min 和 2 min,便可显著提高脂肪提取效率[171]。但使用微波加热技术的能耗和成本都相对较高,在微藻生物燃料工业化应用时较为困难[46]。

渗透压冲击法是一种在医药、微生物等领域广泛使用的方法,近年来也作为一种预处理手段用于微藻领域。Rakesh 等[171]在研究用细胞破碎手段提高四种不同微藻的脂肪提取效率时,对比了高压灭菌、微波加热、渗透压冲击和巴氏灭菌四种预处理方式,结果表明,渗透压冲击预处理后的葡萄藻 *Botryococcus sp.* MCC32

和小球藻 Chlorella sorokiniana MIC-G5 中的脂肪提取率显著提高。此外,渗透压冲击还能降低藻细胞中蛋白质流失到萃取溶液中的数量[154]。但渗透法冲击预处理微藻目前主要是在实验室中使用,在工业化应用过程中还存在一定困难。

4）化学法

化学法中常用来预处理微藻的是酸,所用的酸主要有硫酸、硝酸、次氯酸、盐酸等。酸处理需要将混合液在一定温度下(如 120℃、160℃等)加热 15～120 min。针对不同的藻种,改变酸的种类、酸浓度、处理温度、处理时间,可达到不同的预处理效果。Lee 等[172]采用稀硫酸和稀硝酸预处理微藻 Nannochloropsis salina 并从中提取脂肪,如十二碳五烯酸(eicosapentaenoic acid，EPA)，使得 EPA 的得率从11.8 mg/g增至 58.1 mg/g。当用 2% 的硫酸处理时,60 min 时脂肪的提取率达到 88.4%；当用 0.5% 的硝酸处理时,60 min 时的脂肪提取率约为 84%。经酸预处理后的微藻能显著促进后续脂肪的提取,用 0.57% 的硝酸在 120℃ 下处理 30 min 即可达到最大脂肪提取率。Halim 等[163]用不同方法预处理微藻 Chlorococcum sp.，发现硫酸处理效果是除了高压均质外效果最好的,平均细胞破碎率达到 33.2%。此外,微藻细胞中叶绿素的存在会使生物柴油转化过程中的催化剂失活,用次氯酸预处理微藻可去除叶绿素,有助于后续生物柴油的生产[173]。鉴于分子的不稳定性或易损性,温和的温度和相对较低的浓度是微藻预处理的首选。若化学预处理与其他细胞破碎方法相结合,这将更有利于微藻生物炼厂对温和工艺的要求。然而,用酸等化学试剂对微藻预处理也会带来诸如细胞内其他成分,如蛋白质等的破坏。

5）酶法

酶法预处理也是一种常用的生物质预处理方法。Karray 等[174]在提取大藻中的还原糖时,对比了酸催化、热碱法、超声波和酶法四种预处理方法,发现酶法预处理的还原糖得率最高,达到 7.3 g/L,并且是最有助于厌氧发酵产沼气的预处理方法。Fu 等[175]用固定化纤维素酶预处理微藻后,其细胞内的脂肪含量从 52% 增加到 63.4%,当提取脂肪 1 h 后,提取率达到 56%,未经水解的微藻脂肪提取率仅为 32%。并且,该固定化纤维素酶在重复使用 5 次后,其酶的活性依旧保持在 40%。可以看出,经酶水解后的微藻可显著提高后续脂肪的提取效率。研究表明,由于微藻细胞壁的成分是以木质纤维素为主,故选用酶混合液(如纤维素酶、淀粉酶和木聚糖酶)的油脂提取率比单一酶的提取率高 57%～69%[176]。酶预处理微藻的耗时较长,达到最佳效果时一般需要 3 天,且成本也较高,后续的研究可关注在如何提高酶反应的速率以及如何降低成本。

此外,细菌法也可用于对微藻进行预处理。Chen 等[176]将一种共生细菌 Flammeovirga yaeyamensis 在 3% 的盐度和 pH 值为 8 的条件下与小球藻C. vulgaris ESP-31 一起培养,结果发现,这种细菌能起到破碎细胞壁的作用,并能使后续水解酶提取脂肪的效率增加至 100%。

2.3.4.2　油脂提取方法

从微藻中提取脂肪的常用方法有机械法和化学法两大类,机械法主要指的是采用物理方法,如压榨法、球磨法、超声波辅助萃取、微波辅助提取等,将微藻的细胞壁破坏,从而使得藻细胞中的脂肪流出;化学法则是用各种溶剂穿透藻细胞,将细胞内的脂肪溶出,具体方法主要有溶剂萃取法、超临界 CO_2 萃取法及离子液体萃取法等,除此之外,酶提取法、脉冲电磁场提取等方法也可用于从微藻中提取脂肪[34, 113]。表 2-6 总结了部分微藻脂肪提取方法的得率[34]。

表 2-6　部分微藻脂肪提取方法的油脂得率

提取方法	溶剂	操作条件 (温度、压力、时间)	藻种类	脂肪得率/%
超临界	CO₂和乙醇	40℃, 35 MPa, 30 min	*Shizochytrium limacinum*	33.9
	CO₂		*Pavlova* sp.	34
	正己烷		*Shizochytrium limacinum*	45
	二氯甲烷		*Nannochloropsis oculata*	9
	正己烷		*Nannochloropsis oculata*	5.79
索氏提取	乙醇	40℃, 0.1 MPa, 18 h	*Nannochloropsis oculata*	40.90
	正己烷		*Pavlova* sp.	45.2
	石油醚		*Nannochloropsis oculata*	8.2
	乙醇		*Synechocystis PCC 6 803*	48
	己烷/乙醇		*Synechocystis PCC 6 803*	52
双溶剂体系萃取	乙烷/异丙醇	200℃, 0.1 MPa, 2 h	*Synechocystis PCC 6 803*	36
	氯仿/甲醇		*Synechocystis PCC 6 803*	50
	氯仿/甲醇/水		*Synechocystis PCC 6 803*	42
	正己烷		*Nannochloropsis oculata*	6.1

（续表）

提取方法	溶剂	操作条件 （温度、压力、时间）	藻种类	脂肪 得率/%
加压流体提取	正己烷/异丙醇	60℃，10～12 MPa，10 min	*Nannochloropsis oculata*	20
	乙醇		*Nannochloropsis oculata*	36
超声辅助提取	石油醚	频率40 kHz，1 h	*Nannochloropsis oculata*	3.3
湿藻提取	己烷	90℃，0.1 MPa	*Chlorella and Scenedesmus* sp.	59.3

1）机械压榨法

工业上，机械压榨法提取油脂就是借助外力把油脂从坯料中挤压出来的过程，该法已广泛应用于菜籽油、向日葵、椰子和棕榈油等原料[111]。在压榨过程中，压力、黏度和油饼成型是压榨法制油的三要素。压力和黏度是决定榨料排油的主要动力和可能条件，油饼成型是决定榨料排油的必要条件。在压榨取油过程中，榨料坯的粒子受到强大的压力作用，使其中油脂的液体部分和非脂物质的凝胶部分分别发生不同的变化：油脂从榨料空隙中被挤压出来，榨料粒子经弹性变形形成油饼。用该法压榨制油需要足够的进料量才能实现，并且耗费大量时间。对于细胞直径很小的微藻而言，机械压榨制油并不是很适合。报道称[34]，用螺旋压榨机可榨取丝状藻中75%的脂肪，剩下的残留在藻饼中的脂肪仍需要用溶剂提取的方法来获得油脂。

2）有机溶剂萃取法

有机溶剂提取法是当前最常用的微藻油脂提取方法之一[46]。有机溶剂提取的原理如图2-9所示，主要分为5步[46]：①有机溶剂穿过细胞膜进入细胞质；②非极性溶剂（己烷或氯仿）与中性脂肪通过范德瓦耳斯力结合，极性溶剂（甲醇或异丙醇）与极性脂肪形成氢键，通过氢键打破脂肪混合物与细胞膜的连接力；③形成有机溶剂-脂肪混合物；④形成的混合物在浓度差的作用下扩散至细胞膜；⑤从细胞膜周围的静态有机溶剂场进入有机溶剂。

为达到更好的提取效果，有机溶剂通常是极性和非极性溶剂的组合，具体比例依微藻脂肪构成特点而定，也称为双溶剂体系萃取法（mixing co-solvent extraction）。常用的极性溶剂有甲醇、丙酮、乙酸乙酯和乙醇等，非极性溶剂有正己烷、苯、甲苯、乙醚和氯仿等[34]。应用最广泛的有机溶剂组合是氯仿/甲醇[46, 177]，它是 Blight 和 Dyer 于1959年提出的，用该种方法藻不需完全干燥，提取过程比较快速高效，但氯仿对神

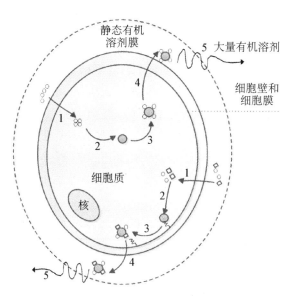

图 2 - 9　有机溶剂提取原理

经有致毒作用。己烷/异丙醇方法是替代氯仿/甲醇的低毒溶剂[46, 76],对中性脂肪的选择性更强,但不能溶解结合在细胞膜上的极性脂肪。醇类(如丁醇、异丙醇、乙醇)具有价格便宜、挥发性强、易形成氢键来提取附着在细胞膜上的极性脂肪,但对中性脂肪无效,故常与非极性溶剂混合使用[46]。除此之外,二甲基亚砜/石油醚也常用作萃取溶剂[178]。溶剂萃取中常用的设备是基于索氏提取原理设计的,分为半自动和全自动两种类型[179]。Dos Santos 等[164]对比了乙醇、己烷、氯仿/甲醇(体积比1︰2)和氯仿/甲醇(体积比 2︰1)四种溶剂提取小球藻 *Chlorella vulgaris* 中脂肪的效果,结果表明,氯仿/甲醇(2︰1)能提取 19％的脂肪含量,其中 55％是甘油三酯,是几种溶剂中脂肪提取效果最好的,气相色谱的分析进一步表明,不同提取方法得到甲酯成分没有显著差异。

随着技术的发展,快速溶剂法(accelerated solvent extraction)也逐渐被用于微藻油脂提取中。其原理是在高温高压的条件下,溶剂的传质速率加快使其可以快速深入藻细胞中,同时降低溶剂的介电常数使其接近油脂,从而提高溶剂的萃取效率。与溶剂萃取法相比,快速溶剂法所使用的溶剂相同,但它具有作用时间短(5～10 min),溶剂消耗量少,油脂提取率高的优点。例如,传统的 Folch 方法(氯仿/甲醇,体积比 2︰1)对绿藻 *Rhizoclonium hieroglyphicum* 的油脂提取率为 44％～55％,而用等量溶剂在压力 10.3 MPa、120℃时仅提取 5 min 即可达到 85％～95％的油脂提取率[180]。

有机溶剂提取微藻脂肪的反应遵循化学一级反应动力学,影响提取的主要因素有温度、搅拌速度、提取时间、液料比等[46]。有报道指出,有机溶剂提取时间一般控制在 8 h 内为宜,温度应控制在 30~60℃,超过 70℃会氧化,从而降低脂肪得率[181, 182]。有机溶剂提取时,大多需控制微藻的水分含量在 9% 以下[111],因为水的存在可能会形成障碍层,抑制脂肪从细胞中转移到溶剂中,但另一种观点认为水的存在能使细胞肿胀,从而促进溶剂接近脂肪[46]。Sathish 等[183]认为微藻中水含量超过 20% 时,生物柴油的得率将会显著下降,然而,在后续处理时可通过增加催化剂或甲醇等的用量来提高生物柴油得率,但水分对脂肪提取的影响机理还有待进一步研究。在有机溶剂提取中,碳水化物、固醇、酮类、色素等也能溶于有机溶剂,但这些成分并不能转变成生物柴油[46],也得考虑如何有效地去除这些杂质成分。

为提高微藻油脂提取效率,选择合适的溶剂体系及溶剂添加顺序至关重要。一般而言,双溶剂体系萃取法的溶剂选择如下[179]:①极性溶剂能有效破坏细胞膜脂和膜蛋白间结合力,使细胞膜疏松多孔;②非极性溶剂的亲疏水性尽可能与细胞内油脂成分的性质接近;③可结合高效的预处理方法提高油脂提取率。殷海等[178]使用甲醇和石油醚两种溶剂提取微藻中的脂肪,发现两种溶剂均能明显提高油脂提取率;在液料比为 15 mL/g、提取温度为 45℃、提取时间为 5 h 时,使用石油醚作为提取剂的提取率为 58.71%;在液料比和提取时间相同、温度为 35℃时,使用先甲醇后石油醚的顺序进行萃取时,提取率可达 87.90%。Cooney 等[184]按照氯仿、甲醇、水的加入顺序处理微藻 *Nannochloropsis* 时,其油脂提取率为 21.0%;当采用水、甲醇、氯仿的顺序时,微藻油脂提取率为 18.5%;当采用氯仿、甲醇、水的添加顺序时,油脂提取率降至 14.8%。究其原因可能是体系中的水先在油脂表面形成保护层,阻碍油脂与氯仿直接接触,增加其溶解在氯仿等弱极性溶剂中的难度。故,当藻中含水量较高时,搅拌、超声波或加大溶剂量都不会显著提高油脂提取效率。此外,有机溶剂提取前若能对微藻进行超声波或微波辅助预处理,则会显著提高微藻细胞的提取率[34]。

3) 超临界流体萃取法

超临界流体萃取是指以超临界流体为溶剂,从固体或液体中萃取可溶组分的分离操作。它是近代化工分离中出现的高新技术,其原理是超临界流体的溶解能力与其密度密切相关,通过改变压力或温度使超临界流体的密度大幅改变,在超临界状态下,将超临界流体与待分离的物质接触,使其有选择性地依次把极性大小、沸点高低和相对分子质量大小不同的成分萃取出来。

超临界流体萃取技术已广泛应用于从石油渣油中回收油品、从咖啡中提取咖啡因、从啤酒花中提取有效成分等工业中。可作为超临界流体的物质很多,如二氧化碳、甲醇、水、一氧化亚氮、二氧化氮、六氟化硫、乙烷、庚烷、氨等。超临界流体萃取的溶剂多选用 CO_2,由于 CO_2 的临界点低,常温下为气体,无色且无毒,价廉,相比有机溶剂提取而言,它是一种新兴的绿色技术[46, 111]。

超临界 CO_2 萃取(supercritical carbon dioxide extraction,SCCO₂)微藻油脂的作用条件为温度 40～50℃、压力 24.1～37.9 MPa,提取后油脂溶解在超临界液态 CO_2 中,回收时只需控制温度和压力使 CO_2 恢复气态即可分离油脂。Halim 等[47]用超临界 CO_2 提取绿球藻 *Chlorococcum sp.* 脂肪,流程如图 2-10 所示,该装置包括了 CO_2 供给单元、嵌入烘箱的不锈钢提取罐以及脂肪搜集器等。当烘箱开始加热时,压缩 CO_2 便通入到装有藻原料的提取罐中,以超临界的状态从原料中提取出脂肪。反应完成后,CO_2 解压以气体形式将携带的脂肪释放到搜集器中。其研究结果表明,在 60℃下反应 80 min 时,超临界 CO_2 提取脂肪的得率为 5.8%;而用正己烷索氏提取 5.5 h 后,脂肪的得率为 3.2%,这说明超临界 CO_2 提取比己烷提取更省时、得率更高,并且两种方法得到的 FAME 组成没有显著差异。Cheng 等[185]的研究证实超临界 CO_2 提取脂肪的最高得率可达 98.7%,进一步说明超临界 CO_2 萃取脂肪的选择性比溶剂提取的高。

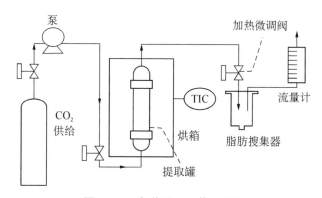

图 2-10　超临界 CO_2 萃取流程

影响超临界 CO_2 提取微藻中脂肪的因素有压力、温度、流体流速和辅助溶剂等。Crampon 等[186]用超临界 CO_2 提取微藻 *Nannochloropsis oculata* 中的脂肪,在提取前分别采取了气流干燥和冷冻干燥两种预处理手段,结果表明,超临界 CO_2 提取的微藻油中甘油三酯的含量均达 90% 以上,并且其成分中没有磷脂质。Liau 等[187]在用超临界 CO_2 处理同一微藻 *Nannochloropsis oculata* 时,以乙醇作为辅助溶剂,在 35 MPa、50℃、16.7% 的乙醇添加量的条件下,所提取到的每 1 g 微藻油中含有 239.7 mg 甘油三酯。Hu 等[188]在研究超临界 CO_2 提取微藻 *Chlorella pyrenoidosa* 的最佳条件时,发现每个样品加入 1 mL 乙醇,可显著提高脂肪提取率。随着压力和 CO_2 密度的增加,微藻油中不饱和成分也随之增加,甘油三酯中不饱和脂肪酸的含量也增多[189],这将会使得生物柴油的稳定性降低。

可以看出,超临界 CO_2 提取具有可调的溶解能力、低毒性、有利的物质传递平衡、不使用或使用少量的溶剂,但该法对设备的要求高、运行成本高,目前仍难以工业化。

4）其他方法

脂肪提取过程的成本占了微藻生物燃料总成本的 $10\%\sim20\%$,上述的传统细胞破碎联合溶剂提取的方法虽然常用,但这些方法要求藻体为干燥粉末,而藻液中干物质含量通常低于 1% ,浓缩干燥预处理不仅增长了生物柴油的生产周期,还影响油脂提取效率,故也涌现出一些新兴的避免浓缩干燥过程的微藻油脂提取方法,如湿藻处理法、亚临界溶剂提取、原位萃取等。但这些技术目前仅限于实验室水平,离工业化的要求还存在较大差距。

OriginOil 公司于 2010 年开发出了一步脂肪提取法,将脱水、细胞破碎和脂肪提取融为一体,微藻不用经历脱水过程,大大减少了能耗,同时也不需使用任何溶剂[46]。Kwon 等[190]研究了微拟球藻 *Nannochloropsis sp.* KMMCC 290 的一步法油脂提取工艺,在所选的溶剂中,硫酸和氯仿组合提取脂肪的效率最高,当在 70℃下处理 90 min 后,生物柴油的转化率达到 89.2%,最大生物柴油产量约为155.7 mg/g（干藻）。

Xu 等[191]提出了直接用微波辅助和酶法处理湿藻的方法。为解决传统利用干藻粉制油的巨大脱水能耗以及简化传统油脂萃取和酯交换两步法制取生物柴油的复杂工艺流程,浙江大学的研究人员[192]提出直接使用湿藻在微波加热条件下一步法制取生物柴油,发现在微波加热条件下大约 77.5% 的湿藻细胞壁被破碎,细胞壁破碎后油脂的扩散速度是未破壁前的 152 倍。Lu 等[193]利用水热碳化的方法来处理固含量为 15% 的微藻 *Nannochloropsis sp.*,得到的水热微藻焦中含有原有脂肪量的 85%,随后再加入乙醇去提取微藻焦中的脂肪,最终脂肪酸的得率达到 74%。

亚临界溶剂提取技术是一种新的加速萃取技术,已应用于药物分析、环境、食品、农检、商检、化工、进出口检验检疫、刑侦等诸多领域。其原理是将样品置于密闭容器中加温加压,通过升高压力提高溶剂的沸点,使溶剂在高于正常沸点的温度下仍处于液态,加速被提取物从原料颗粒基质中解析并快速进入溶剂。可以作为亚临界溶剂的有水、乙醇、正己烷等廉价、易于获取的极性小分子液体。中科院青岛生物能源与过程所的研究人员[194]采用亚临界乙醇、亚临界乙醇-正己烷以及硫酸辅助亚临界乙醇-正己烷三种萃取体系从含水量约为 70% 的微拟球藻湿藻泥中提取油脂,结果发现,亚临界乙醇-正己烷比亚临界乙醇对湿藻细胞有更高的油脂萃取率和低的溶剂用量,加入少量硫酸可进一步提高油脂的提取率、降低溶剂用量,最佳油脂提取率可达 90% 以上,其中甘油三酯的含量占总脂的 86% 以上。亚临界溶剂萃取的优势在于可以对藻液直接处理,无需加入有机溶剂,但是因温度、压力等高能耗步骤的存在,在工业应用时仍有所限制。

2.3.5 油脂转换过程

将提取后的甘油酯转化成脂肪酸甲酯或脂肪酸乙酯(fatty acid methyl esters,FAMEs)的过程即为生物柴油转化过程[23]。常见的转化方法有物理法、化学法、高温裂解等,除此之外也出现一些新方法,如原位转酯化、生物(酶)转换等。物理法主要包括直接混合法和微乳液法两种。化学法是把油脂和甲醇等低碳一元醇通过酯化或转酯化反应生成相应的脂肪酸低碳烷基酯,常见的有酯化反应和酯交换反应。高温裂解是在常压、快速加热、超短反应时间的条件下,使生物质中的有机高聚物迅速断裂为短链分子,并使结炭和产气降低到最大限度,从而最大限度地获得燃油[195]。由于微藻生物柴油尚没有工业化,在微藻油脂提取阶段获得的微藻油脂便可按照传统的生物柴油加工方法生产,从而得到生物柴油。

1) 物理法

物理法生产生物柴油方法包括直接混合法和微乳液法两种。物理法生产的生物柴油是专门针对某种特定的柴油机或对柴油机进行了结构改变后直接使用的,简而言之,物理法就是直接使用动植物油脂。100 多年前,柴油机发明者鲁道夫·狄塞尔用植物油当作内燃机的燃料,从此开启了纯植物油作为内燃机燃料的先例。随后,大豆油、葵花籽油等各种油料都曾出现在柴油机中用于直接燃烧或与石化柴油混合燃烧。但这种直接使用的方法存在很多问题,诸如混合油黏度较高、容易变质、燃烧不完全、积炭较多、污染润滑油等,影响发动机的寿命。因此,这种方式并没有在世界范围内推广使用。为避免上述问题,有研究者也将生物柴油与石化柴油、添加剂、降凝剂、抗磨添加剂等混合,形成微乳液的状态,能在一定程度上改善生物柴油的特性,达到柴油的使用要求。但物理法目前已很少应用,主要还是因为该法带来了一些不可避免的缺陷,如可导致润滑液变浑浊、点火性能差等。

2) 化学法

化学法生产生物柴油的主要机理有酯化反应和酯交换反应。酯化反应指的是醇跟羧酸或含氧无机酸反应生成酯和水的过程,其反应机理如图 2-11 所示。从

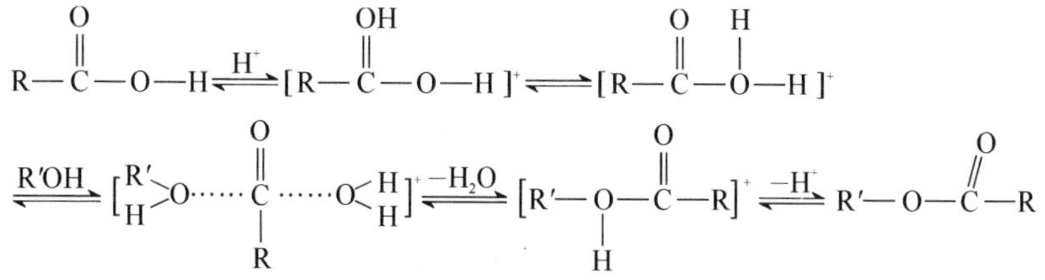

图 2-11　酯化反应机理

该反应通式可知,1 mol 脂肪酸与 1 mol 醇反应生成 1 mol 脂肪酸甲酯和 1 mol 水。酯化反应是可逆的,其逆反应是水解反应,从反应动力学的角度来看,酯化反应及其逆反应均为二级反应[196]。在通常情况下,该可逆反应需要很长时间才能达到平衡。为了缩短达到平衡的时间,常用布朗斯特酸作为催化剂,如浓硫酸、苯磺酸和磷酸等。浓硫酸价格低廉,资源丰富,是最普遍的酯交换催化剂。酸性催化剂的活性相对较低,需要较高的反应温度和反应时间[23]。除需要使用一定的催化剂外,还要保持较高的醇浓度,不断地将副产物水除去,使得酯化反应朝着正方向进行,从而提高生物柴油的产量[195]。

酯交换反应是指将一种酯与另一种脂肪酸、醇、自身或其他酯混合并伴随羧基交换或分子重生成新酯的反应。目前制备生物柴油的酯交换反应,指的就是利用动植物油脂中的甘油三酯在催化剂作用下与低碳醇发生的酯基交换反应,反应机理如图 2-12[46]所示,即 1 mol 甘油三酯与 3 mol 醇反应生成 3 mol 酯和 1 mol 甘油。该反应也叫做醇解反应,若反应条件控制不当,还可能产生副反应,副反应主要是酯与碱发生皂化反应。酯化交换反应中常使用的催化剂有无机碱、金属盐、金属氧化物和金属氨化物等。

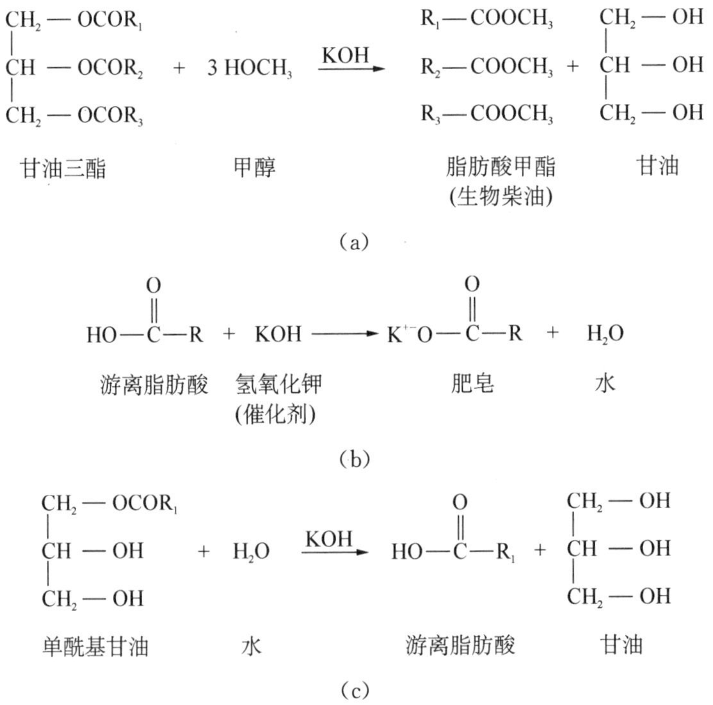

图 2-12 酯交换反应机理
(a) 主反应;(b) 副反应;(c) 副反应

生物柴油化学生产技术经过多年的发展已形成比较完备的技术体系和方法，涵盖了均相催化、非均相催化、生物催化法和超临界法等多个方面。化学法中的常压连续转酯化和加压连续转酯化技术已在欧美等发达国家实现工业化生产，代表了当今的主流生物柴油技术[195]。

均相催化法在液体酸、碱催化剂条件下发生酯交换反应，这是目前欧美地区生产生物柴油的主要方法。常用的催化剂有碱类，如 NaOH、KOH、NaOCH$_3$、KOCH$_3$、Ca(OCH$_3$)$_2$、有机胺等以及酸类，如 H$_2$SO$_4$、HCl、H$_3$PO$_4$ 等[195]。可用的醇类包括甲醇、乙醇、丙醇、丁醇和戊醇，但甲醇因其价格较低、碳链短、极性强等优点，是最常用的醇类。在无水情况下，碱性催化酯交换的活性通常比酸催化剂高。Encinar 等人[197]研究发现，氢氧化钾的催化效果最好，随后依次是甲醇钾、氢氧化钠。在醇油摩尔比 6∶1，催化剂用量 1%，反应温度 60℃时，反应 3 h 后转化率可达到 90%以上。但碱催化剂不适用于高浓的 FFA，过高的 FFA 浓度会与碱发生皂化反应，从而使催化剂中毒。Azcan 等[198]考察了 KOH 和 NaOH 两种催化剂在微波加热辅助下用均相催化法制备微藻生物柴油时的转化率，结果发现，在同样的条件下（65℃，1%催化剂用量，反应时间 5 min，醇油比 8∶1），两者的脂肪酸甲酯的收率分别是 96.54% 和 96.82%。Teo 等[199]的研究结果表明，利用 Ca(OCH$_3$)$_2$作为催化剂将微藻 *Nannochloropsis oculata* 中的脂肪在 60℃下转化成生物柴油，其得率达到 92%，远高于 Mg - Zr 催化剂 22%的转化率。微波和超声波技术由于其加热时间短、效率高等优势，可作为辅助手段[23, 200]，有助于酯化反应的进行。虽然采用液体酸、碱催化剂进行均相催化反应制取生物柴油具有反应速度快、转化效率高的优点，但同时产品需中和洗涤带来大量的工业废水，会造成环境污染，且使用碱催化剂还容易产生皂化反应，副产物多，给后续处理带来困难，并且催化剂随产品的流失也会增加生产成本[201]。

为避免均相催化带来的问题，非均相催化法制备生物柴油成为近几年的热点。非均相催化剂以固体形式为主，包括固体酸催化剂和固体碱催化剂。固体酸催化剂有阳离子交换树脂、高氟化离子交换树脂 NR50、硫酸锆、钨酸锆等。固体碱催化剂有碱金属、碱土金属氧化物（如 CaO、MgO）、水滑石、类水滑石固体碱（如 Mg$_4$Al$_2$(OH)$_{12}$(NO$_3$)·4H$_2$O）、负载型固体碱（如 K$_2$O/γ - Al$_2$O$_3$、Cs$_2$O/γ - Al$_2$O$_3$）等。相比较而言，非均相催化工艺制备生物柴油的催化剂可循环使用，产物易分离，无需水洗，避免了大量废水的排放，降低了环境污染[201]。表 2 - 7 总结了一些固体酸碱催化剂的催化性能[202]。可以看出，固体非均相催化剂制备生物柴油的收率较高。Azcan 等[198]用 KOH/Al$_2$O$_3$非均相催化剂制备微藻生物柴油，其结果证明，非均相催化的反应时间虽然比均相催化长，但前者脂肪酸甲酯的收率高达97.79%，高出均相催化。

表 2 - 7　固体酸碱催化剂催化性能

催化剂	原料油	工艺条件(醇油比/反应温度/反应时间/催化剂)	收率/%
KF/CaO	微藻油	8:1；60℃；45 min；12%	93.07[203]
KOH/Al$_2$O$_3$	微藻油	12:1；65℃；35 min；3%	97.79[198]
改性 CaO	菜籽油	15:1；65℃；3 h；5%	94.6
CaO - CeO$_2$	黄连木油	30:1；100℃；6 h；9%	91
Li$^+$/CaO	麻疯果油	12:1；65℃；2 h；5%	99
CaO/Ca$_{12}$Al$_{14}$O$_{33}$	葵花籽油	12:1；60℃；3 h；1%	97
KF/Ca - Mg - Al	棕榈油	12:1；65℃；10 min；5%	>90
SO$_4^{2-}$/ZrO$_2$ - Al$_2$O$_3$	麻疯果油	9.88:1；150℃；4 h；7.61%	90.32
NKC - 9	煎炸废油	4:1；66℃；3 h；16%	90
HPWA/SBA - 15	大豆油	16:1；190℃；7 h；5%	97
介孔炭基固体酸	油酸	10:1；80℃；6 h；0.1 g	60

除此之外,一些连续多相催化以及催化反应分离耦合过程制备生物柴油也逐步得到重视,如固定床工艺、旋转填料床工艺、反应蒸馏耦合工艺、反应吸收耦合工艺、膜反应器工艺等(见表 2 - 8[202])。虽然固体酸碱催化剂均取得了良好的催化效果,但固体酸催化酯交换效率低下,固体碱无法用于高酸值油脂的问题不容回避,并且催化剂的煅烧需要很高的温度(120~1 000℃),因此,非均相催化反应制备微藻生物柴油还需要进一步研究[204],开发具有酸碱双功能的催化剂或者采取先固体酸催化酯化再固体碱催化酯交换的两步工艺是生物柴油催化剂研发的方向。

表 2 - 8　新型生物柴油多相催化工艺性能

工艺名称	催化剂	操 作 条 件	收率/%
固定床工艺	D261	9:1；50℃；进料流率 1.2 mL/min	95.2
旋转填料床工艺	K/γ - Al$_2$O$_3$	24:1；60℃；床层孔隙率 0.638；转速 900~1 500 r/min	98.5
反应蒸馏耦合工艺	H$_3$PW$_{12}$O$_{40}$	67.9:1；29.9℃；进料量 116.23 mol/h；再沸器负荷 1.3 kW	93.94
反应吸收耦合工艺	SO$_4^{2-}$/ZrO$_2$	新型热耦合反应吸收反应器,节能近 85%	99.2
膜反应器工艺	KOH/AC	70℃；157.04 g 催化剂/单位体积；错流循环流速 0.21 cm/s	94

（续表）

工艺名称	催化剂	操 作 条 件	收率/%
滴流床反应器	CaO	100℃；醇油流率 3.8 和 4.1 mL/min；CaO 粒径 1～2 nm	98
鼓泡塔反应器	—	250℃；300 min；甲醇流率 3.0 mL/min	97.7

3）高温裂解法

高温裂解法是在常压、快速加热至 400～600℃、超短反应时间的条件下，使生物质中的有机高聚物迅速断裂成为短链分子，并使结炭和产气降到最低限度，从而最大限度地获得燃油。早期应用高温热裂解是为了得到合成石油、生物汽油，生物柴油仅为副产品[195]。通常是将提取脂肪等成分后的微藻残渣，用高温裂解的方法获得生物油，以实现微藻的充分利用[205]。但在高温裂解前，微藻需要干燥[206]。不同的微藻经高温裂解后所得的生物油得率不尽相同。例如，在同样 500℃ 的高温条件下，提取脂肪后的布朗葡萄藻 *Botryococcus braunii* 残渣的生物油得率为 33.2%，未经提取的布朗葡萄藻生物油得率为 39.7%，微拟球藻 *Nannochloropsis gaditana* 得率为 38.3%，松木为 39.7%[207]。与木质纤维素生物质不同的是，微藻高温裂解生物油 pH 值为中性，应用到发动机中燃烧时可防止设备腐蚀[207]。热裂解需要在高温下进行，不但设备投资和操作费用较高，生产安全性要求高，而且反应难以控制，高温下副产物较多，产物组分复杂，处理较为困难。

4）原位转酯化

由于微藻培养所得生物量浓度不高，因此对藻体依次进行采收、干燥及油脂提取处理总能耗较大，是微藻柴油实现工业化的主要挑战。针对此挑战，有研究者提出原位转酯（in situ transesterification）的概念，即将冷冻干燥的藻粉在强酸催化剂（如 HCl、H_2SO_4）作用下与醇（如甲醇）发生转酯反应生成脂肪酸甲酯[179]，后续的分离纯化过程同传统方法类型。微藻原位酯化法的萃取流程如图 2-13 所示。原

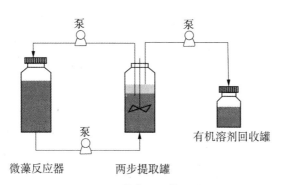

图 2-13　微藻原位萃取流程

位酯化法省去了脂肪酸提取步骤,有效简化了生物柴油的生产工艺。

早期原位转酯化方法主要用于快速分析动物脂肪组织的含量,近年来在微藻酯化反应过程中的应用也得到证实,并取得了一定的进展[46]。Viêgas 等[208]用 5%～20%的硫酸作为催化剂,加入了过量的甲醇,并在 60℃和 100℃的温度条件下对小球藻 Chlorella alga 进行转酯化处理,结果表明,小球藻的最大酯化率可达96%～98%。Jazzar 等[209]在利用含水量为 75%的湿藻(小球藻 Chlorella sp. 和微球藻 Nannochloris sp.)生产生物柴油时,采用原位超临界甲醇转酯化的工艺,所得生物柴油的最大得率分别是 45.62%和 21.79%;对比还发现,小球藻原位转酯化所得的生物柴油中,其多元不饱和脂肪酸的含量相比传统方法而言,由 37.4%降至 13.9%,这说明原位转酯化还能提高生物柴油的质量。

在原位酯化反应中,催化剂的存在可对反应起促进作用,不同的催化剂也有着不同的催化效果。Ma 等[203]用多相 KF/CaO 作为催化剂,考察了不同催化剂用量(15%～35%)和煅烧温度(600～1 000℃)对脂肪酸甲酯得率的影响,结果发现,900℃煅烧后的 KF 催化剂,在用量为 25%时,具有最佳效果;当用此催化剂与甲醇在 60℃下与微藻反应 45 min,脂肪酸甲酯的得率达到最大值 93.07%。Kim 等[210]用 HCl 作为催化剂,在甲醇溶剂的存在下,对湿藻进行原位转酯化植物生物柴油,所得的脂肪酸甲酯得率为 90%～95%。Choi 等[211]以酸为催化剂,对微藻 Scenedesmus sp. 进行原位转酯化反应,结果发现,通过该方法生物柴油的总得率为85%,而脂肪酸甲酯的转化率高达 99.99%,所得的生物柴油低位热值为23.92 MJ/kg,其品质能满足美国材料与试验协会 ASTM D6751 或欧洲 EN 14214生物柴油国际标准。

可以看出,原位转酯化制取生物柴油不仅转化效率高、时间短,而且还可处理含水量高的微藻,减少了微藻干燥和油脂提取过程,是非常有潜力的微藻生物柴油制取方法。但该法所用的催化剂成本较高,离工业化应用还有一段距离。

5) 生物(酶)转化

酶法合成生物柴油具有高选择性、反应条件温和、甲酯得率高、无副反应、无污染排放的优点,逐步受到重视。酶法转化还可避免传统酯化反应中需要预处理原料、去除催化剂以及废水处理带来的一系列问题[212]。常用的酶有胞外脂肪酶和胞内脂肪酶,胞外脂肪酶通常作用于整个细胞,不需要酶的提纯和分离。为了提高酶的稳定性,通常将脂肪酶固定在其他材料上。与传统化学催化不同,生物催化能处理多种甘油三酯样品,FFA 含量范围为 0.5%～80%的甘油三酯均可用生物催化[213]。研究表明,米根霉脂肪酶可将餐厨废油中的游离脂肪酸在温度为 30～40℃时全都转化成烷基酯,而碱催化制备生物柴油时温度一般需要维持在 60～70℃,游离脂肪酸的存在则会显著降低酯化效率[214]。使用一种米曲霉脂肪酶将大豆油转化为生物柴油时,该胞外脂肪酶还可处理水含量高(40～300 g/kg)的原料[215]。也就是说,用发酵法(酶)制造生物柴油时,反应物中的 FFA 和水对酶催化剂没有影响,反应液静置后,FAME 即可分离。然而,生物转化制取生物柴油也存在一些问题。例如:①脂肪酶的生产成本高[216];②与传统酯化反应相比,反应时间长(3.5~90 h)[217];③用过的生物酶难以再生和回用[23],工业化应用还存在很大困难。

综上所述,就现阶段的发展来看,目前微藻油制备生物柴油最有可能工业化的是采用成熟的酯交换反应技术,回收副产品甘油。同时油脂提取后的残余物也可用于生产其他高附加值产品,如厌氧发酵制取生物气发电、生产动物饲料、多不饱和脂肪酸、抗氧化剂、染色剂、土壤改良剂及一些特殊产品等。若能利用附近化石燃料燃烧企业的废水、废气培养微藻,建成新型的微藻生物柴油综合炼厂,便可扩大微藻生物柴油的产业链,进一步降低生产成本。

2.3.6 微藻副产品

副产品是指在生产主要产品过程中附带生产出的非主要产品。对于微藻生物柴油路线来说,除了得到主产品生物柴油以外,副产品主要有甘油、藻残渣等。这些产品的量和价格也在很大程度上决定了微藻生物柴油的商业化前景。目前,藻类生物质发展处于初级阶段,面临的主要难题是:尽管按照长远目标考虑,油脂的大量生产应该占据生产的主导地位,但在短期内,必须生产具有更高市场价值的副产品,才能抵消藻类生物质能源带来的高额成本。副产品在短期内可明显增加微藻生物柴油路线的经济可行性。

微藻生物炼厂是综合利用微藻细胞中的各个组分,最大化微藻生物柴油产业链价值的有效方式[17]。若要使微藻具有商业可行性并能被消费者接受,微藻生物炼厂的副产品应当满足以下条件之一[23]:

(1) 与现有化学品、燃料或其他产品相同;

(2) 与现有化学品、燃料或其他产品的功能相同;

(3) 具有独特和使用功能性质的新材料。

以从提取油脂后的微藻生物质中回收具有经济价值的副产品为例,如图 2-14 所示,除副产品甘油外,其余副产品的可回收途径主要有如下几个选择:

选择 1 是对提取脂肪后的微藻残渣进行干燥,干燥到一定程度后将其用于焚烧发电或焚烧供热,产生的电或热等能量再回用于工厂,多余的能量可外送入网或供给其他用户使用,除此之外,干燥后的微藻若不掺烧,可对其进行处理后作为土壤改良剂或肥料使用。

选择 2 是利用提取脂肪后的微藻残渣进行厌氧发酵,得到的沼气用于微藻炼厂中加热或发电,同选择 1 类似,多余的能量可外送,并且厌氧发酵后的残渣和废液也可用作土壤改良剂或肥料。

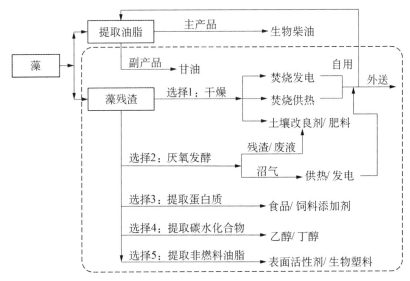

图 2-14 副产品回收利用路线选择

选择 3 是从提取脂肪后的藻残渣中提炼蛋白质,并将其加工处理后作为食品或饲料添加剂使用。

选择 4 是回收利用藻残渣中的碳水化合物成分,并将其作为乙醇、丁醇等产品的原料或辅料。

选择 5 是从提取脂肪后的藻残渣中回收利用非燃料的油脂成分,将其通过化学或生物转化等方法加工后,得到表面活性剂或生物塑料。

2.4 小结

本章主要梳理了利用微藻制取生物柴油的技术发展,包括微藻的种类、应用领域、制取生物柴油的优势,微藻生物能源的国内外发展状况以及当前微藻生物柴油制取各个环节中面临的主要技术挑战。总体来看,目前微藻生物柴油离商业化生产还存在一定的差距,主要技术瓶颈在微藻采收脱水、油脂提取与生物柴油转换等工程。综上可以看出,湿藻一步法处理和转酯化是相对最有潜力的微藻生物柴油转化方法。但这些关键技术只有在政府的重视、研究者的开发与企业的支持下才能够取得重大突破。若技术实现突破后,微藻生物柴油则有望实现商业化,应用到飞机、汽车等领域,从而减少我国对化石能源的依赖,降低对环境造成的破坏,促进经济的可持续发展。

参考文献

［1］ Zamalloa C，Vulsteke E，Albrecht J，et al. The techno-economic potential of renewable energy through the anaerobic digestion of microalgae［J］. Bioresour. Technol. ，2011,102(2):1149 – 1158.

［2］ 张建民,刘新宁. 可利用微藻的种类及其应用前景[J]. 资源开发与市场,2005,(01)：65 –66,80.

［3］ Lundquist T J，Woertz I C，Quinn N W T，et al. A realistic technology and engineering assessment of algae biofuel production［R］. Energy Biosciences Institute，2010.

［4］ 巩东辉. 鄂尔多斯高原碱湖钝顶螺旋藻对低温、强光的响应[D]. 呼和浩特:内蒙古农业大学,2013.

［5］ 王文博,高俊莲,孙建光,等. 螺旋藻的营养保健价值及其在预防医学中的应用[J]. 中国食物与营养,2009,(01):48 – 51.

［6］ 胡秋辉,王小琴. 螺旋藻营养成分分析及其营养保健作用[J]. 中国畜产与食品,1997,4(2):69 – 70.

［7］ 徐惠娟,徐桂花. 螺旋藻的营养保健功效[J]. 农业科学研究,2005,26(1):89 – 92.

［8］ 刘红涛,冯书营,陈涛,等. 杜氏盐藻分子生物学最新进展及展望[J]. 中国生物工程杂志,2007,(10):113 – 118.

［9］ 赵丽娜,陈喜文,陈德富. 甘油代谢对杜氏盐藻盐耐受性的调节[J]. 生物技术通讯,2011,(03):428 – 432.

［10］ 徐嘉杰. 沼液规模化培养小球藻的能源利用技术研究[D]. 北京:中国农业大学,2014.

［11］ Miao X，Wu Q. Biodiesel production from heterotrophic microalgal oil［J］. Bioresour. Technol. ，2006,97(6):841 – 846.

［12］ 高桂玲,成家杨,马炯. 雨生红球藻和虾青素的研究[J]. 水产学报,2014,(02):297 – 304.

［13］ 张睿钦. 雨生红球藻细胞转化及虾青素的提取[D]. 青岛:中国海洋大学,2012.

［14］ 李峭菊. 微藻在食品、化工及能源方面的应用[J]. 河北渔业,1996,(05):19 – 22.

［15］ 彭文岚,王广建,孙宗彬. 微藻在能源、环保及食品保健中的应用[J]. 化工科技市场,2010,(02):18 – 21.

［16］ 刘茜,焦庆才,刘志礼. 螺旋藻多糖及其药理作用的研究进展[J]. 中国海洋药物,1998,65(1):48 – 53.

［17］ Hariskos I，Posten C. Biorefinery of microalgae—opportunities and constraints for different production scenarios［J］. Biotechnology Journal，2014,9(6):739 – 752.

［18］ 侯冬梅. 雨生红球藻高产虾青素的光诱导工艺研究[D]. 上海:华东理工大学,2014.

［19］ Sim T S，Goh A. Ecology of microalgae in a high rate pond for piggery effluent purification in Singapore [J]. MIRCEN Journal of Applied Microbiology and Biotechnology, 1988,4(3):285 – 297.

[20] Rawat I, Bhola V, Kumar R R, et al. Improving the feasibility of producing biofuels from microalgae using wastewater [J]. Environmental Technology (United Kingdom), 2013,34(13 – 14):1765 – 1775.

[21] 张鑫鑫. 杜氏盐藻(Dunaliella salina)对 UV – B 辐射增强的响应及基于活性氧和钙离子信号通路变化的作用机制探讨[D]. 青岛:中国海洋大学,2014.

[22] 戴军,王旻,尹鸿萍,等. 杜氏盐藻多糖提取工艺的优化[J]. 食品与发酵工业,2007, (03):123 – 127.

[23] D OE. National algal biofuels technology roadmap [R]. USA:Department of Energy, 2010.

[24] Demirbas M F. Biofuels from algae for sustainable development [J]. Applied Energy, 2011,88(10):3473 – 3480.

[25] Chisti Y, Yan J. Energy from algae:Current status and future trends. Algal biofuels—A status report [J]. Applied Energy, 2011,88(10):3277 – 3279.

[26] Li Y G, Xu L, Huang Y M, et al. Microalgal biodiesel in China:Opportunities and challenges [J]. Applied Energy, 2011,88(10):3432 – 3437.

[27] Gerbens-Leenes P W, van Lienden A R, Hoekstra A Y, et al. Biofuel scenarios in a water perspective:The global blue and green water footprint of road transport in 2030 [J]. Global Environ Change, 2012,22(3):764 – 775.

[28] Torres C M, Ríos S D, Torras C, et al. Microalgae-based biodiesel:A multicriteria analysis of the production process using realistic scenarios [J]. Bioresour. Technol. , 2013,147:7 – 16.

[29] Wigmosta M S, Coleman A M, Skaggs R J, et al. National microalgae biofuel production potential and resource demand [J]. Water Resour. Res. , 2011,47(4).

[30] Azad A K, Rasul M G, Khan M M K, et al. Prospect of biofuels as an alternative transport fuel in Australia [J]. Renewable and Sustainable Energy Reviews, 2015,43: 331 – 351.

[31] Rawat I, Ranjith Kumar R, Mutanda T, et al. Biodiesel from microalgae:A critical evaluation from laboratory to large scale production [J]. Applied Energy, 2013,103: 444 – 467.

[32] 高春芳,余世实,吴庆余. 微藻生物柴油的发展[J]. 生物学通报,2011,(06):1 – 5.

[33] Tang H, Abunasser N, Garcia M E D, et al. Potential of microalgae oil from Dunaliella tertiolecta as a feedstock for biodiesel [J]. Applied Energy, 2011,88(10): 3324 – 3330.

[34] Mubarak M, Shaija A, Suchithra T V. A review on the extraction of lipid from microalgae for biodiesel production [J]. Algal Research, 2015,7:117 – 123.

[35]　Chisti Y. Biodiesel from microalgae [J]. Biotechnol. Adv. ，2007,25(3):294 – 306.

[36]　Singh A，Pant D，Olsen S I，et al. Key issues to consider in microalgae based biodiesel production [J]. Energy Education Science and Technology Part a—Energy Science and Research，2012,29(1):687 – 700.

[37]　Demirbas，Ayhan. Use of algae as biofuel sources [J]. Energy Convers Manage，2010,51(12):2738 – 2749.

[38]　中华人民共和国农业部. 中国农业统计资料 2010[M]. 北京：中国农业出版社,2011.

[39]　国家统计局. 中国统计年鉴 2012[M]. 北京：中国统计出版社,2013.

[40]　谷克仁,于小宝. 玉米含油量及脂肪酸的分析[J]. 粮油食品科技,2012,(04):21 – 22.

[41]　欧训民. 中国道路交通部门能源消费和 GHG 排放全生命周期分析[D]. 北京：清华大学,2010.

[42]　Akminul Islam A K M，Primandari S R P，Yaakob Z，et al. The properties of jatropha curcas seed oil from seven different countries [J]. Energy Sources，Part A：Recovery，Utilization and Environmental Effects，2013,35(18):1698 – 1703.

[43]　陈星,陈滴,刘蕾. 油莎豆全成分分析[J]. 食品科技,2009,(03):165 – 168.

[44]　张庭婷,谢晓敏,黄震. 中国微藻生物柴油生产潜力分布特征分析[J]. 太阳能学报,2016.

[45]　韩菲菲. 以高油脂产率为目标的小球藻光自养培养工艺优化与初步放大[D]. 上海：华东理工大学,2013.

[46]　Halim R，Danquah M K，Webley P A. Extraction of oil from microalgae for biodiesel production：A review [J]. Biotechnol. Adv. ，2012,30(3):709 – 732.

[47]　Halim R，Gladman B，Danquah M K，et al. Oil extraction from microalgae for biodiesel production [J]. Bioresour. Technol. ，2011,102(1):178 – 185.

[48]　Benemann J R，Pursoff，P，Oswald，W J. Engineering design and cost analysis of a large-scale microalgae biomass system. ［R］. Final Report to the US Energy Department，1978.

[49]　李元广,谭天伟,黄英明. 微藻生物柴油产业化技术中的若干科学问题及其分析[J]. 中国基础科学,2009,11,71(05):64 – 70.

[50]　李涛,李爱芬,万凌琳,等. 中国微藻生物质能源专利技术分析[J]. 可再生能源,2012,(03):36 – 42.

[51]　孔亮亮,曾艳,于建荣. 从情报学角度看微藻生物能源研究进展[J]. 生命科学,2014,26(05):523 – 532.

[52]　Xu H，Miao X，Wu Q. High quality biodiesel production from a microalga Chlorella protothecoides by heterotrophic growth in fermenters [J]. J. Biotechnol. ，2006,126(4):499 – 507.

[53]　Miao X，Li P，Li R，et al. In situ biodiesel production from fast-growing and high oil content chlorella pyrenoidosa in rice straw hydrolysate [J]. J. Biomed. Biotechnol. ，

2011(1):141207.

[54] 国家能源局. 生物质能发展"十二五"规划[R]. 北京:国家能源局,2012. 7.

[55] Yan D, Dai J, Wu Q. Characterization of an ammonium transporter in the oleaginous alga Chlorella protothecoides [J]. Appl. Microbiol. Biotechnol. , 2013, 97 (2): 919 - 928.

[56] Li X, Xu H, Wu Q. Large-scale biodiesel production from microalga Chlorella protothecoides through heterotrophic cultivation in bioreactors [J]. Biotechnology & Bioengineering, 2007,98(4):764 - 771.

[57] Zhang Q H, Wu X, Xue S Z, et al. Study of hydrodynamic characteristics in tubular photobioreactors [J]. Bioprocess Biosystems Eng. , 2013,36(2):143 - 150.

[58] Liang K H, Zhang Q H, Gu M, et al. Effect of phosphorus on lipid accumulation in freshwater microalga Chlorella sp [J]. J. Appl. Phycol. , 2013,25(1):311 - 318.

[59] Wang Y, Chen T, Qin S. Heterotrophic cultivation of Chlorella kessleri for fatty acids production by carbon and nitrogen supplements [J]. Biomass & Bioenergy, 2012,47: 402 - 409.

[60] Wang Y, Liu Z Y, Qin S. Effects of iron on fatty acid and astaxanthin accumulation in mixotrophic Chromochloris zofingiensis [J]. Biotechnol. Lett. , 2013, 35 (3): 351 - 357.

[61] Liu T, Wang J, Hu Q, et al. Attached cultivation technology of microalgae for efficient biomass feedstock production [J]. Bioresour. Technol. , 2013, 127: 216 - 222.

[62] Chen Y, Wang J F, Liu T Z, et al. Effects of initial population density (IPD) on growth and lipid composition of Nannochloropsis sp [J]. J. Appl. Phycol. , 2012,24 (6):1623 - 1627.

[63] Han F F, Huang J K, Li Y G, et al. Enhancement of microalgal biomass and lipid productivities by a model of photoautotrophic culture with heterotrophic cells as seed [J]. Bioresour. Technol. , 2012,118:431 - 437.

[64] Fan J H, Huang J K, Li Y G, et al. Sequential heterotrophy-dilution-photoinduction cultivation for efficient microalgal biomass and lipid production [J]. Bioresour. Technol. , 2012,112:206 - 211.

[65] Li Y J, Fei X W, Deng X D. Novel molecular insights into nitrogen starvation—induced triacylglycerols accumulation revealed by differential gene expression analysis in green algae Micractinium pusillum [J]. Biomass & Bioenergy, 2012,42:199 - 211.

[66] Liang G B, Mo Y W, Tang J H, et al. Improve lipid production by pH shifted-strategy in batch culture of Chlorella protothecoides [J]. African Journal of Microbiology Research, 2011,5(28):5030 - 5038.

[67] Ma Q, Wang J X, Lu S H, et al. Quantitative proteomic profiling reveals

photosynthesis responsible for inoculum size dependent variation in Chlorella sorokiniana [J]. Biotechnol. Bioeng. , 2013,110(3):773 - 784.

[68] Zhang F, Cheng L H, Xu X H, et al. Technologies of microalgal harvesting and lipid extraction [J]. Progress in Chemistry, 2012,24(0):2062 - 2072.

[69] Feng G D, Cheng L H, Xu X H, et al. Strategies in genetic engineering of microalgae for high-lipid production [J]. Progress in Chemistry, 2012,24(7):1413 - 1426.

[70] Tang D H, Han W, Li P L, et al. CO_2 biofixation and fatty acid composition of Scenedesmus obliquus and Chlorella pyrenoidosa in response to different CO_2 levels [J]. Bioresour. Technol. , 2011,102(3):3071 - 3076.

[71] 黄雄超,牛荣丽.利用海洋微藻制备生物柴油的研究进展[J].海洋科学,2012,36(1): 108 - 116.

[72] 赵引德.新奥微藻制生物柴油中试成功[EB/OL]. (2008 - 12 - 12)http://www. ccin. com. cn/ccin/news/2008/12/12/59520. shtml.

[73] 章文.青岛生物能源过程所与波音公司进行藻类可持续航空生物燃料合作[J].石油炼制与化工,2010,8:030.

[74] 刘斌,陈大明,游文娟,等.微藻生物柴油研发态势分析[J].生命科学,2008,(06): 991 - 996.

[75] 张桂艳,温小斌,梁芳,等.重要理化因子对小球藻生长和油脂产量的影响[J].生态学报,2011,(08):2076 - 2085.

[76] Davis R, Fishman D, Frank E, et al. Renewable diesel from algal lipids: an integrated baseline for cost, emissions, and resource potential from a harmonized model [R]. Argonne National Laboratory Argonne, IL, 2012.

[77] Ehimen E A, Sun Z F, Carrington C G, et al. Anaerobic digestion of microalgae residues resulting from the biodiesel production process [J]. Applied Energy, 2011,88 (10):3454 - 3463.

[78] Liang Y. Producing liquid transportation fuels from heterotrophic microalgae [J]. Applied Energy, 2013,104:860 - 868.

[79] Wongluang P, Chisti Y, Srinophakun T. Optimal hydrodynamic design of tubular photobioreactors [J]. J. Chem. Technol. Biotechnol. , 2013,88(1):55 - 61.

[80] Yin S. The water footprint of biofilm cultivation of Haematococcus pluvialis is greatly decreased by using sealed narrow chambers combined with slow aeration rate [J]. Biotechnol. Lett. , 2015:1 - 9.

[81] Clark G J, Langley D, Bushell M E. Oxygen limitation can induce microbial secondary metabolite formation: Investigations with miniature electrodes in shaker and bioreactor culture [J]. Microbiology, 1995,141(3):663 - 669.

[82] Mata T M, Martins A A, Caetano N S. Microalgae for biodiesel production and other applications: A review [J]. Renewable and Sustainable Energy Reviews, 2010,14(1):

217－232.

[83] Walker D A. The Z-scheme—Down hill all the way [J]. Trends Plant. Sci. , 2002,7 (4):183－185.

[84] Walker D A. Biofuels, facts, fantasy, and feasibility [J]. J. Appl. Phycol. , 2009,21 (5):509－517.

[85] Sukenik A, Bennett J, Falkowski P. Light-saturated photosynthesis—Limitation by electron transport or carbon fixation [J]. BBA-Bioenergetics, 1987, 891 (3): 205－215.

[86] Wahidin S, Idris A, Shaleh S R M. The influence of light intensity and photoperiod on the growth and lipid content of microalgae Nannochloropsis sp [J]. Bioresour. Technol. , 2013,129:7－11.

[87] Van Wagenen J, Miller T W, Hobbs S, et al. Effects of light and temperature on fatty acid production in Nannochloropsis salina [J]. Energies, 2012,5(3):731－740.

[88] Park J B K, Craggs R J, Shilton A N. Wastewater treatment high rate algal ponds for biofuel production [J]. Bioresour. Technol. , 2010,102(1):32－42.

[89] Huesemann M H, Hausmann T S, Bartha R, et al. Biomass productivities in wild type and pigment mutant of cyclotella sp. (Diatom) [J]. Appl. Biochem. Biotechnol. , 2009,157(3):507－526.

[90] Bhola V, Desikan R, Santosh S K, et al. Effects of parameters affecting biomass yield and thermal behaviour of Chlorella vulgaris [J]. J. Biosci. Bioeng. , 2011,111(3): 377－382.

[91] A. R. CRC Handbook of Microalgal mass culture [M]. Florida: CRC Press, 1986.

[92] Illman A M, Scragg A H, Shales S W. Increase in Chlorella strains calorific values when grown in low nitrogen medium [J]. Enzyme Microb. Technol. , 2000,27(8): 631－635.

[93] Crowe B, Attalah S, Agrawal S, et al. A comparison of nannochloropsis salina growth performance in two outdoor pond designs: Conventional raceways versus the arid pond with superior temperature management [J]. International Journal of Chemical Engineering, 2012:1－9.

[94] Campbell P K, Beer T, Batten D. Greenhouse gas sequestration by algae-energy and greenhouse gas life cycle studies [C]. Proceedings of the 6th Australian Conference on Life Cycle Assessment, Melbourne, February, included as supporting documentation; last accessed 3rd June 2010. 2010.

[95] 朱笃,李元广,叶勤,等. CO_2 对转基因聚球藻 7942 生长、表达等的影响[J]. 水生生物学报,2004,(04):361－366.

[96] Yanfen L, Zehao H, Xiaoqian M. Energy analysis and environmental impacts of microalgal biodiesel in China [J]. Energy Policy, 2012,45:142－151.

［97］ 杨忠华,李方芳,曹亚飞,等.微藻减排 CO_2 制备生物柴油的研究进展[J].生物加工过程,2012,(01):70-76.

［98］ Kawata M, Nanba M, Matsukawa R, et al. Isolation and characterization of a green alga Neochloris sp. for CO_2 fixation [J]. Stud. Surf. Sci. Catal. , 1998,114:637-640.

［99］ Takagi M, Watanabe K, Yamaberi K, et al. Limited feeding of potassium nitrate for intracellular lipid and triglyceride accumulation of Nannochloris sp. UTEX LB1999 [J]. Appl. Microbiol. Biotechnol. , 2000,54(1):112-117.

［100］ Khozin-Goldberg I, Cohen Z. The effect of phosphate starvation on the lipid and fatty acid composition of the fresh water eustigmatophyte Monodus subterraneus [J]. Phytochemistry,2006,67(7):696-701.

［101］ Reitan K I, Rainuzzo J R, Olsen Y. Effect of nutrient limitation on fatty acid and lipid content of marine microalgae [J]. J. Phycol. , 1994,30(6):972-979.

［102］ Liu Z Y, Wang G C, Zhou B C. Effect of iron on growth and lipid accumulation in Chlorella vulgaris [J]. Bioresour. Technol. , 2008,99(11):4717-4722.

［103］ Batan L, Quinn J, Willson B, et al. Net Energy and Greenhouse Gas Emission Evaluation of Biodiesel Derived from Microalgae [J]. Environ Sci Technol, 2010,44(20):7975-7980.

［104］ Lardon L, Hélias A, Sialve B, et al. Life-cycle assessment of biodiesel production from microalgae [J]. Environ. Sci. Technol. , 2009,43(17):6475-6481.

［105］ Collet P, Héias A, Lardon L, et al. Life-cycle assessment of microalgae culture coupled to biogas production [J]. Bioresour. Technol. , 2011,102(1):207-214.

［106］ 高国栋,陆渝蓉,李怀瑾.我国最大可能蒸发量的计算和分布[J].地理学报,1978,33(2):102-111.

［107］ Sandbank E, van Vuuren L J. Microalgal harvesting by in situ autoflotation [J]. Water Sci. Technol. , 1987,19(12):385-387.

［108］ Chen G, Zhao L, Qi Y. Enhancing the productivity of microalgae cultivated in wastewater toward biofuel production: A critical review [J]. Applied Energy, 2015,137:282-291.

［109］ 郭锁莲,赵心清,白凤武.微藻采收方法的研究进展[J].微生物学通报,2015,(04):721-728.

［110］ 张海阳,匡亚莉,林喆.能源微藻采收技术研究进展[J].化工进展,2013,(09):2092-2098.

［111］ de Boer K, Moheimani N R, Borowitzka M A, et al. Extraction and conversion pathways for microalgae to biodiesel: A review focused on energy consumption [J]. J. Appl. Phycol. , 2012,24(6):1681-1698.

［112］ Chen C Y, Yeh K L, Aisyah R, et al. Cultivation, photobioreactor design and harvesting of microalgae for biodiesel production: A critical review [J]. Bioresour.

Technol. , 2011,102(1):71 – 81.

[113] Adam F, Abert-Vian M, Peltier G, et al. "Solvent-free" ultrasound-assisted extraction of lipids from fresh microalgae cells: A green, clean and scalable process [J]. Bioresour. Technol. , 2012,114:457 – 465.

[114] 万春,张晓月,赵心清,等.利用絮凝进行微藻采收的研究进展[J].生物工程学报, 2015,(02):161 – 171.

[115] Henderson R, Parsons S A, Jefferson B. The impact of algal properties and pre-oxidation on solid-liquid separation of algae [J]. Water Res. , 2008,42(8 – 9): 1827 – 1845.

[116] Heasman M, Diemar J, O'Connor W, et al. Development of extended shelf-life microalgae concentrate diets harvested by centrifugation for bivalve molluscs—a summary [J]. Aquacult. Res. , 2000,31(8 – 9):637 – 659.

[117] Dassey A J, Theegala C S. Harvesting economics and strategies using centrifugation for cost effective separation of microalgae cells for biodiesel applications [J]. Bioresour. Technol. , 2013,128:241 – 245.

[118] Zhang X Z, Hu Q, Sommerfeld M, et al. Harvesting algal biomass for biofuels using ultrafiltration membranes [J]. Bioresour. Technol. , 2010,101(14):5297 – 5304.

[119] Zou S, Gu Y S, Xiao D Z, et al. The role of physical and chemical parameters on forward osmosis membrane fouling during algae separation [J]. J. Membr. Sci. , 2010,366(1 – 2):356 – 362.

[120] M ackay D, Salusbury T. Choosing between centrifugation and crossflow microfiltration [J]. Chem. Eng. (London), 1988,(447):45 – 50.

[121] Sim T S, Goh A, Becker E W. Comparison of centrifugation, dissolved air flotation and drum filtration techniques for harvesting sewage-grown algae [J]. Biomass, 1988,16(1):51 – 62.

[122] 彭怡,王琳.气浮法在高含藻原水处理的研究和应用[J].天津化工,2007,(03):59 – 61.

[123] 曾文炉,李浩然,丛威,等.微藻细胞的气浮法采收[J].海洋通报,2002,(03):55 – 61.

[124] Lin Z, Kuang Y L, Leng Y W. Harvesting microalgae biomass by instant dissolved air flotation at batch scale [J]. Advanced Materials Research, 2011, 236 – 238: 146 – 150.

[125] 高莉丽,江怀真,刘天中.紫球藻溶气气浮法采收条件研究[J].中国海洋大学学报(自然科学版),2010,(11):62 – 66.

[126] Uduman N, Qi Y, Danquah M K, et al. Marine microalgae flocculation and focused beam reflectance measurement [J]. Chem. Eng. J. , 2010,162(3):935 – 940.

[127] Papazi A, Makridis P, Divanach P. Harvesting Chlorella minutissima using cell coagulants [J]. J. Appl. Phycol. , 2010,22(3):349 – 355.

[128] Knuckey R M, Brown M R, Robert R, et al. Production of microalgal concentrates

by flocculation and their assessment as aquaculture feeds [J]. Aquacult. Eng. , 2006,35(3):300 - 313.

[129] Ahmad A L, Mat Yasin N H, Derek C J C, et al. Optimization of microalgae coagulation process using chitosan [J]. Chem. Eng. J. , 2011,173(3):879 - 882.

[130] Beach E S, Eckelman M J, Cui Z, et al. Preferential technological and life cycle environmental performance of chitosan flocculation for harvesting of the green algae Neochloris oleoabundans [J]. Bioresour. Technol. , 2012,121:445 - 449.

[131] Poelman E, De Pauw N, Jeurissen B. Potential of electrolytic flocculation for recovery of micro-algae [J]. Resources, Conservation and Recycling, 1997,19(1): 1 - 10.

[132] Xiong Q, Pang Q, Pan X, et al. Facile sand enhanced electro-flocculation for cost-efficient harvesting of dunaliella salina [J]. Bioresour. Technol. , 2015, 187: 326 - 330.

[133] Erkelens M, Ball A S, Lewis D M. The influences of the recycle process on the bacterial community in a pilot scale microalgae raceway pond [J]. Bioresour. Technol. , 2014,157:364 - 367.

[134] Kim J, Ryu B G, Kim B K, et al. Continuous microalgae recovery using electrolysis with polarity exchange [J]. Bioresour. Technol. , 2012,111:268 - 275.

[135] U duman N, Bourniquel V, Danquah M K, et al. A parametric study of electrocoagulation as a recovery process of marine microalgae for biodiesel production [J]. Chem. Eng. J. , 2011,174(1):249 - 257.

[136] Gao S, Yang J, Tian J, et al. Electro-coagulation-flotation process for algae removal [J]. J. Hazard. Mater. , 2010,177(1 - 3):336 - 343.

[137] Erkelens M, Ball A S, Lewis D M. The influences of the recycle process on the bacterial community in a pilot scale microalgae raceway pond [J]. Bioresource Technol. , 2014,157(0):364 - 367.

[138] Lee A K, Lewis D M, Ashman P J. Microbial flocculation, a potentially low-cost harvesting technique for marine microalgae for the production of biodiesel [J]. J. Appl. Phycol. , 2009,21(5):559 - 567.

[139] Lee A K, Lewis D M, Ashman P J. Energy requirements and economic analysis of a full-scale microbial flocculation system for microalgal harvesting [J]. Chemical Engineering Research & Design, 2010,88(8A):988 - 996.

[140] Oh H M, Lee S J, Park M H, et al. Harvesting of Chlorella vulgaris using a bioflocculant from Paenibacillus sp. AM49 [J]. Biotechnol. Lett. , 2001,23(15): 1229 - 1234.

[141] Wan C, Zhao X Q, Guo S L, et al. Bioflocculant production from Solibacillus silvestris W01 and its application in cost-effective harvest of marine microalga

Nannochloropsis oceanica by flocculation [J]. Bioresour. Technol., 2013, 135: 207 - 212.

[142] Kim D G, La H J, Ahn C Y, et al. Harvest of Scenedesmus sp. with bioflocculant and reuse of culture medium for subsequent high-density cultures [J]. Bioresour. Technol., 2011, 102(3):3163 - 3168.

[143] Ndikubwimana T, Zeng X, He N, et al. Microalgae biomass harvesting by bioflocculation-interpretation by classical DLVO theory [J]. Biochem. Eng. J., 2015, 101:160 - 167.

[144] Guo S L, Zhao X Q, Wan C, et al. Characterization of flocculating agent from the self-flocculating microalga Scenedesmus obliquus AS - 6 - 1 for efficient biomass harvest [J]. Bioresour. Technol., 2013, 145:285 - 289.

[145] Liu J, Tao Y, Wu J, et al. Effective flocculation of target microalgae with self-flocculating microalgae induced by pH decrease [J]. Bioresour. Technol., 2014, 167: 367 - 375.

[146] Wagner S. Forces are hard at work with fast-growing algae [J]. Engineer, 2009, 294:6.

[147] Lee K, Lee S Y, Praveenkumar R, et al. Repeated use of stable magnetic flocculant for efficient harvest of oleaginous Chlorella sp. [J]. Bioresour. Technol., 2014, 167: 284 - 290.

[148] Xu L, Guo C, Wang F, et al. A simple and rapid harvesting method for microalgae by in situ magnetic separation [J]. Bioresour. Technol., 2011, 102 (21): 10047 - 10051.

[149] Buck A, Moore L R, Lane C D, et al. Magnetic separation of algae genetically modified for increased intracellular iron uptake [J]. J. Magn. Magn. Mater., 2015, 380:201 - 204.

[150] Cath T Y, Childress A E, Elimelech M. Forward osmosis: Principles, applications, and recent developments [J]. J. Membr. Sci., 2006, 281(1 - 2):70 - 87.

[151] Buckwalter P, Embaye T, Gormly S, et al. Dewatering microalgae by forward osmosis [J]. Desalination, 2013, 312:19 - 22.

[152] Kim S B, Paudel S, Seo G T. Forward osmosis membrane filtration for microalgae harvesting cultivated in sewage effluent [J]. Environmental Engineering Research, 2015, 20(1):99 - 104.

[153] Barrut B, Blancheton J P, Muller-Feuga A, et al. Separation efficiency of a vacuum gas lift for microalgae harvesting [J]. Bioresour. Technol., 2013, 128:235 - 240.

[154] Ansari F A, Shriwastav A, Gupta S K, et al. Lipid extracted algae as a source for protein and reduced sugar: A step closer to the biorefinery [J]. Bioresour. Technol., 2015, 179:559 - 564.

[155] 贺赐安,余旭亚,赵鹏,等.微藻油脂提取方法研究进展[J].中国油脂,2012,(08): 16 – 20.

[156] Gunerken E, D'Hondt E, Eppink M H M, et al. Cell disruption for microalgae biorefineries [J]. Biotechnol. Adv., 2015,33(2):243 – 260.

[157] Postma P R, Miron T L, Olivieri G, et al. Mild disintegration of the green microalgae Chlorella vulgaris using bead milling [J]. Bioresour. Technol., 2015, 184:297 – 304.

[158] Safi C, Camy S, Frances C, et al. Extraction of lipids and pigments of Chlorella vulgaris by supercritical carbon dioxide: influence of bead milling on extraction performance [J]. J. Appl. Phycol., 2014,26(4):1711 – 1718.

[159] Günerken E, Gonzalez L G, Elst K, et al. Disruption of neochloris oleabundans by bead milling asthe first step in the recovery of intracellular metabolites [J]. Curr. Opin. Biotechnol., 2013,24,Supplement 1 (0):S43.

[160] 杨兰琴,黄日昌.高速均质机[J].上海化工,1993,(01):25 – 27.

[161] Samarasinghe N, Fernando S. Effect of high pressure homogenization on aqueous phase solvent extraction of lipids from Nannochloris Oculata [C]. American Society of Agricultural and Biological Engineers Annual International Meeting 2011, ASABE 2011.

[162] Samarasinghe N, Fernando S, Lacey R, et al. Algal cell rupture using high pressure homogenization as a prelude to oil extraction [J]. Renewable Energy, 2012,48: 300 – 308.

[163] Halim R, Harun R, Danquah M K, et al. Microalgal cell disruption for biofuel development [J]. Applied Energy, 2012,91(1):116 – 121.

[164] Dos Santos R R, Moreira D M, Kunigami C N, et al. Comparison between several methods of total lipid extraction from Chlorella vulgaris biomass [J]. Ultrason. Sonochem., 2015,22:95 – 99.

[165] Horváth H, Kovács A W, Riddick C, et al. Extraction methods for phycocyanin determination in freshwater filamentous cyanobacteria and their application in a shallow lake [J]. Eur. J. Phycol., 2013,48(3):278 – 286.

[166] 章文.一种生产微藻生物柴油的脉冲电场预处理技术[J].石油炼制与化工,2011, (05):56.

[167] Qin S, Timoshkin I V, Maclean M, et al. Pulsed Electric Field Treatment of Microalgae: Inactivation Tendencies and Energy Consumption [J]. Ieee Transactions on Plasma Science, 2014,42(10):3191 – 3196.

[168] Parniakov O, Barba F J, Grimi N, et al. Pulsed electric field and pH assisted selective extraction of intracellular components from microalgae Nannochloropsis [J]. Algal Research-Biomass Biofuels and Bioproducts, 2015,8:128 – 134.

[169] Goettel M, Eing C, Gusbeth C, et al. Pulsed electric field assisted extraction of intracellular valuables from microalgae [J]. Algal Research-Biomass Biofuels and Bioproducts, 2013,2(4):401 – 408.

[170] E ing C, Goettel M, Straessner R, et al. Pulsed Electric Field Treatment of Microalgae-Benefits for Microalgae Biomass Processing [J]. IEEE Transactions on Plasma Science, 2013,41(10):2901 – 2907.

[171] Rakesh S, Dhar D W, Prasanna R, et al. Cell disruption methods for improving lipid extraction efficiency in unicellular microalgae [J]. Eng. Life Sci. , 2015,15(4):443 – 447.

[172] L ee I, Han J I. Hydrothermal-acid treatment for effectual extraction of eicosapentaenoic acid （EPA）—abundant lipids from Nannochloropsis salina [J]. Bioresour. Technol. , 2015,191:1 – 6.

[173] Park J Y, Choi S A, Jeong M J, et al. Changes in fatty acid composition of Chlorella vulgaris by hypochlorous acid [J]. Bioresour. Technol. , 2014,162:379 – 383.

[174] Karray R, Hamza M, Sayadi S. Evaluation of ultrasonic, acid, thermo-alkaline and enzymatic pre-treatment on anaerobic digestion of Ulva rigida for biogas production [J]. Bioresour. Technol. , 2015,187:205 – 213.

[175] Fu C C, Hung T C, Chen J Y, et al. Hydrolysis of microalgae cell walls for production of reducing sugar and lipid extraction [J]. Bioresour. Technol. , 2010,101 (22):8750 – 8754.

[176] Chen C Y, Bai M D, Chang J S. Improving microalgal oil collecting efficiency by pretreating the microalgal cell wall with destructive bacteria [J]. Biochem. Eng. J. , 2013,81:170 – 176.

[177] Bligh E G, Dyer W J. A rapid method of total lipid extraction and purification [J]. Canadian Journal of Biochemistry and Physiology, 1959,37(8):911 – 917.

[178] 殷海,许瑾,王忠铭,等.利用有机溶剂提取微藻油脂的方法探究[J].化工进展,2015, (05):1291 – 1294,1306.

[179] 张芳,程丽华,徐新华,等.能源微藻采收及油脂提取技术[J].化学进展,2012,(10): 2062 – 2072.

[180] Mulbry W, Kondrad S, Buyer J, et al. Optimization of an oil extraction process for algae from the treatment of manure effluent [J]. Journal of the American Oil Chemists' Society, 2009,86(9):909 – 915.

[181] Fajardo A R, Cerdán L E, Medina A R, et al. Lipid extraction from the microalga Phaeodactylum tricornutum [J]. Eur. J. Lipid Sci. Technol. , 2007, 109 (2): 120 – 126.

[182] Balasubramanian S, Allen J D, Kanitkar A, et al. Oil extraction from Scenedesmus obliquus using a continuous microwave system—design, optimization, and quality

characterization [J]. Bioresour. Technol. , 2011,102(3):3396 – 3403.

[183] Sathish A, Smith B R, Sims R C. Effect of moisture on in situ transesterification of microalgae for biodiesel production [J]. J. Chem. Technol. Biotechnol. , 2014,89 (1):137 – 142.

[184] Cooney M, Young G, Nagle N. Extraction of bio-oils from microalgae [J]. Separation and Purification Reviews, 2009,38(4):291 – 325.

[185] Cheng C H, Du T B, Pi H C, et al. Comparative study of lipid extraction from microalgae by organic solvent and supercritical CO₂[J]. Bioresour. Technol. , 2011, 102(21):10151 – 10153.

[186] Crampon C, Mouahid A, Toudji S A A, et al. Influence of pretreatment on supercritical CO₂ extraction from Nannochloropsis oculata [J]. J. Supercrit. Fluids, 2013,79:337 – 344.

[187] Liau B C, Shen C T, Liang F P, et al. Supercritical fluids extraction and anti-solvent purification of carotenoids from microalgae and associated bioactivity [J]. J. Supercrit. Fluids, 2010,55(1):169 – 175.

[188] Hu Q, Pan B, Xu J, et al. Effects of supercritical carbon dioxide extraction conditions on yields and antioxidant activity of Chlorella pyrenoidosa extracts [J]. J. Food Eng. , 2007,80(4):997 – 1001.

[189] Santana A, Jesus S, Larrayoz M A, et al. Supercritical carbon dioxide extraction of algal lipids for the biodiesel production [C]. Procedia Engineering, 2012.

[190] Kwon M H, Yeom S H. Optimization of one-step extraction and transesterification process for biodiesel production from the marine microalga Nannochloropsis sp. KMMCC 290 cultivated in a raceway pond [J]. Biotechnology and Bioprocess Engineering, 2015,20(2):276 – 283.

[191] Xu X M, Fan Z X, Shen Y. Current research and perspectives of lipid extraction from wet microalgae [C]. In Advanced Materials Research, 2014, 1004 – 1005: 873 – 876.

[192] 于陶. 湿藻微波一步法制生物柴油以及藻渣水热反应制生物油研究[D]. 杭州:浙江大学,2013.

[193] Lu Y, Levine R B, Savage P E. Fatty acids for nutraceuticals and biofuels from hydrothermal carbonization of microalgae [J]. Ind. Eng. Chem. Res. , 2015,54 (16):4066 – 4071.

[194] 陈闽,陈晓琳,刘天中,等. 不同亚临界溶剂从微拟球藻湿藻泥中提取油脂[J]. 过程工程学报,2011,(03):380 – 385.

[195] 吴谋成. 生物柴油[M]. 北京:化学工业出版社,2008.

[196] 彭宝祥,舒庆,王光润,等. 酸催化酯化法制备生物柴油动力学研究[J]. 化学反应工程与工艺,2009,(03):250 – 255.

[197] Encinar J M, González J F, Rodríguez-Reinares A. Biodiesel from used frying oil. Variables affecting the yields and characteristics of the biodiesel [J]. Ind. Eng. Chem. Res., 2005,44(15):5491 – 5499.

[198] Azcan N, Yilmaz O. Energy consumption of biodiesel production from microalgae oil using homogeneous and heterogeneous catalyst [C]. In Lecture Notes in Electrical Engineering, 2014,247:651 – 664.

[199] Teo S H, Islam A, Yusaf T, et al. Transesterification of Nannochloropsis oculata microalga's oil to biodiesel using calcium methoxide catalyst [J]. Energy, 2014,78: 63 – 71.

[200] 万益琴,王应宽,林向阳,等. 微波裂解海藻快速制取生物燃油的试验[J]. 农业工程学报,2010,(01):295 – 300.

[201] Sani Y M, Daud W M A W, Abdul Aziz A R. Solid acid-catalyzed biodiesel production from microalgal oil—The dual advantage [J]. Journal of Environmental Chemical Engineering, 2013,1(3):113 – 121.

[202] 山文斌,董秀芹,张敏华. 非均相法催化制备生物柴油的最新研究进展[J]. 化工进展, 2013,(06):1261 – 1266,1277.

[203] Ma G, Hu W, Pei H, et al. In situ heterogeneous transesterification of microalgae using combined ultrasound and microwave irradiation [J]. Energy Convers. Manage., 2015,90:41 – 46.

[204] Park J Y, Park M S, Lee Y C, et al. Advances in direct transesterification of algal oils from wet biomass [J]. Bioresour. Technol., 2015,184(0):267 – 275.

[205] Kim S S, Ly H V, Kim J, et al. Pyrolysis of microalgae residual biomass derived from Dunaliella tertiolecta after lipid extraction and carbohydrate saccharification [J]. Chem. Eng. J., 2015,263:194 – 199.

[206] Chen H, Zhou D, Luo G, et al. Macroalgae for biofuels production: Progress and perspectives [J]. Renewable and Sustainable Energy Reviews, 2015, 47 (0): 427 – 437.

[207] Muñoz R, Navia R, Ciudad G, et al. Preliminary biorefinery process proposal for protein and biofuels recovery from microalgae [J]. Fuel, 2015,150:425 – 433.

[208] Viêgas C V, Hachemi I, Freitas S P, et al. A route to produce renewable diesel from algae: Synthesis and characterization of biodiesel via in situ transesterification of Chlorella alga and its catalytic deoxygenation to renewable diesel [J]. Fuel, 2015, 155:144 – 154.

[209] Jazzar S, Quesada-Medina J, Olivares-Carrillo P, et al. A whole biodiesel conversion process combining isolation, cultivation and in situ supercritical methanol transesterification of native microalgae [J]. Bioresour. Technol., 2015, 190: 281 – 288.

[210] Kim B, Im H, Lee J W. In situ transesterification of highly wet microalgae using hydrochloric acid [J]. Bioresour. Technol. , 2015,185:421 – 425.

[211] Choi W Y, Kang D H, Lee S Y, et al. High quality biodiesel from marine microalga, Scenedesmus sp. through in situ acid transesterification [J]. J. Chem. Technol. Biotechnol. , 2015,90(7):1245 – 1252.

[212] Aransiola E F, Ojumu T V, Oyekola O O, et al. A review of current technology for biodiesel production: State of the art [J]. Biomass Bioenergy, 2014, 61 (0): 276 – 297.

[213] Gog A, Roman M, Toa M, et al. Biodiesel production using enzymatic transesterification—current state and perspectives [J]. Renewable Energy, 2012,39 (1):10 – 16.

[214] Szczesna Antczak M, Kubiak A, Antczak T, et al. Enzymatic biodiesel synthesis— Key factors affecting efficiency of the process [J]. Renewable Energy, 2009,34(5): 1185 – 1194.

[215] Kaieda M, Samukawa T, Matsumoto T, et al. Biodiesel fuel production from plant oil catalyzed by Rhizopus oryzae lipase in a water-containing system without an organic solvent [J]. J. Biosci. Bioeng. , 1999,88(6):627 – 631.

[216] Fukuda H, Kondo A, Noda H. Biodiesel fuel production by transesterification of oils [J]. J. Biosci. Bioeng. , 2001,92(5):405 – 416.

[217] Koh M Y, Mohd. Ghazi T I. A review of biodiesel production from Jatropha curcas L. oil [J]. Renewable and Sustainable Energy Reviews, 2011,15(5):2240 – 2251.

第3章 车用燃料生命周期评价发展

3.1 生命周期评价概念

3.1.1 概念与内涵

生命周期评价(life cycle assessment，LCA)思想的萌芽最早出现于20世纪60年代末,它贯穿产品生命周期全过程("摇篮到坟墓")——从获取原材料、生产、使用直至最终处置的环境因素及其潜在影响的研究。经过30多年的发展,生命周期评价已经发展成为一种全面完整的环境管理和分析工具,强调从研究产品或服务的全生命周期来分析和评价其对环境的影响。生命周期评价可以帮助人们对所从事的各类活动的资源消耗和环境影响有一个彻底、全面、综合的了解,以便寻求机会采取对策,减轻对环境的影响。

环境毒理学与化学学会(Society of Environmental Toxicology and Chemistry，SETAC)在1990年首次主持召开了有关生命周期评价的国际研讨会,提出了生命周期评价的概念,并于1993年制订了生命周期评价大纲,目前依然是国际学术界和工业界开展生命周期评价工作的主要指南。SETAC将生命周期评价的基本结构归纳为定义目标与确定范围、清单分析、影响评价和改善评价四个相互联系的部分,如图3-1所示。

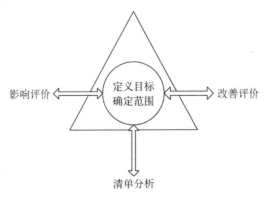

图3-1 SETAC生命周期评价框架

1）目标定义和范围界定

目标定义即明确了开展此项生命周期分析的目的、原因和研究结果可能应用的领域。研究范围的界定应保证能满足研究目的，包括定义所研究的系统、确定系统边界、说明数据要求、指出重要假设和限制等。目标定义与范围界定是开展生命周期评价的第一步，它对整个评价工作的进行有直接的影响。

2）清单分析

清单分析是对一种产品、工艺或活动在整个生命周期内的能量与原材料需要量以及对环境的排放进行以数据为基础的客观量化过程。该分析评价贯穿于产品的整个生命周期，即原材料的提取、加工、运输、制造销售、使用和后处理等。清单分析是整个 LCA 评估过程中工作量最大，同时也是最关键的一个过程。

3）影响评价

影响评价是对清单分析阶段所识别的环境影响压力进行定量或定性的表征评价，即确定产品系统物质和能量交换对其外部环境造成的影响。这种评价应考虑对气候变化、生态系统、人体健康等方面的影响。

4）改善评价

改善评价是系统评估该产品或活动在其整个生命周期内减少能源消耗、原料使用以及降低环境影响的需求与机会。改善评价同样包括定性或定量的改进措施，如改变原材料使用方式、改变产品结构、改变制造工艺、改变消费方式以及完善废弃物管理等。

国际标准化组织（International Organization for Standardization，ISO）于 1997 年颁布了 ISO14040 系列标准，在原来 SETAC 框架基础上作了一些改动，成为指导企业界进入 ISO14000 环境管理的一个国际标准。当时发布的标准包括：ISO14040《环境管理-生命周期评价-原则与框架》（1997 年），ISO14041《环境管理-生命周期评价-目的与范围的确定和清单分析》（1998 年），ISO14042《环境管理-生命周期评价-生命周期影响评价》（2000 年）和 ISO14042《环境管理-生命周期评价-生命周期解释》（2000 年）[1]。总的来看，ISO 将生命周期评价分为互相联系和不断重复进行的四个步骤：目的与范围的确定、清单分析、影响评价和解释，如图 3 - 2 所示。ISO

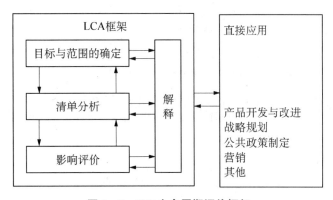

图 3 - 2　ISO 生命周期评价框架

对 SETAC 技术框架的一个重要改动是去掉了改善评价阶段,主要是因为 ISO 认为改善是开展生命周期评价的目的,而不是其本身所必需的;同时又增加了结果解释阶段,对前三个相互联系的步骤进行解释,这种解释是双向的、需要不断进行调整。我国也从 1999 年开始颁布了相应的四项生命周期评价国家标准,如表 3-1 所示。我国发布的几项生命周期评价相关标准均是以 ISO 发布的标准为准则。近几年,中国也在积极推进有关交通领域使用低碳燃料的生命周期评价规范。

生命周期评价从系统的角度考虑问题,有助于人们更加全面地认识、评估和改进产品。当今世界,人类的可持续发展已成为世界的主题,我国正开始推广循环经济和清洁生产的理念,所以,在可预见的将来,生命周期评价极有可能成为产品评估的主流思想和工具。随着石油资源的日益紧缺,替代能源的应用范围逐步扩大,对替代能源开展生命周期研究,为更进一步的应用和决策提供依据。它可以在下列几方面帮助企业或政府:①认识、改进产品生命周期各个阶段的资源消耗以及生态影响等;②政府或企业的决策(如战略规划、对产品或过程的改进、优化等);③企业营销(如生态标志计划或产品环境宣言)等。

表 3-1　生命周期评价相关标准

	标准号	标　题	时间	备注
ISO	ISO14040	《生命周期评价原则与框架》	1997	已被替代
	ISO14041	《生命周期评价:目标域范围的确定及清单分析》	1998	已被替代
	ISO14042	《生命周期评价:生命周期影响评价》	2000	已被替代
	ISO14043	《生命周期评价:生命周期解释》	2000	已被替代
	ISO14049	《生命周期评价:ISO14041 的应用范例》	2000	
	ISO14048	《生命周期评价:数据文件格式》	2002	
	ISO14047	《生命周期评价:ISO14042 的应用范例》	2003	
	ISO14040	《环境管理　生命周期评价　原则与框架》	2006	
	ISO14044	《环境管理　生命周期评价　要求与指南》	2006	
	ISO14064—1	《温室气体　第一部分:在组织层面温室气体排放和移除的量化和报告指南性规范》	2006	
	ISO14064—2	《温室气体　第二部分:在项目层面温室气体排放减量和移除增量的量化、监测和报告指南性规范》	2006	

（续表）

标准号	标　题	时间	备注
ISO14064—3	《温室气体　第三部分:有关温室气体声明审定和核证指南性规范》	2006	
ISO14065	《温室气体　温室气体审定和核证机构要求》	2007	
ISO14066	《温室气体　温室气体检验组和确认组的能力要求》	2011	
GB/T24040	《环境管理　生命周期评价　原则与框架》	1999	
GB/T24041	《环境管理　生命周期评价　目的与范围的确定和清单分析》	2000	
GB/T24042	《环境管理　生命周期评价　生命周期影响评价》	2002	
GB/T24043	《环境管理　生命周期评价　生命周期解释》	2002	
GB/T24044	《环境管理　生命周期评价　要求与指南》	2008	
报批稿	《交通燃料使用前各生命周期阶段温室气体排放的评价原则和要求》	2010	
报批稿	《交通燃料使用前各生命周期阶段温室气体报告与核查要求》	2010	

注：表格最左列为"中国"，对应 GB/T24040 至报批稿各行。

3.1.2　分析指标

生命周期评价是公认的一种对某种产品或系统在其生命周期内的净能量消耗和环境排放进行量化分析和评估的重要方法。对于某种产品或服务的生命周期环境影响,可以将其分为资源影响和环境影响。其中,资源影响主要包括能源资源影响、水资源影响等;环境影响分为全球变暖、臭氧层破坏、光化学烟雾、酸化、大气质量以及水体富营养化等。

在对一种产品或某个系统进行生命周期影响评价之前,首先需要对具体影响类型进行确定。在确定影响评价类型时也要保持一致性、完整性和独立性,即要与预先定义的研究目的和范围相一致。同时也要将不同影响类别的影响程度加以区分,保证其独立性,也要保证研究过程可操作。不同的影响类型对资源和环境所带来的影响是不一样的。并且,这些影响可以是区域性的,也可以是全球性的,如温室气体引起的全球变暖。

1) 清单数据归类

将清单分析中得到的数据通过清单数据归类归到不同的具体影响类型中。清单数据归类是依据相关环境影响过程的科学分析而对其进行定性分析,通过这一步骤找出与清单分析中输入、输出数据相关联的环境影响。在清单分析输出数据中,有的输出对不同的影响类型都有影响,如果产生的环境影响是相互独立的,则同时归入。例如,可以把NO_x同时归入富营养化、酸化和臭氧形成。图3-3列举了几种相关的生命周期数据归类。

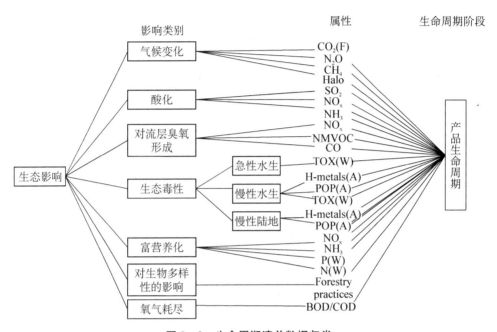

图3-3　生命周期清单数据归类

2) 定量特征化

待清单数据归类后,还需对各个环节影响类型进行定量特征化,即选择一种衡量影响的方式,通过特定的评估工具,将不同的负荷或排放因子在各形态环节问题中的影响加以分析,并量化成相同的形态或是同单位的大小。特征化过程应以相关环境过程的科学分析为基础。

如果以I_i表示影响类别i的定量特征化结果,那么有

$$I_i = \sum_{j=1}^{m} C_{i,j} \times X_j, \quad i = 1, \cdots, n \tag{3-1}$$

式中,$C_{i,j}$为影响类别i中排放j的特征因子;X_j为排放j的数量。

以酸化和气候变化(全球变暖)为例说明具体影响的特征化过程。酸化是指SO_2、NO_x等酸性气体排入高空,被雨雪冲刷、溶解,形成酸雾、酸雨等酸性物质进入土壤、湖泊等,导致土壤、河湖酸化,影响植物生长、鱼类生长繁殖,腐蚀建筑物和文物古迹,并危及人体健康。常见的可引起酸化的气体有SO_2、SO_x、NO_x以及H_2S等。SO_2是一种无色、具有刺激性臭味的气体,它往往与飘浮的灰尘结

合在一起进入人体，与水生成 H_2SO_3 和 H_2SO_4，对黏膜直接产生强烈的刺激作用，SO_2、H_2S 等硫氧化物遇水汽还将生成具有腐蚀性的酸雨、酸雾，其危害比 SO_2 大 10 倍，不仅对人体、生物危害严重，还对建筑物表面产生强烈的腐蚀作用[2]。

在衡量酸化程度的大小时，可用环境影响因子的酸化潜值（acid potential，AP）来表示，通常以 SO_2 为参考物（系数为 1.0）进行计算，SO_x、NO_x 以及 H_2S 的酸化系数分别是 2、0.7 和 1.88。某一产品或系统生命周期排放的酸化潜值总和是相关环境影响因子排放与 AP 系数乘积的和。计算公式如下：

$$AP = \sum_i \delta_i \times EM_{AP_i} \qquad (3-2)$$

式中，δ_i 为第 i 种酸化排放的 AP 系数；EM_{AP_i} 为单分析中每功能单位第 i 种酸化影响因子的排放量。

全球变暖是由于人类活动排放的温室气体进入大气后，对来自太阳辐射的可见光具有高度透过性，而对地球发射出来的长波辐射具有高度吸收性，并能强烈吸收地面辐射中的红外线，从而导致地球温度上升，即为温室效应。能产生温室效应的气体有很多种，《京都议定书》中规定，控制的 6 种温室气体包括 CO_2、CH_4、N_2O、HFCs、PFCs 以及 SF_6。衡量温室气体引起的影响程度通常用全球变暖潜值（global warming potential，GWP），计算公式如下：

$$GWP = \sum_i \phi_i \times EM_{GWP_i} \qquad (3-3)$$

式中，ϕ_i 为第 i 种酸化排放的 GWP 系数，温室气体的 GWP 系数可依据 IPCC 公布的各种温室气体 GWP 值，例如 CO_2、CH_4、N_2O 三种温室气体的 GWP 系数分别为 1、21、310[3]；EM_{GWP_i} 为清单分析中每功能单位第 i 种温室气体的排放量。

3）环境影响量化

将各类环境影响因素特征化后，由于每个影响具有不同的功能单元，因此，需要将这些结果进行统一量化，以消除各自在量纲和量级上的差异。通常，量化公式采用如下：

$$N_i = \frac{C_i}{S_i} \qquad (3-4)$$

式中，N_i 为第 i 类具体影响类型标准化结果；C_i 为第 i 类具体影响类型特征化结果；S_i 为第 i 类具体影响类型标准化基准值。

对某一产品或系统中的各具体影响类型特征化结果进行标准化处理，应当保证标准化后的结果不影响原有结果的性质。一般情况下，标准化基准可以选择为全球、全国或某一地区的资源消耗、环境排放总量或均量数据，例如，资源人均占有量、人均排放量等。

3.2 生命周期评价发展历程

生命周期评价是近年来面向产品的新的环境管理工具和预防性的环境保护手段，往往用于评价工业过程对资源利用和环境的影响[4]。它可以帮助人们对所从事各类活动的资源消耗和环境影响有一个彻底、全面、综合的了解，以便寻求机会采取对策，减轻对环境的影响。与许多理论和方法的发展过程相似，生命周期评价在过去 30 多年的发展历程中，经历了思想萌芽、学术讨论和迅速发展三个阶段。

1）思想萌芽阶段

生命周期评价最早出现于 20 世纪 60 年代末至 70 年代初美国开展的一系列包装品分析和评价，称为资源与环境状况分析（resources and environmental profile analysis，REPA），研究焦点在于包装品和废弃物问题[5]。当时，全球爆发了石油危机，人们意识到资源和能源的有限性，开始关注资源与能源的节约问题，最初 LCA 主要集中在分析产品的能源和资源消耗。1969 年，美国中西部资源研究所开展的可口可乐公司饮料包装评价研究[5]，被认为是生命周期评价研究的开始标志。该研究旨在从最初的原材料采掘到最终的废弃物处理，进行全过程的跟踪与定量分析一次性塑料瓶和可回收玻璃瓶两方案对资源、能源和环境的影响，即 REPA 方法[1]。与此同时，美国还开展了 50 多项其他领域的 REPA 研究，欧洲一些国家也相继开展了类似的研究，如瑞典的 Sundstrom 公司、英国的 BOUSTEAD 咨询公司等，该阶段的主要特征是以产品包装的废弃物为研究对象，属于工业企业的内部决策行为。

2）学术探讨阶段

20 世纪 70 年代中期到 80 年代末期，各国政府开始积极支持并参与 REPA 的研究，使得生命周期评价方法得到了较好的发展。这一时期，除能源资源以外的环境问题逐渐进入人们的视野，LCA 方法因而被进一步扩展到研究废物管理以及能源分析与规划。早期的事例之一是美国国家科学基金的国家需求研究计划，该项目采用类似于清单分析的"物料—过程—产品"模型，对玻璃、聚乙烯和聚氯乙烯等包装材料生产过程所产生的废物进行比较与分析。然而，在这期间 REPA 案例研究经历了低潮期，企业界几乎放弃了这方面的研究，主要是因为当时缺乏统一的研究方法，加上所需要的数据常常无法得到，对不同的产品采取不同的分析步骤，同类产品的评价程序和数据也不尽相同，无法解决许多现实问题，这就导致工业界对生命周期评价的研究兴趣逐渐下降。但在学术界，LCA 的方法论研究仍在有条不紊地进行。欧洲和美国的一些研究和咨询机构依据 REPA 的思想进一步发展了废弃物管理的方法论，更深入地研究环境排放和资源消耗的潜在影响，如瑞士联邦

"材料测试与研究实验室"开展了有关包装材料的项目研究,首次采用了健康标准评估系统,后来发展为临界体积方法;英国的 BOUSTEAD 咨询公司针对清查分析方法做了大量研究,奠定了著名的 BOUSTEAD 模型的理论基础。

3) 迅速发展阶段

20 世纪 90 年代以后,随着全球环境问题的日益严重和环保意识的加强以及可持续发展观念的普及,大量的 REPA 研究重新开始,涉及研究机构、管理部门、工业企业和消费者。由于所分析的产品和系统越来越复杂,就需要对 REPA 的方法进行研究和统一。在欧洲和美国环境毒理及化学协会(Society of Environmental Toxicology and Chemistry,SETAC)以及欧洲生命周期评价发展促进委员会(Society for Promotion of Life-cycle Assessment Development,SPOLD)等的大力推动下,LCA 的方法论逐渐得到完善,并被国际标准化组织(International Organization for Standardization,ISO)引入且建立了 ISO14040 系列标准[6, 7]。

至此,LCA 经过 30 多年的发展,已进入成熟应用阶段,也出现了许多用于评价产品的 LCA 模型和数据库。包括 the Boustead Model、Life Cycle Interactive Modeling System(LIMS)、Pira Environmental Management System(PEMS)、GaBi、Umberto、Cumpan、EcoPro、Pre-LCA、Resource and Environmental Profile Analysis Query(REPAQ)、GREET、SimaPro、Total、EcoManager、TEAM™、Comprehensive Least Emissions Analysis(CLEAN)、ECOPACK2000、KCL-ECO、LCA Inventory Tool(LCAiT)、ProductImprovement Analysis(PIA)、TEA 2.0、Total Emission Model for Integrated Systems(TEMIS)等[8]。其中最有代表性的商业综合性软件是 SimaPro[9] 及 GaBi,两者的共同特点是数据库丰富,涵盖信息广,可用于多种产品的评估,并在世界各地设立了商业化的技术支持服务团队,主要面向企业和政府部门。SimaPro 软件是由荷兰 Leiden 大学于 1990 年开发出来,现今已发展至 Simapro 8 的版本,被研究者广泛应用于多个领域[10-16]。GaBi 是德国 PE - INTERNATIONAL 公司开发的软件,主要用于企业碳核算、低碳企业评估、工业生态设计、清洁生产、产品生命周期评价等[17-19]。免费的 LCA 评价工具以美国阿贡国家实验室的 GREET 模型为代表,它包括车用燃料循环[20] 及汽车循环[21] 两个模型,并用该模型对汽车替代燃料进行了大量的案例研究[22-24],该模型也被诸多研究者广泛采用[25-27]。GREET 模型使用方便,应用者可以通过软件提供的 GUI 交互界面进行参数设定,或直接在 EXCEL 数据表中输入相关数据,对于一些复杂的技术参数,GREET 模型中也提供了美国情况下的默认数值。GREET 模型的第一款软件 GREET 1.0 于 1996 年 1 月发布。之后,该软件经历了 GREET 1.5、GREET 1.7、GREET 1.8 等版本。2011 年 10 月,ANL 发布了最新的 GREET 2011 版本,该版本中增加了微藻制生物柴油等新型燃料路线,其数据内容也得到了极大的丰富与完善。2014 年,GREET 2014 版本正式发布。除此之外,较有影响力的

LCA 数据库还有 LEM[28, 29]、EIO - LCA[30, 31]、GHGenius[32, 33]、TRACI[34, 35] 等模型。LCA 在许多工业行业中取得了很大成功,并在决策制订过程中发挥重要的作用,已经成为产品环境特征分析和决策支持的有力工具。

3.3 车用燃料生命周期评价

3.3.1 车用燃料生命周期评价概念

车用燃料的生命周期是指车用燃料从原料的开采,经过加工转换和运输,到最终消耗完毕的一个过程。

一般来说,车用燃料的生命周期可归纳为燃料上游、燃料使用(车辆运行)和车辆制造与处理三个部分,或者燃料与车辆两个循环,这两个循环通过车辆运行阶段产生联系,如图 3 - 4 所示[1]。目前,关于车用替代燃料的生命周期研究主要集中在燃料循环,这主要是因为大多数替代燃料车方案还处于试制或小规模应用阶段,有的甚至停留在研究阶段,由于规模效应尚未体现,所以很难估算车辆的生产、运行、维护与报废回收所产生的影响。因此,本书将重点针对燃料循环进行分析和研究。

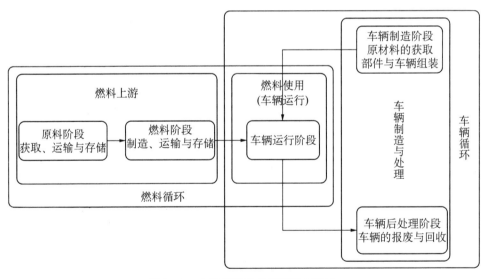

图 3 - 4　车用燃料生命周期阶段划分

典型的车用燃料生命周期研究,首先应该确定研究范围,主要包括系统边界、系统的输入与输出和功能单位的设定。然后需要根据清单分析的结果对环境的潜在影响进行评价和解释。对车用燃料进行影响评价时,一般会考虑燃料的使用对资源消耗和环境的各种影响。最后则是根据生命周期评价的结果来改进系统,并分析系统的改进程度。

3.3.2　早期车用燃料生命周期评价研究工作

车用燃料生命周期的研究最早出现在西方发达国家,尤其是北美和欧洲,这是因为发达国家的交通能源消耗巨大,相应对环境的影响也较大,而公众的环保呼声日益高涨,这些因素都促进了生命周期评价思想的研究与应用。比较系统和全面的车用燃料生命周期研究始于 20 世纪 90 年代初。Delucchi[28, 29]在 1991 年初步建立了多种运输工具和电力生产所使用燃料的生命周期温室气体排放评估模型。该项研究发现:以煤为原料的燃料通常会增加温室气体排放;以天然气为原料的各种燃料路线温室气体排放从多到少依次为天然气制甲醇、压缩天然气、液化天然气、天然气发电;由木材制得的乙醇可显著减少温室气体排放;玉米生产乙醇可导致 GHG 排放增加;核能发电或制氢能够极大降低温室气体排放。

美国国家可再生能源实验室(National Renewable Energy Laboratory, NREL)在 1991 年对重组汽油(reformulated gasoline, RFG)、含 10% 体积乙醇的汽油(E10)和含 95% 体积乙醇的汽油(E95)的生命周期排放物进行了研究和比较[36, 37]。该研究选取了五个具有不同气候地区的生物质和另一个地区的固体废弃物(municipal solid waste, MSW)作为乙醇的原料来源。结果表明:与 RFG 路线相比,由 MSW 制得乙醇所形成的 E10 的生命周期排放几乎没有变化,主要是因为 E10 的主要成分仍然是汽油;由生物质制得的乙醇所形成的 E95 能够大幅降低 CO_2 排量 90%～96%,也可以大幅降低 NO_x、SO_2 和 PM 排放,但会增加 VOC 与 CO 排放;从化石能源替代角度讲,E10 可替代 6%,E95 可替代 85%。

Bentley[38]在 1992 年研究了纯电动车、燃料电池汽车和传统内燃机汽车路线的燃料循环的二氧化碳排放,所涉及的燃料有汽油、天然气制甲醇、压缩天然气、天然气制氢、玉米制乙醇等,研究并未深入探讨燃料上游阶段的排放;关于电动汽车的研究中分别采用了美国平均电力结构、天然气发电以及最新的高效天然气发电等三种电力,研究分别评估了 2001、2010 和 2020 年的 CO_2 排放结果;得到的主要结论是汽油和甲醇在燃料路线中所排放的 CO_2 基本相当,压缩天然气、电动汽车和乙醇燃料汽车相对于燃用汽油的汽车产生更少的 CO_2 排放,如果电动汽车使用来自于天然气发电的电力会产生更少的排放,使用天然气制氢的燃料电池汽车与压缩天然气汽车相比产生的 CO_2 排放较少。

Brogan 和 Venkateswaran[39]于 1992 年研究了电动汽车、混合动力、燃料电池以及传统内燃动力汽车的燃料循环能源消耗以及 CO_2 排放。研究中 CO_2 的计算是假设燃料中的 C 元素全部转化为 CO_2,CO 和 HC 中的 C 忽略不计。上游阶段 HC、CO、NO_x 和 SO_x 排放的计算只考虑了燃料生产过程,一次能源的生产、运输、分发以及燃料的储存过程产生的排放均忽略不计。研究发现,与电动汽车、混合动力以及燃料电池汽车相比,燃用汽油、甲醇、压缩天然气和乙醇的汽车消耗更多的能源,乙醇汽车产生的 CO_2 排放最低。如果使用美国平均电力结构的电力,相对于汽油车电动汽车和混合动力汽车可以降低 CO_2 排放。

1992 年,瑞典 Ecotraffic[40] 的研究人员研究了瑞典不同燃料循环的环境排放和化石能源消耗,燃料路线包括传统汽油、柴油、液化石油气、压缩天然气、天然气制甲醇、生物制甲醇和乙醇、菜籽油制生物柴油、太阳能电解水制氢、天然气制氢以及来自于不同燃料的电。燃料循环生命周期分析评价中研究了 HC、CO 和 NO_x 三种标准气体以及 CO_2、CH_4、N_2O、NO_x、CO 和 HC 六种温室气体,评价分析了轿车、中型卡车和公共汽车。研究中温室气体排放不仅考虑了来自上游阶段的燃料生产阶段,而且计算了车辆阶段的温室气体排放。有关电动汽车电力结构的分析假设了两种情景,一种是瑞典的平均电力结构(50% 来自水电,45% 是核电,其余 5% 则来自化石能源),另一种电力结构是完全的天然气发电。结果表明,使用非化石燃料可使温室气体排放相对于石油基的燃料降低 50% 以上,柴油和生物柴油的使用会产生更多的 NO_x 排放,由于瑞典的主要电力以水电和核电为主,因此使用纯电动汽车可以大大降低标准气体以及温室气体排放。

Wang 和 Santini[41] 于 1993 年使用由美国阿冈国家实验室开发的 EAGLES 模型分析评估了在美国芝加哥、丹佛、洛杉矶、纽约不同驾驶循环条件下电动汽车和传统汽油汽车燃料循环的 HC、CO、NO_x、SO_2 和 CO_2 的排放,考虑到不同城市的具体电力结构不同,研究中 4 个城市的电动汽车各自使用其城市自己的电力结构。研究发现,在这 4 个城市使用电动汽车可以降低 98% 以上的 HC 和 CO 排放;电动汽车的 NO_x 排放取决于电动汽车所使用的电在产生过程是否采取了控制 NO_x 排放措施,例如在芝加哥、洛杉矶以及纽约使用电动汽车可以显著降低 NO_x 排放,但是在丹佛使用电动汽车对于 NO_x 排放的降低并不明显;低速行驶条件下电动车可大大降低 CO_2 排放,但是高速行驶时 CO_2 排放则会升高,电动汽车在高速行驶时相比于汽油汽车并没有优势;另外一点结论是在丹佛使用电动汽车会增加 SO_x 排放,因为丹佛的电有一半以上来自燃煤发电。

1994 年,Darrow[42, 43] 研究了传统汽油、液化石油气、压缩天然气、天然气制甲醇、液化天然气、玉米制乙醇以及来自不同燃料的电力等燃料循环的生命周期排放,标准排放关注了 ROG(reactive organic gases)、NO_x、CO、SO_x 以及 PM_{10},温室气体评估包括 CO_2、CH_4、N_2O 三种温室气体。针对电动汽车的电力来源,Darrow 分析了美国平均电力结构以及加州电力结构,研究发现,由于天然气发电、水电以及核电主导了加州的电力结构,相对于以煤发电为主的全美平均电力结构加州的电动汽车产生较少的排放。不同燃料路线的 NO_x 排放有所不同,传统汽油机和液化气有着相当水平的 NO_x 排放,E85 和 M85 的 NO_x 排放较高,电动汽车的

NO_x 排放最高,而压缩天然气燃料路线的 NO_x 排放最低。

Acurex 环境公司[44]在 1995 年对传统汽油、清洁柴油、天然气制甲醇、压缩天然气、液化天然气、煤制甲醇、生物制甲醇、生物乙醇、电解水制氢以及来自不同燃料电力的电动汽车,评级对象为 NO_x、NMOG、CO 三种标准污染物以及 CO_2 和 CH_4 两种温室气体,开展 NMOG 污染物评价的目的是研究不同燃料生产过程以及车辆使用中的臭氧声称潜力。研究中分别评价了 1990 年和 2010 年两个时间,其中 2010 年根据不同的固定源排放控制情况以及车辆的燃油经济性设计了三种情景。电动汽车使用的电力也考虑了加州当地、全球平均等几种不同的电力结构。研究结果表明,液化天然气、压缩天然气、液化石油气和氢燃料产生的 CO_2 排放最低,其次是 M100、M85、E85 和柴油燃料路线,接下来是汽油,电动汽车产生的 CO_2 排放最高;对于 NO_x 排放,压缩天然气、氢燃料液化石油气、电动汽车以及柴油产生较少的 NO_x 排放,其次是 E85、M85 燃料,液化天然气产生的 NO_x 排放最多。

同年,Edgar Furuholt[45]以挪威为背景,分析了常规汽油、含添加剂甲基叔丁基醚(methyl tertiary butyl ether, MTBE)的汽油和柴油的生命周期能源消耗与排放,并评价和比较它们的潜在影响。研究发现,柴油的环境影响比汽油小;含 MTBE 的汽油比常规汽油对环境的影响更大,主要是 MTBE 的生产造成的;原料和燃料的运输阶段所排出的 NO_x 和 SO_2 占污染物总排量的大部分。该项研究还发现所得到的结论对实际的燃料生产状况和某些前提假设非常敏感,如数据的分配原则。该文作者将研究结果与文献[46]和[47]的情况比较后发现同一指标可能会低 2～10 倍,这是因为来自挪威地区的石油运输距离比来自中东的石油要短得多,而且生产设备多采用了先进技术,并且排放法规更加严格。

1995 年,美国阿冈国家实验室 Michael Wang 带领的团队[48]开发了 GREET 1.0 模型,模型中燃料循环包括了能源的开采、能源的运输与储存、燃料生产、燃料运输、储存、分发以及燃料燃烧等阶段。GREET 1.0 中总共包括了 17 条不同的燃料路线,如表 3-2 所示,生产燃料的一次能源有 11 种:石油、天然气、煤、核能、玉米、木质生物质、草本生物质、垃圾填埋场废气、水电、太阳能、风能;燃料种类有 9 种:传统汽油、新配方汽油(RFG)、清洁柴油、液化石油气(LPG)、压缩天然气(CNG)、甲醇、乙醇、氢、电;车辆类型有电动汽车、混合动力汽车、分别使用氢和甲醇的燃料电池汽车、分别使用 RFG、低硫柴油、压缩天然气、M85、M00、LPG、E85 和 E100 的内燃机汽车。模型可以用来分析计算燃料路线生命周期石油、天然气、煤等化石能源的消耗,以便于比较由于使用了替代能源而对于石油可以产生多少替代量,污染物的种类包括 VOCs、CO、NO_x、PM_{10}、SO_x、CH_4、N_2O 以及 CO_2。在进行温室气体计算中,统一将 CO_2、CH_4、N_2O 换算成温室效应生成潜势(GWPs),三种温室气体的换算系数为:CO_2 为 1,CH_4 取值 21,N_2O 是 310。通过对以上介绍的 17 种燃料路线进行生命周期评价分析,乙醇以及天然气制甲醇会增加 15%～35%的总能源消耗,造成能源消耗升高的原因主要在于乙醇和甲醇在生产过程中能量损失较大;另一方面,甲醇燃料电池、氢燃料电池、混合动力、电动、垃圾填埋场废气制甲醇、压缩天然气、液化石油气以及清洁柴油的使用可以降低总的能源消耗,其中燃料电池、混合动力以及电动汽车产生的能耗降低较为显著。压缩天然气、液化石油气、垃圾填埋场废气制甲醇的使用可以降低能耗的主要原因在于这几种燃料在生产过程中转换效率较高,而柴油、电动汽车、混合动力以及燃料电池降低能耗的主要原因是车辆阶段的能效较高。排放方面,17 种不同燃料路线的选择均可以降低 VOC 和 CO 排放;NO_x 排放会随燃料种类不同而不同:清洁柴油的使用会增加 NO_x 排放;草本生物质以及玉米制乙醇、甲醇、压缩天然气、液化石油气也会增加 NO_x 排放;燃料电池、混合动力、电动汽车会降低 NO_x 排放;清洁柴油以及乙醇会增加 PM_{10} 排放;甲醇、压缩天然气、液化石油气、氢燃料电池可以减少 PM_{10} 排放;垃圾填埋场废气制甲醇可以大大降低 PM_{10} 的排放;混合动力、电动汽车、玉米制乙醇、垃圾填埋场废气制甲醇、燃料电池、天然气制甲醇、压缩天然气以及液化石油气可以降低 SO_x 排放。通过换算后的温室气体排放,除了天然气制甲醇以外的其他几种燃料均可以降低温室气体排放,其中垃圾填埋场废气制甲醇的温室气体排放降低量最大。

表 3 - 2　GREET 1.0 版燃料种类

一次能源形式	燃 料 种 类
石油	传统汽油
	RFG
	清洁柴油
	LPG
	电来自燃料油发电
天然气	CNG 压缩天然气
	LPG 液化石油气
	甲醇
	氢
	电
煤	电
核能	电
水电、太阳能、风能	电

（续表）

一次能源形式	燃 料 种 类
玉米	乙醇
木质生物质	乙醇
草本生物质	乙醇
垃圾填埋场废气	甲醇

从 1993 年至 1996 年,美国能源部组织了多个国家重点实验室,在四个城市聚集区域对电动车(electricity vehicle,EV)相对于汽油车(gasoline vehicle,GV)的能源消耗与排放进行了评价研究[49]。在分析了四类电池技术——铅酸电池、镍铬电池、镍氢电池和钠硫电池之后,该研究认为:传统汽车的单位里程能源消耗比 EV 高出 15%～40%；EV 的使用可减少 90%左右的 VOC 和 CO 排放以及 25%～65% 的 CO_2 排放；各种 EV 方案均可减少 NO_x 的排放,但程度取决于地区差异,且与 EV 的充电过程有关；EV 的使用会增加总悬浮颗粒物与 SO_2 排放；使用铅酸电池时,铅排放会显著增加。此外,该研究还分析了由于电池造成的在车辆生命周期上的能源消耗与排放差异,发现 EV 在车辆生命周期内会产生较多的排放,主要是由电池的制造与回收造成的。

我国关于车用燃料生命周期的研究最早始于 1995 年,是由国家各部委、清华大学、福特汽车公司和麻省理工学院共同组织进行的。以山西省和其他富煤地区为背景,以原油基汽油作为基准路线,将各种煤基代用燃料路线与基准路线进行对比,以确定它们的代用性[50]。作为参考,还增加了煤层气制甲醇链和原油基柴油链。这样,在以煤为原料生产车用燃料的经济、能源、环境研究中共包括了 8 条路线:原油—汽油—汽油车、原油—柴油—柴油车、煤层气—甲醇—甲醇车、煤—甲醇—甲醇车、焦炉气—甲醇—甲醇车、煤—联醇—甲醇车、煤—汽油—汽油车、煤—常规电动车。每条路线以资源的开采为始点(煤由坑口开始、原油和煤层气由井口开始),直至汽车使用报废。研究成果表明:在车辆的单位运行周期上,没有一种煤制燃料的生命周期在各个方面都是绝对最好的;即便被普遍认为是清洁能源的电力,由于我国的发电用能源以煤为主,故其生命周期排放较高,而过高的电池制造成本和运行费用使得电动车生命周期成本增加较多。该研究指出:燃料的选择必须权衡多种因素,以确定哪些办法最适合中国,而且在实施这些战略之前,要对所选择的燃料技术进行全面的可行性研究。

3.3.3　车用燃料生命周期评价研究进展

如上文介绍,美国阿冈国家实验室 Michael Wang 带领的团队于 1995 年开发了用于车用燃料生命周期评价的 GREET 模型 1.0 版本,在随后的 20 年时间里,团队对模型不断升级完善[51,52],并开展了全面的关于车用燃料生命周期评价的工作,其中不仅包括传统石油燃料[53]、天然气基燃料[54-57]、生物质燃料[23,58-68]、氢燃料[69-71]、煤基车用燃料等多种燃料,研究工作同时包括了电动汽车以及混合动力汽车等的生命周期评价。Michael Wang 团队的车用燃料生命周期评价研究工作全面、深入,研究工作不仅对于美国制定车用燃料政策起着指导意义,同时对于中国等其他国家的研究机构开展车用燃料生命周期评价研究工作具有重要的参考及借鉴意义。关于天然气基车用燃料,团队[53]曾对费-托柴油(Fischer-Tropsch diesel,FTD)在其生命周期上的能源消耗和温室气体排放进行分析并与传统柴油和超低硫柴油(ultra-low sulfur diesel,ULSD)路线作了比较,其中涉及了 FTD 的三种生产路线,结果发现:由天然气制取 FTD 的路线的能源消耗较高,主要原因在于 FT 工艺所输出的电力替代了部分由天然气通过联合循环汽轮机技术所产生的电力,而后者的能源转换效率高达 50%,超过了 FT 工艺路线中发电部分的效率,这就导致部分能量损失,同时也会增加一些温室气体排放;若使用闪蒸汽(flared gas,FG)作为原料,能源消耗可降至最低,温室气体排放会大幅降低,这是因为 FG 本身通常被当作排放物。页岩气作为重要的非常规天然气,对美国的能源消费产生了重要影响,团队通过对页岩气以及常规天然气进行生命周期评价研究发现,在一定的条件下,页岩气相对于常规天然气可以产生 6% 的生命周期环境减排,但是由于页岩气开采等环节的相关数据还需要进一步补充,因此,结果存在一定的不确定性,需要进一步开展相关的基础数据采集及生命周期分析工作[56]。团队近两年大量开展了生物质燃料的生命周期评价工作[72-77],研究不仅关注生物质燃料生命周期能源消耗、温室气体排放等问题,同时关注大量生物质燃料生产、使用产生的土地利用问题以及由此衍生的温室气体排放等问题,并开发了由于土地利用变化导致的碳排放计算工具[78]。评价工作针对经常被忽略的生物质燃料的储存及收获方式进行了研究,研究发现不同的储存、收获方式可导致生物质纤维素乙醇燃料生命周期化石能源消耗有 0.03~0.14 MJ/MJ 的差别,温室气体排放差别 2.3~10 g CO_2-eq/MJ[73]。作为生物质燃料生命周期评价工作中日益受到人们关注的土地利用改变问题,团队通过研究分析种植不同生物质而引起的土地利用改变所产生的土壤中有机碳的变化,研究发现林地、草地转变为玉米种植会产生 9%~35% 的有机碳流失,土壤的碳吸附率随着土地的不同用途转变而有很大差别[76]。电动汽车、混合动力汽车生命周期评价工作不仅研究了不同纯电续驶里程的混合动力汽车生命周期能源消耗与温室气体排放、电力结构对电动汽车和混合动力汽车生命周期能源消耗和温室气体排放的影响,还研究了电池对其生命周期能源消耗和温室气体排放的影响[79-81]。开展的研究结果表明[82],插电式混合动力汽车可以大大降低石油消耗,化石能源消耗以及温室气体排放则与所充电力的电力结构和电力技术有很大关系,如果所充电力的可再生能源占比例较高,则可以取得更好的减少化石能源消耗以及温室气体排放的效果;为了得到更好的温室气体减排效果,电动汽车以及插电式混合动力汽车应选择化石能源比例低的电力结构作为电力来源。2014 年,GREET 又发布了新的版本 GREET 2014,该软件被很多研究者广泛采用。除了车用燃料的生命周期评价,车辆路线的生命周期评价也是美国阿冈国家实验室 Michael Wang 团队开展的重要工作之一[83]。

除了美国阿冈国家实验室 Michael Wang 的团队工作之外,越来越多的研究机构及企业开展车用能源生命周期评价的工作。1998 年,NREL 为美国农业部和能源部对应用于城市公交车的生物柴油进行了生命周期能源消耗与排放影响评价研究[84]。该研究对农业生产和燃料制造的地点考虑得非常细致,结果表明:与柴油相比,生物柴油的使用可以减少 95% 的石油消耗和 70% 的化石能源消耗;同时能够减少 CO_2、PM、CO 和 SO_2 排放约 78%、32%、35% 和 8%;但会增加 13% 和 35% 的 NO_x 和 HC 排放,HC 排量的增加部分主要是由生物柴油的制造过程产生。另外一项关于生物柴油成本的研究表明[85]:生物柴油的经济成本比传统柴油更高,而高出的部分可以通过减排 CO_2 所获得的收益得到部分弥补。

Weiss 等人[86]对源于原油的汽油、柴油,源于天然气的费-托柴油、甲醇、压缩天然气、氢以及电力作为车用动力系统能源时的生命周期能源消耗、温室气体排放以及用户成本进行了评估,涉及的车辆动力系统包括火花点燃式内燃机(spark ignition internal combustion engine,SI - ICE)、压缩点燃式内燃机(compressed ignition ICE,CI - ICE)、内燃机与电池的混合驱动(ICE hybrid electricity vehicle,ICE - HEV)、燃料电池(fuel cell,FC)和电池驱动系统,同时还考虑了这些动力系统所造成的在车辆循环方面的变化。该研究认为:传统汽油机技术通过持续的改进可在目前水平下降低能源消耗与温室气体排放约 1/3,但会增加 5% 左右的用户成本;其他先进车辆技术最多可降低 50% 的温室气体排放,同时增加 20% 的用户成本;HEV 技术的能源消耗和排放是最少的,ICE - HEV 在能源消耗、温室气体排放和用户成本这三方面都比 FC - HEV 更有优势。如果需要在将来很长时间内降低温室气体排放,氢动力汽车和纯电动汽车将是可行的两种方案,但所需要的电力必须来源于非化石能源,比如核能与太阳能。

GM 公司[87]曾对北美的情况进行过研究,选取了 13 种燃料路线,结果发现:在所研究的基于原油和天然气的燃料路线中,使用 HEV 技术的燃料路线的能源消耗较低,其中的气态氢—燃料电池—HEV 路线的温室气体排放较低,柴油—直喷压缩点燃—HEV(compressed ignition with direct injection,CIDI - HEV)路线的温室气体排放较高;而天然气制甲醇—质子交换膜燃料电池—HEV 与其他的原油基和天然气基燃料的 FC—HEV 路线相比,在能源消耗与温室气体排放方面均不占优势;天然气制乙醇路线的温室气体排放是最低的;液态氢与电解氢路线的能源消耗较低,温室气体排放则与汽油路线保持在同一水平。

Kreutz 等[88]对煤制油进行了生命周期排放评价,根据研究结果,煤基 FTD 生命周期产生大量温室气体排放。Verbeek[89]将二甲醚与其他车用燃料的生命周期能量利用效率和 CO_2 排放进行了比较,可以发现:由于利用了压燃式发动机这种热效率较高的动力装置,天然气制二甲醚的生命周期能量利用效率为 19.0%～22.5%,与 LPG 和 CNG 处在同一水平,比汽油和天然气制甲醇高,但由于生产环节的能源转换效率较低,天然气制二甲醚的生命周期能量利用效率比柴油低;在化石燃料当中,天然气制二甲醚的生命周期 CO_2 排放较低,与柴油和 CNG 基本处于同一水平线,与柴油路线持平的原因在于原料天然气的碳含量相对较低,在一定程度上弥补了较低的能量转换效率所带来的弊端,与 CNG 路线持平的原因在于使用了热效率较高的压燃式发动机,从而减少了燃料消耗。该研究还讨论了生物质制二甲醚,认为能够大幅降低 CO_2 排放。Atrax Energi AB 公司[90]曾对生物质制二甲醚作为车用燃料进行过生命周期评价研究,并与汽油、柴油、天然气、乙醇和菜籽油甲酯(rapeseed oil methyl ester, RME)的相应生命周期数据进行了比较,可以发现生物质二甲醚的生命周期 HC 和 NO_x 排放都处在较低的水平,更主要的优势体现在 PM 和 CO_2 排放方面,这两种排放物显著低于柴油路线。Ofner[91]采用可持续过程指数(sustainable process index, SPI)对天然气制二甲醚、生物制二甲醚、柴油、源于天然气和生物质的甲醇以及 CNG 和 LPG 等燃料的生命周期生态学影响进行了评价。在排放物方面,该研究对上述 8 条路线的全生命周期 CO_2 和车辆行驶阶段的 NO_x 的 SPI 指数进行了计算。结果表明:在化石燃料中,天然气制二甲醚的全生命周期 CO_2 排放的影响与传统柴油、天然气制甲醇、CNG、LPG 基本持平,但 NO_x 排放的影响较柴油大为下降;在生物质燃料中,二甲醚路线与甲醇路线的 SPI 指数基本相当。

国内上海交通大学、清华大学等高等院校及科研机构基于我国背景开展了大量车用能源的生命周期评价工作。上海交通大学的张亮、黄震等[1]系统评价了车用燃料煤基二甲醚的生命周期能源消耗、环境排放和经济性,其研究结果表明:煤基二甲醚路线的全生命周期原油消耗下降为传统柴油路线的 2.4%;煤基二甲醚路线的环境排放向上游阶段的固定源集中,全生命周期 VOC、CO、NO_x、PM_{10}、SO_2 排放均比传统柴油路线明显减少;与煤制柴油路线相比,在使用温室气体减排技术前,煤基二甲醚路线的一次能源消耗比煤制柴油路线低 17.1%,温室气体排放少 27.3%;在应用煤层气发电和 CO_2 深埋这两种温室气体减排技术后,煤基二甲醚路线的温室气体排放仍然比煤制柴油路线低 4.7%,而且,一次能源消耗比煤制柴油路线降低 19.5%;经济性分析结果指出,若能建立以煤炭开采为始点的一体化产业链,所生产的二甲醚将可以在价格上与传统柴油展开竞争。此外,上海交通大学许英武、谢晓敏等[92,93]也对废煎炸油制取生物柴油的生命周期排放进行了分析,结果表明:生物柴油全生命周期的总能耗只有柴油路线总能耗的 38.6%,石油消耗只有柴油路线的 8.8%,使用生物柴油从一定程度上可以缓解我国对外石油依赖程度;从环境排放角度看,生物柴油在原料种植过程中的 CO_2 吸收大大降低了温室气体排放。谢晓敏与美国阿冈国家实验室 Michael Wang 博士团队合作[94],系统地研究了以煤和生物质为原料的不同生产工艺的 FTD 的生命周期能源消耗以及温室气体排放,同时分析了 CCS 等技术对 FT 柴油生命周期能耗和温室气体排放的影响;并对不同副产品分析方法对于评价结果的影响进行了深入细致地研究。研究表明,如果副产品采用能量分配法,生物质占 FTD 原料 55% 或更多时且采用 CCS 技术的条件下,FTD 生命周期化石能源消耗将低于传统石油基柴油,温室气体排放甚至可以接近于零;如果不采用 CCS 技术,当生物质占 FT 柴油原料 61% 时,FTD 生命周期温室气体排放接近于传统石油基柴油;基于研究中的假设,不同的副产品计算方法可导致温室气体排放结果最大差别 3 倍多,因此生命周期评价分析中副产品计算方法应慎重选择。上海交通大学的胡志远通过对生物燃料及电动车等的生命周期能耗及排放研究发现[95]:与传统内燃机车辆相比,电动汽车在使用阶段产生的环境污染要少得多,甚至达到零排放;但由于我国目前大部分电仍是通过煤炭火力发电产生,所以从生命周期角度来看,电动汽车仍然会产生环境污染,甚至高于传统燃料路线。与普通汽油相比,木薯乙醇汽油的生命周期能源消耗增加,但可降低对石油资源的依赖;SO_x 与 NO_x 排放增加,其余排放物,包括温室气体在内,均有减少;为与普通汽油竞争,政府必须给予一定的补贴[96]。冷如波[8]以中国生物质燃料乙醇作为研究案例,指出发展生物质燃料乙醇不但是解决汽车环境排放的有效手段,也是发展农村经济、解决农民就业以及帮助农民摆脱贫困的重要方式。上海交大张庭婷等[97]以我国几种典型的生物质液体燃料为研究对象,进一步考察了中国几个地区发展生物燃料的生命周期水足迹,结果发现,生物柴油的水足迹高于生物乙醇,且化肥的使用会引起较高的灰水足迹。

清华大学的张阿玲、申威等[5,98]对我国替代燃料的总能源消耗和温室气体排放进行了油井到车轮的生命周期分析,结果表明,使用产自煤炭的液体燃料,温室气体排放量比传统汽油高,淀粉基生物乙醇在碳排放方面有负面影响,因为中国农业生产效率极低。张希良、欧训民等开展了一系列车用替代燃料生命周期评价研究,考察对象包括发电、生物燃料、煤基燃料、电动汽车、混合动力汽车等[99-101]。该研究团队[102]对国内包括玉米乙醇、木薯乙醇、甜高粱乙醇、大豆生物柴油、麻疯果生物柴油和餐厨废弃油在内的 6 条生物质液体燃料路线进行了 WTW 分析,结果表明:相对于传统汽油路线,各生物燃料路线所需的化石能源有所减少,但温室气体排放有所增加。这一结果与人们普遍认为的使用生物质燃料能够降低温室气体排放不一致。后续研究中,欧训民等[99]又对 2008 年和 2020 年两种技术水平下的车用替代燃料进行 WTW 分析,结果发现,随着能源结构,尤其是电力结构的变化,车用替代燃料生命周期的能源消耗和温室气体排放情况会有所改变,因此,在制定决策时应将未来的情形纳入考虑。欧训民[99, 103, 104]对煤电技术供电驱动电动汽车路线进行了全生命周期能耗和温室气体排放定量计算,计算表明相对汽油路线,电动汽车路线的节能减排优势明显,节能35％以上,减排20％左右;电动汽车替代汽油车,煤炭消耗增加3～5倍,但石油消耗减少97％以上。Huo[105]分析了目前我国电力结构下电动车生命周期环境影响结果,提出我国以煤为主的电力结构并不能使电动汽车有很好的 CO_2 减排效果,而且 SO_2 排放是汽油的3～10倍,而 NO_x 排放也达到汽油的2倍。汪映[106]对高比例甲醇汽油燃料进行了生命周期分析研究,结果表明:与汽油相比,高比例甲醇汽油混合燃料的 VOC 和 SO_x 排放分别降低,但总能耗和温室气体排放升高。吴锐[107]通过对比 CNG、甲醇、二甲醚、柴油等四种燃料汽车生命周期评价结果,认为 CNG 汽车能耗相对较少、总成本最低、对生态环境更友好。张可[108]比较研究了城市客车使用 GTL 和柴油生命周期能耗和环境影响,与柴油相比,GTL 的总能耗下降63％,排放有所恶化。冯文等对燃料电池汽车氢能系统进行了生命周期评价[109, 110],分析多种方案的分类环境效应指数、氢气总成本和总能量利用效率,该研究指出:在现有的生产、储运和输送技术条件下,天然气集中制氢——用汽车将装有氢气的高压钢瓶输运到加氢站——加注给以氢气为燃料的燃料电池车,此路线的综合指标最优。

总结此前的车用燃料生命周期研究,可发现能源转换技术与车辆技术是影响评价结果的两大主导因素。就未来而言,随着机动车保有量的增长和石油资源的日益紧缺,替代燃料车方案会逐步得到广泛应用,从而刺激替代燃料的生产。所以,应该对那些有潜力成为下一代车用燃料的能源开展生命周期研究,为将来的决策和应用提供依据。特别是我国在"十三五"期间要加大对交通燃料的替代,提出重点部署发展非粮生物燃料、超前部署微藻生物柴油示范工程等规划,这就更需要结合各地区资源特点,从生命周期的角度来全面考虑发展微藻生物柴油等替代燃料对环境可能造成的影响。为此,接下来将分析几种典型的生物质基液体燃料的生命周期评价相关内容,包括木薯乙醇、甜高粱乙醇和微藻生物柴油。

3.3.4 车用生物替代燃料及其生命周期评价进展

国际上对生物燃料的生命周期评价也已开展大量研究,包括以玉米、大豆为原料的第一代生物燃料[60, 72, 111-114]、以纤维素为原料的第二代生物燃料[115-117]以及以微藻为代表的第三代生物燃料[118-129]。生物质替代能源生命周期评价最初的研究重点在于考察生物燃料从原材料的获取到燃烧使用整个生命周期中的能耗(总能耗、化石能耗、石油能耗)及 GHGs 排放,随后又将研究边界进一步放大,如关于土地利用变更[130-132]、副产品分配[133]、引入新工艺联产等,这就使得生物燃料 LCA

评价的内容更加丰富,但同时也使得复杂性进一步增加。生物燃料根据植物在生长过程中吸收的温室气体以及燃料生产过程排放的温室气体总量可以是碳中性(对于大气而言无 CO_2 或者温室气体排放产生),负碳(减少温室气体),或者碳排放源(增加温室气体排放)[134]。

美国国家可再生能源实验室在 1991 年就对几条生物质路线的生命周期评价做了对比,结果表明,由生物质制得的乙醇 E95 能大幅降低 CO_2 排放[36,37],另一项关于使用生物柴油的城市公交生命周期结果表明[84],生物柴油的使用可减少石油消耗和化石能源消耗,同时也能降低 CO_2 排放,但会增加 NO_x 和 HC 排放。

Weinberg[135]针对产自木材的电力、氢、乙醇、费-托柴油和甲烷这五种车用燃料进行了环境评估和成本分析。结果表明,车用甲烷在环境影响和成本方面有优势,尤其是与氢燃料的利用相比。Fan[136]估计了薪蓂的年生物燃料生产潜力,并研究了薪蓂衍生的氢化可再生航空燃料和可再生柴油的生命周期温室气体排放及能量平衡。研究表明,薪蓂衍生生物燃料可作为由可再生燃料标准定义的先进生物燃料和生物质基柴油。Pereira[137]调查了包括农业阶段、运输、工业过程和丁醇使用在内的整个生产链,对通过糖化学路线(甘蔗汁发酵)制取的丁醇产品进行了评价。研究表明,与以石油为基础的生产路线相比,生物基丁醇更具环境优势;且在所有被调研的技术方案中,利用转基因微生物技术从甘蔗渣和秸秆戊糖中制取的丁醇产品具有最好的环保性能。Castanheira[138]对完全在巴西生产并出口到葡萄牙的生物柴油和从巴西进口大豆油和大豆并在葡萄牙生产等三种生物柴油进行了生命周期评价。评估表明,相比于完全进口大豆甲酯,从巴西进口大豆油和大豆,并在葡萄牙生产生物柴油产生的影响最小。在巴西,可以通过避免改变土地利用、提高大豆产量和优化大豆运输路线来减少生物柴油对环境的影响。Wulf[139]从温室气体排放、有酸化可能的排放物以及化石能源需求者三方面,对产自生物质的运输用氢燃料进行生命周期评估,结果表明:用木质生物质制取氢的排放量最少;来自短轮作期灌木的生物质的累计化石能源需求值最低;产氢潜力最大的是来自森林和短轮作期灌木的生物质。Pieragostini[140]基于生命周期评价法,评价了阿根廷圣达菲省以玉米为基础的乙醇生产对环境的影响。所研究的系统包括从原料生产到采用干磨工艺的无水乙醇生产的过程,干酒粕结合可溶物对环境有积极的影响。

我国的生物质车用替代燃料主要包括生物质乙醇和生物柴油。燃料乙醇生产主要来源于玉米和小麦,同时还有少量来自木薯与甘蔗等,甜高粱乙醇正处于规模化推广的前期论证阶段。日前,随着粮食问题的凸显,我国政府已逐步下令停止玉米乙醇的生产,转而发展非粮食作物乙醇,以平衡粮食安全[141]。伴随着资源丰富、价格低廉的纤维素生物质资源及低运行成本,纤维素乙醇在突破关键技术障碍后有望成为经济可行的生物乙醇生产方式。胡志远等人[96]利用 GREET 模型,比较了乙醇汽油和普通汽油在汽车中使用的标准排放和温室气体排放,结果表明,木薯乙醇汽油全生命周期 SO_x 和 NO_x 排放较高,而 CO、HC、PM_{10}、CO_2 和 GHGs 排放较低,如果在乙醇生产过程中采用天然气、重油等清洁燃料代替燃煤,可显著降低木薯乙醇生命周期 SO_x 排放。李小环[142]计算了木薯乙醇生命周期的温室气体排放,结果表明,相对于传统汽油,木薯乙醇的减排效果并不明显。田望等人[143]分析了玉米秸秆基纤维素乙醇生命周期能耗与温室气体排放,结果表明:与汽油相比,纤维素乙醇生命周期化石能耗减少 79.63%,温室气体排放减少 53.98%,其中电力消耗是主要的温室气体排放源。我国的生物柴油主要产自于食物渣油,有研究者估计未来的生物柴油产量不到 200 万吨[144]。大豆和油菜籽是世界上广泛应用的两种生物柴油原料[145],然而,我国作为依赖进口食用油及油料种子的国家,采用这两种原料生产生物柴油不太可行。易于生长的麻疯树被认为是未来最有潜力的生物柴油作物[146]。

3.3.4.1　木薯乙醇

木薯乙醇路线的生命周期评价路线如图 3-5 所示,一般包括木薯种植、木薯采收、木薯运输、乙醇生产、乙醇分配运输及燃料乙醇使用。除此之外,还包括煤、石油、天然气、电等过程燃料或辅料组成的子系统。

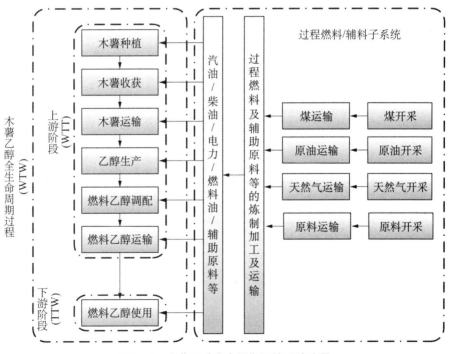

图 3-5　木薯乙醇生命周期评价系统边界

国内外研究者对木薯乙醇产业链进行了许多生命周期相关的分析,涵盖了净能比、所占用的土地资源、温室气体排放、种植经济效益、生产乙醇的理论产量、实际生产效益等方面的内容。戴杜等[147]计算了中国木薯乙醇项目的能量生产效率,指出木薯乙醇的系统能量产出与消耗的差值是 2.417 MJ/L,说明该条路线是可行的。Suiran Yu 等人[148]也计算了中国广西木薯乙醇的能源效率,发现木薯 E10 燃料的净能值是 0.70 MJ/MJ。Seksan Pang 等人[149]计算了泰国的木薯乙醇生命周期能耗和温室气体排放,结果表明,木薯乙醇的净能值小于 1,温室气体排放强度最大的过程为乙醇转化阶段,主要原因是工厂中电和蒸汽的来源是煤。胡志远等人[96]利用生命周期评价理论,对 E10、E22、E85 和 E100 等木薯乙醇-汽油混合燃料进行了生命周期能源、环境及经济性评价,表明几种配比的木薯乙醇-汽油混合燃料在生命周期整体能源消耗方面较汽油增加外,石油消耗、CO、CO_2 和 HC 排放均相对汽油有所降低,但成本还是较高,需要政府予以政策支持。若对生产工艺相关的多个目标进行优化,可同时降低木薯乙醇的生命周期化石燃料消耗和石油消耗[150]。另外,许多关于木薯燃料乙醇的生命周期评价研究表明[96,149,151],在非生物消耗、温室气体排放、臭氧层耗竭和光化学烟雾等方面,木薯乙醇要优于传统汽油,相反在人类毒性、生态毒性、酸化和富营养化等方面却要比传统汽油差。黎贞崇等人[152]的研究结果表明,木薯有较高的净能比,但该研究没有从生命周期的角度来全面分析木薯乙醇产业链,特别是针对企业的具体运作这一块没有给出具体的计算。Chinnawornrungsee 等人[153]采用 SimPro 7.1 对泰国的木薯和甘蔗生物炼厂进行了生命周期分析,但这些数据是来自现有生物乙醇和炼厂里的二次数据,导致对木薯乙醇产业链缺乏客观的实际认识。张艳丽等[154]也对我国 4 家燃料乙醇生产示范企业进行了生命周期评价,研究采取的是 ECEBM 法,得出木薯乙醇的净能值是 4.79 MJ/L,能量效率是 0.77,排放仅考察了 CO_2,且没有考虑木薯乙醇的副产品利用。可以看出的是,这些研究基于不同的方法和边界,所以导致结果上有较大差异。

3.3.4.2　甜高粱乙醇

甜高粱乙醇的生命周期评价过程如图 3-6 所示,包括甜高粱种植、甜高粱采收、甜高粱运输、乙醇生产、乙醇分配运输及燃料乙醇使用。除此之外,每个工艺过程中所用到的煤、石油、天然气、电等过程燃料或辅料则组成了过程燃料子系统。

Cai 等[155]分析了美国几种不同的高粱组分生产燃料乙醇对生命周期能耗和 GHG 排放的影响,结果表明:相比传统石化汽油来说,不同类型的高粱乙醇均能降低化石能源消耗,高粱粒产燃料乙醇可减少 GHG 排放 23%～35%,纤维素类高粱乙醇可减少 GHG 排放约 49%,甜高粱乙醇可减少 GHG 排放 71%～72%。这说明,用甜高粱茎秆生产燃料乙醇从能耗和 GHG 减排来看是最为可行的。当用甜高粱生产燃料乙醇时,其生命周期净能值约为 1.94,低于甘蔗乙醇等[156],关键工

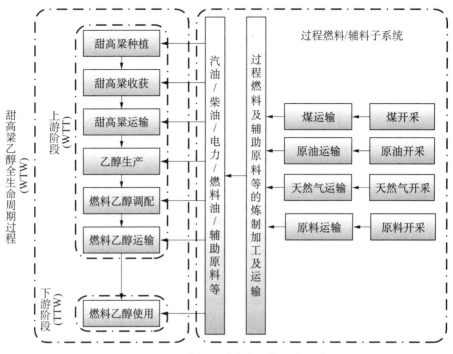

图 3-6 甜高粱乙醇生命周期评价系统

艺过程技术的提升可解决生物燃料带来的潜在环境问题[157]。当前,甜高粱乙醇的生产能耗投入与产出比大于1,但相比传统汽油仍具有一定的 GHG 减排优势[102]。

田宜水等[158]针对内蒙古地区甜高粱茎秆生产乙醇,对其能耗和温室气体排放进行了全生命周期分析,得到甜高粱乙醇的能量产出投入比为 1.34,CO_2 排放为93.23 g/MJ。Evans 等[156]的研究结果进一步表明,甜高粱乙醇相比玉米乙醇等不仅占地面积小,而且水需求也少。Wang 等[159]对中国甜高粱秆乙醇种植、运输及生物乙醇制取过程的能效和环境影响进行研究,环境影响包括了富营养化、酸化、全球变暖潜值等,结果表明,生产1L生物乙醇需投入化石能源约 14.90 MJ,排放CO_2约 700 g。该研究虽然分析了甜高粱乙醇对富营养化、酸化等造成的潜在影响,但没有考虑甜高粱乙醇对水资源的消耗,也没有考虑车用阶段造成的影响。Olukoya 等[160]利用 SimaPro 软件分析了3种不同工艺模式下的甜高粱乙醇环境影响,结果表明甜高粱乙醇相比玉米乙醇而言,具有较高的 GHG 排放、非化石能源消耗和较少的水资源消耗,但该文章没有考虑甜高粱在种植过程中的水资源消耗。并且,甜高粱乙醇厂的建设还需结合当地特点从农场到炼厂的角度分析对当地环境、社会的综合影响[161]。

高慧等[162,163]选取黑龙江东部、新疆中部、山东北部和海南四个典型地区的甜高粱液态发酵制乙醇生产系统,评价了它们的生命周期分析与能效和温室气体排放,得出四个地区生产 1 L 乙醇的能量投入分别是 22.87 MJ、19.30 MJ、21.54 MJ 和 18.40 MJ,而甜高粱乙醇全生命周期 GHG 排放量为汽油的 66%~77%。虽然高慧等模拟计算了我国四个不同产区甜高粱乙醇的生命周期能效、GHG 排放和经济效益,但这些生产对水足迹的影响仍没有评估。项目申请人曾对中国不同地区几种非粮生物燃料的水足迹进行了分析,包括广西的木薯乙醇、东北地区的甜高粱乙醇、云南的麻疯树生物柴油和海南的微藻生物柴油[164],相比较,四条路线中甜高粱乙醇在水足迹方面表现出一定的优势,但未来我国不同地区的生物燃料发展规模及其对环境的影响还有待更深入的研究。

3.3.4.3　微藻生物柴油

近几年,微藻等生物质被提为生物液体燃料原料的同时也带来了很多期望和质疑。如何评定微藻生物柴油的发展对社会的影响,需要从全生命周期的角度进行系统分析。LCA 是评价微藻生物柴油全生命周期过程能耗、环保性、经济性和社会性的重要手段[165]。采用 LCA 既可对不同的微藻生物柴油生产方式进行比较,也可将藻与其他可再生或不可再生能源进行比较[4],比较的内容主要集中在能源消耗、温室气体排放、土地资源消耗、水需求及其他有害排放物等。近几年,国内外研究者就微藻生物柴油生命周期评价做了很多工作[120, 122, 123, 129, 165-170]。评价的重点从最初的单一路线、单一情景[129, 166]转移到多联产[171, 172]系统,从单一地点分析[122, 123]到多地点评价[173, 174],从典型的淡水培养[118, 172]到联合废水培养[131, 175, 176]。已有研究工作总结如下:

(1) 大多数研究者认为从当前的发展程度来看,与其他陆生作物相比,大规模培养微藻生产生物柴油存在能耗高、GHG 排放高和成本高的特点。Reijnders 等[177]认为陆生作物中,甘蔗乙醇和棕榈油生物柴油在太阳能转化率和生命周期化石燃料投入方面有优势,而微藻在将来商业化后能否优于陆生作物还尚不明确。Campbell 等[166]设计了一个开放池培养微藻的系统,该培养厂毗邻一个合成氨工厂,微藻设计年产量为 109.6 t/hm^2,所得的微藻生物柴油 GHG 排放为 -27.6~18.2 g CO_2- e/(t·km),而油菜生物柴油和传统超低硫柴油的 GHG 排放分别为 35.9 和 81.22 g CO_2- e/(t·km),但微藻生物柴油的生产成本却高出其他两种。Collet 等人[168]认为燃烧 1 MJ 的微藻生物柴油产生的 GHG 及臭氧潜在破坏性比传统柴油低,但可能会排放更多的酸性气体,造成更严重的人类毒性及光化学污染。Clarens 等人[120]也证实相比柳枝稷、油菜和玉米,微藻除了能减少土地使用和减轻富营养化外,在能耗、GHG 排放和水消耗等方面优势不明显。

(2) 为提高微藻生物柴油的经济性,微藻生物综合炼厂的思想已开始萌芽。微藻综合炼厂,即充分利用微藻细胞中的每个组分,生产生物柴油、动物饲料、生物气、电力等多种产品[178]。Lardon 等[123]提到当微藻生物柴油系统中纳入厌氧发酵产生物气等过程时,微藻生物柴油经济性更显著。Ventura 等[118]假设了四种不同的微藻能源情景:微藻制生物柴油;微藻生物柴油联合厌氧发酵;微藻制生物气;微藻超临界气化法制备生物气,结果表明,联合厌氧发酵能的情景成本最低。

(3) 将开放式跑道池结合废水培养是目前被认为更经济、对环境影响更小的方式。联合废水培养微藻有如下优点[179]:废水资源丰富且已集中收集;富含 N、P 等营养物;能深度去除废水中的营养物达到净水的目的;与废水处理设施兼容。Chinnasamy 等人[180]用 85%~90% 的地毯工业废水和 10%~15% 的城市污水培养微藻,从中分离出的 15 种藻可去除废水中 96% 的营养物,微藻生长潜力可达 9.2~17.8 t/hm²,所得的微藻油中 64% 可转化成生物柴油。Park 等人[131]认为高得率藻培养池(high rate algal pond,HRAP)是未来大规模微藻培养的重要方向。Sturm 等人[181]考察了位于新墨西哥州罗斯威尔地区的微藻处理废水的小试项目,当向培养池中鼓入 CO_2 时,微藻的产量一般为 10 g/(m²·d),当无 CO_2 供给时,微藻产量则不稳定。废水培养池暴露在空气中,池中的微生物种类多样[182],因此,废水培养的微藻不是单一藻类,而是多种藻共同存在这个系统中[181, 183]。开发匹配的下游燃料产品和副产品采收技术是废水培养微藻的一大挑战[184]。此外,降低从废水中分离微藻的成本也是关键[185]。

(4) 利用藻提取脂肪后的剩余物厌氧发酵产甲烷供热或发电是降低成本、资源充分化利用的有效手段。厌氧消化的过程通常包括水解、发酵及产甲烷化三个过程[121]。将藻残余物进行厌氧消化的优点在于[186]:回收培养液中的 N、P 等营养物;产生的热、电可自用;可回收利用发酵罐中的 CO_2 培养微藻,降低 CO_2 成本。Ehimen 等[187]利用 *Chlorella sp.* 提取脂肪后的残余物进行厌氧消化,CH_4 最高得率为 0.25~0.3 m³/kg VS,相当于 9 MJ/kg 藻残余物可用来生产电和热。Zamalloa 等[188]的研究表明,淡水藻和海藻的产甲烷能力分别为 0.24 L 和 0.36 L/gVS。当扩大规模至 400 hm² 时,干藻得率达到 90 ton/(hm²·a),此时的净电产量为 181 kW·h/(hm²·d),净热产量为 115 kW·h/(hm²·d)。微藻残余物厌氧消化的过程中,尚需突破三大瓶颈[189]:一是细胞壁的组成及性质决定了微藻的低生物降解能力;二是氨释放过程中高的蛋白质含量会带来毒性;三是藻中钠的存在会影响消化性能。尽管如此,将厌氧发酵纳入微藻生物柴油生产体系能提高生物柴油的经济性和可持续性,理论上可减少 33% 的生物柴油生产成本[190]。

除此之外,近期的微藻 LCA 评价也逐渐深入到分析各个地区的微藻潜力分布,结合当地的资源特点进行考虑,综合考虑气温、太阳辐射、蒸发速率等影响因素[179],并从多个角度来考察微藻生物柴油的可持续性[191]。例如,美国阿贡国家实验室(Argonne National Laboratory,ANL)、美国国家可再生能源实验室(National Renewable Energy Laboratory,NREL)和太平洋西北国家实验室(Pacific Northwest National Laboratory,PNNL)也开始结合资源特点从环境、经济和社会可持续发展的角度分析微藻生物燃料路线的适用性[172]。

3.4　小结

本章对生命周期评价的概念、发展内涵以及 LCA 在车用替代燃料中的应用现状做了总结,除此之外,还对中国目前正在推广的几种非粮生物质原料,如木薯、甜高粱、微藻等的生命周期评价发展作了简要梳理。可以看出,随着国内外对生物燃料的关注与投入,未来生物燃料产量将会大幅提升,产量的增加将会需要更多的生物质,并且也会需要更多的土地、水等资源。因此,生命周期评价是一个评价生物燃料发展对环境造成的潜在影响的重要手段,更可以用于指导生物燃料产业链的布局与发展。

参考文献

[1] 张亮. 车用燃料煤基二甲醚的生命周期能源消耗、环境排放与经济性研究[D]. 上海:上海交通大学,2007.

[2] 马书霞. 木薯为原料的能源生态系统的设计[D]. 广州:华南理工大学,2005.

[3] IPCC. Climate change 2007: Synthesis report. Contribution of working groups I, II and III to the fourth assessment report of the intergovernmental panel on climate change [Core writing team, Pachauri, R. K and Reisinger, A. (eds.)][R]. Geneva, Switzerland: IPCC, 2007.

[4] DOE. National algal biofuels technology roadmap [R]. USA: Department of Energy, 2010.

[5] 张阿玲,申威,韩维建,等. 车用替代燃料生命周期分析[M]. 北京:清华大学出版社,2008.

[6] ISO. ISO 14040:2006 environmental management-Life cycle assessment-principals and framework [S]. 2006.

[7] ISO. ISO 14044:2006 environmental management-life cycle assessment-requirements and guidelines [S]. 2006.

[8] 冷如波. 产品生命周期 3E＋S 评价与决策分析方法研究[D]. 上海:上海交通大学,2007.

[9] Goedkoop M, Oele M. SimaPro 5. 1 user manual: Instruction into LCA methodology and practice with SimaPro 5. 1 [R]. Amersfoort: PRé Consultant, 2002.

[10] Ming J, Jing X. Life cycle assessment of ultra-clean micronized coal oil water slurry [J]. Chinese Journal of Population Resources and Environment, 2009,7(2):88 - 90.

[11] de Souza S P, Pacca S, de Ávila M T, et al. Greenhouse gas emissions and energy balance of palm oil biofuel [J]. Renewable Energy, 2010,35(11):2552 - 2561.

[12] Fratila D. Macro-level environmental comparison of near-dry machining and flood machining [J]. Journal of Cleaner Production，2010,18(10)：1031 – 1039.

[13] Mousazadeh H，Keyhani A，Mobli H，et al. Environmental assessment of RAMseS multipurpose electric vehicle compared to a conventional combustion engine vehicle [J]. Journal of Cleaner Production，2009,17(9)：781 – 790.

[14] Raluy R，Serra L，Uche J. Life cycle assessment of desalination technologies integrated with renewable energies [J]. Desalination，2005,183(1)：81 – 93.

[15] Van Haaren R，Themelis N J，Barlaz M. LCA comparison of windrow composting of yard wastes with use as alternative daily cover（ADC）[J]. Waste Manage，2010,30 (12)：2649 – 2656.

[16] 林逢春,杨凯. 两种一次性塑料餐盒的生命周期评价比较研究[J]. 华东师范大学学报：自然科学版,2005,(4)：122 – 130.

[17] PE-INTERNATIONAL. GaBi Software[EB/OL].（2015 – 06 – 01）http：//www. gabi-software. com/index. php? id＝85&L＝11&redirect＝1.

[18] Li X，Xu H，Gao Y，et al. Comparison of end-of-life tire treatment technologies：A Chinese case study [J]. Waste Manage. ，2010,30(11)：2235 – 2246.

[19] Luz S M，Caldeira-Pires A，Ferrão P M. Environmental benefits of substituting talc by sugarcane bagasse fibers as reinforcement in polypropylene composites：Ecodesign and LCA as strategy for automotive components [J]. Resources，Conservation and Recycling，2010,54(12)：1135 – 1144.

[20] Wang M G. 1，version 1. 8 c. 0-fuel-cycle model [R]. Argonne National Laboratory，2009.

[21] Burnham A，Wang M，Wu Y. Development and applications of GREET 2. 7—the transportation vehicle-cyclemodel [R]. ANL，2006.

[22] Wang M. Well-to-wheel energy use and greenhouse gas emissions of advanced fuel/ vehicle systems North American analysis [R]. Argonne National Lab. ，IL（US），2001.

[23] Wang M，Wu M，Huo H，et al. Life-cycle energy use and greenhouse gas emission implications of Brazilian sugarcane ethanol simulated with the GREET model [J]. International Sugar Journal，2008,110(1317)：527.

[24] Liu J，Wu M，Wang M. Simulation of the process for producing butanol from corn fermentation [J]. Industrial & Engineering Chemistry Research，2009,48(11)：5551 – 5557.

[25] 郝瀚,王贺武,李希浩,等. 天然气基车用替代燃料的节能减排分析[J]. 天然气工业，2009,29(4)：96 – 98.

[26] Tripp B M. Evaluating the life-cycle of biodiesel in North America [M]. ProQuest，2008.

[27] Zhang L，Huang Z. Life cycle study of coal-based dimethyl ether as vehicle fuel for

urban bus in China [J]. Energy, 2007,32(10):1896 - 1904.

[28] DeLuchi M. Emissions of greenhouse gases from the use of transportation fuels and electricity. Volume 2: Appendixes A - S[R]. Argonne National Lab. , IL (United States), 1993.

[29] DeLuchi M A. Emissions of greenhouse gases from the use of transportation fuels and electricity. Volume 1, Main Text [R]. Argonne National Lab. , IL (United States). Energy Systems Div. , 1991.

[30] Wakeley H L. Alternative transportation fuels: Infrastructure requirements and environmental impacts for ethanol and hydrogen [M]. ProQuest, 2008.

[31] Bergerson J, Keith D. Life cycle assessment of oil sands technologies [R]. Alberta Energy Futures Project. Institute for Sustainable Energy, Environment, and Economy (ISEE), Univeristy of Calgary 2006.

[32] Rose L, Hussain M, Ahmed S, et al. A comparative life cycle assessment of diesel and compressed natural gas powered refuse collection vehicles in a Canadian city [J]. Energy Policy, 2013,52:453 - 461.

[33] Delta B. Update of us data in ghgenius [R]. 2007.

[34] Bare J C. Traci [J]. Journal of Industrial Ecology, 2002,6(3 - 4):49 - 78.

[35] EPA U. TRACI software[EB/OL]. (2006 - 12 - 30) http://www. epa. gov/nrmrl/ std/sab/traci/.

[36] NREL. Fuel cycle evaluations of biomass-ethanol and reformulated gasoline, prepared for U. S. Department of Energy, Office of Transportation Technologies and Office of Planning and Assessment [R]. Golden, Colo, 1991,8 - 13.

[37] NREL. A comparative analysis of the environmental outputs of future biomass-ethanol production cycles and crude oil/reformulated gasoline production cycles, appendixes, prepared for U. S. Department of Energy, Office of Transportation Technologies and Office of Planning and Assessment [R]. Golden, Colo, 1991,12 - 14.

[38] Bentley J M, Teagan P, Walls D, et al. The Impact of Electric Vehicles on CO_2 Emissions [R]. Cambridge. Mass. : Arthur D. Little, Inc. , 1992.

[39] Brogan J, Venkateswaran S R. Diverse choices for electric and hybrid motor vehicles: implications for national planners [C]. presented at the Urban Electric Vehicle Conference. Stockholm, Sweden, May, 1992.

[40] Ecotraffic A B. The life of fuels, motor fuels from source to end use [R]. Stockholm, Sweden, March, 1992.

[41] Wang M Q, Santini D J. Magnitude and value of electric vehicle emissions reductions for six driving cycles in four U. S. cties with varying air quality problems [J]. Transportation Research Record, 1993:1416:33 - 42.

[42] Darrow K G. Light duty vehicle fuel cycle emission analysis [R]. Prepared by Energy

International Inc. Bellevue, WA, Chicago, IL: For Gas Research Institute, 1994.

[43] Darrow K G. Comparison of fuel-cycle emissions for electric vehicles and ultra-low emissions natural gas vehicles [R]. Prepared by Energy International Inc. , Bellevue, WA, Los Angeles, CA: For Southern California Gas Company, 1994.

[44] Environmental A. Evaluation of fuel-cycle emissions on a reactivity basis [R], draft 3. 2, Mountain View, Calif. , prepared for California Air Resources Board, EI Monte, Calif. , Nov. 5. 1995.

[45] Furuholt E. Life cycle assessment of gasoline and diesel [J]. Resources, Conservation and Recycling, 1995,14(3 - 4):251 - 263.

[46] Ecotraffic A B. The life of fuels, motor fuels from source to end use [EB/OL]. http://www. ecotraffic. se/eng/nedlad. htm.

[47] Boustead. Cobalance oil refining, a report for the European Centre for Plastics in the Environment (PWMI) [R]. Brussels, 1992.

[48] Wang M. GREET 1. 0—Transportation fuel cycles model: Methodology and use [R]. Argonne National Lab. , IL (United States), 1996.

[49] ANL. Total energy cycle assessment of electric and conventional vehicles: an energy and environmental analysis [R]. Washington, D. C. : US Department of Energy, 1998.

[50] 孙柏铭,严瑞. 生命周期评价方法及在汽车代用燃料中的应用[J]. 现代化工,1998, (07):36 - 41.

[51] Wang M Q. GREET 1. 5- transportation fuel-cycle model, Volume 1: Methodology, Development, Use and Results [R]. Center for Transportation Research, Argonne National Laboratoy, 1999.

[52] Wang M Q, Wu Y, Elgowainy A. Operating manual for GREET: version 1. 7 [R]. Center for Transportation Research, Argonne National Laboratory, November 2005.

[53] Wang M. Assessment of well-to-wheels energy use and greenhouse gas emissions of Fischer-Tropsch diesel [R]. Argonne National Laboratory, 2002.

[54] Wang M, Zigler B, Polsky Y. Research and Development Needs to Enable the Expansion of Natural Gas Use in Transportation [R]. Argonne, Illinois: Argonne National Laboratory, March 2015.

[55] Burnham A, Han J, Elgowainy A, et al. Updated Fugitive Greenhouse Gas Emissions for Natural Gas Pathways in the GREET [R]. Argonne, Illinois: Argonne National Laboratory, October 2013.

[56] Clark C, J. Han, Burnham A, et al. Life-cycle analysis of shale gas and natural gas [R]. Argonne National Laboratory (ANL), 2011.

[57] Wang M, Huang H. A full-fuel-cycle analysis of energy and emissions impacts of transportation fuels produced from natural gas [R]. Argonne, Illinois: Argonne

National Laboratory, December 1999.

[58] Wang M, Saricks C, Wu M. Fuel-cycle fossil energy use and greenhouse gas emissions of fuel ethanol produced from US Midwest corn [R]. Argonne, Illinois: Illinois Department of Commerce and Community Affairs, Bureau of Energy and Recycling, December 1997.

[59] Wu M, Wang M, Liu J, et al. Assessment of potential life-cycle energy and greenhouse gas emission effects from using corn-based butanol as a transportation fuel [J]. Biotechnol. Prog. , 2008,24(6):1204 - 1214.

[60] Wang M, Wu M, Huo H. Life-cycle energy and greenhouse gas emission impacts of different corn ethanol plant types [J]. Environmental Research Letters, 2007, 2 (2):024001.

[61] Wu M, Wang M, Huo H. Fuel-cycle assessment of selected bioethanol production pathways in the United States [R]. Argonne, Ill. : Argonne National Laboratory, ANL/ESD/06-7,2006,120.

[62] Wu M, Wu Y, Wang M. Energy and emission benefits of alternative transportation liquid fuels derived from switchgrass: a fuel life cycle assessment [J]. Biotechnol. Prog. , 2006,22(4):1012 - 1024.

[63] Shapouri H, Duffield J A, Wang M Q. The energy balance of corn ethanol: an update [R]. United States Department of Agriculture, Economic Research Service, 2002.

[64] Dunn J B, Mueller S, Wang M, et al. Energy consumption and greenhouse gas emissions from enzyme and yeast manufacture for corn and cellulosic ethanol production [J]. Biotechnol. Lett. , 2012,34(12):2259 - 2263.

[65] Han J, Elgowainy A, Dunn J B, et al. Life cycle analysis of fuel production from fast pyrolysis of biomass [J]. Bioresour. Technol. , 2013,133:421 - 428.

[66] Cai H, Dunn J B, Wang Z, et al. Life-cycle energy use and greenhouse gas emissions of production of bioethanol from sorghum in the United States [J]. Biotechnol. Biofuels, 2013,6(1):1 - 15.

[67] Davis R E, Fishman D B, Frank E D, et al. Integrated evaluation of cost, emissions, and resource potential for algal biofuels at the national scale [J]. Environ. Sci. Technol. , 2014,48(10):6035 - 6042.

[68] Canter C E, Davis R, Urgun-Demirtas M, et al. Infrastructure associated emissions for renewable diesel production from microalgae [J]. Algal Research, 2014, 5: 195 - 203.

[69] Elgowainy A, Han J, Zhu H. Updates to parameters of hydrogen production pathways in GREET [R]. Argonne, Illinois: Argonne National Laboratory, October 2013.

[70] Joseck F, Wang M, Wu Y. Potential energy and greenhouse gas emission effects of

hydrogen production from coke oven gas in US steel mills [J]. Int. J. Hydrogen Energy，2008,33(4):1445 - 1454.

[71] Wu Y，Wang M Q，Vyas A D，et al. Well-to-wheels analysis of energy use and greenhouse gas emissions of hydrogen produced with nuclear energy [J]. Nucl. Technol. ，2006,155(2):192 - 207.

[72] Canter C E，Dunn J B，Han J，et al. Policy implications of allocation methods in the life cycle analysis of integrated corn and corn stover ethanol production [J]. BioEnergy Research，2015:1 - 11.

[73] Emery I，Dunn J B，Han J，et al. Biomass storage options influence net energy and emissions of cellulosic ethanol [J]. BioEnergy Research，2015,8(2):590 - 604.

[74] Pegallapati A K，Dunn J B，Frank E D，et al. Supply chain sustainability analysis of whole algae hydrothermal liquefaction and upgrading [R]. Argonne National Laboratory (ANL)，2015.

[75] Dunn J B，Wang M，Wang Z，et al. Supply chain sustainability analysis of fast pyrolysis and hydrotreating bio-oil to produce hydrocarbon fuels [R]. Argonne National Laboratory (ANL)，2015.

[76] Qin Z，Dunn J B，Kwon H，et al. Soil carbon sequestration and land use change associated with biofuel production: Empirical evidence [J]. GCB Bioenergy，2015.

[77] Adom F，Dunn J B，Han J，et al. Life-cycle fossil energy consumption and greenhouse gas emissions of bioderived chemicals and their conventional Counterparts [J]. Environ. Sci. Technol. ，2014,48(24):14624 - 14631.

[78] Dunn J，Qin Z，Mueller S，et al. Carbon calculator for land use change from biofuels production (CCLUB) manual [R]. Argonne National Laboratory (ANL)，2015.

[79] Dunn J B，Gaines L，Sullivan J，et al. Impact of recycling on cradle-to-gate energy consumption and greenhouse gas emissions of automotive lithium-ion batteries [J]. Environ. Sci. Technol. ，2012,46(22):12704 - 12710.

[80] Dunn J B，Gaines L，Barnes M，et al. Material and energy flows in the materials production，assembly，and end-of-life stages of the automotive lithium-ion battery life cycle [R]. Argonne National Laboratory (ANL)，2012.

[81] Dunn J B，Gaines L，Barnes M，et al. Material and energy flows in the materials production，assembly，and end-of-life stages of the automotive lithium-Ion battery life cycle [R]. Argonne National Laboratory (ANL)，2014.

[82] Elgowainy A，Burnham A，Wang M，et al. Well-to-wheels energy use and greenhouse gas emissions analysis of plug-in hybrid electric vehicles [R]. Center for Transportation Research，Energy Systems Division. ANL/ESD/09-2,2009.

[83] Sullivan J，Burnham A，Wang M. Energy-consumption and carbon-emission analysis of vehicle and component manufacturing [R]. Argonne，Illinois:Argonne National

Laboratory, 2010.

[84] Sheehan o, Camobreco V, Duffield J, et al. Life cycle inventory of biodiesel and petroleum diesel for use in an urban bus, NREL/SR－580－24089 [R]. Golden, Colo: National Renewable Energy Laboratory, 1998.

[85] Camobreco V, Sheehan J, Duffield J, et al. Understanding the life-cycle costs and environmental profile of biodiesel and petroleum diesel fuel [R]. In SAE International: 2000.

[86] Weiss M A, Heywood J B, Drake E M, et al. On the road in 2020, a life-cycle analysis of new automobile technologies [R]. Cambridge: Massachusetts Institute of Technology, 2000.

[87] Brinkman N, Wang M, Weber T, et al. Well-to-wheels analysis of advanced fuel/ vehicle systems—a north American study of energy use, greenhouse gas emissions, and criteria pollutant emissions [R]. General Motors Corporation; Argonne National Laboratory, 2005.

[88] Kreutz T G, Larson E D, Liu G, et al. Fischer-Tropsch fuels from coal and biomass [C]. 25th Annual International Pittsburgh Coal Conference, 2008.

[89] Verbeek R, van der Weide J. Global assessment of dimethyl-ether: comparison with other fuels [R]. SAE Technical Paper 971607, 1997.

[90] AtraxEnergi A B. The bio-DME project [EB/OL]. http://www. atrax. se.

[91] Ofner H, Gill D, Krotscheck C. Dimethyl ether as fuel for CI engines-a new technology and its environmental potential [R]. SAE Technical Paper, 1998.

[92] 许英武,谢晓敏,黄震,等. 废煎炸油制生物柴油全生命周期分析[J]. 农业机械学报, 2010,41(2):99－103.

[93] 许英武. 生物柴油生命周期分析与发动机低温燃烧试验研究[D]. 上海:上海交通大学,2010.

[94] Xie X, Wang M, Han J. Assessment of fuel-cycle energy use and greenhouse gas emissions for Fischer—Tropsch diesel from coal and cellulosic biomass [J]. Environ. Sci. Technol. , 2011,45(7):3047－3053.

[95] 胡志远,浦耿强,王成焘. 代用能源汽车生命周期评估[J]. 汽车研究与开发,2002, (05):49－53.

[96] 胡志远,戴杜,张成,等. 木薯乙醇-汽油混合燃料生命周期评价[J]. 内燃机学报,2003, 21(5):341－345.

[97] Zhang T, Xie X, Huang Z. Life cycle water footprints of nonfood biomass fuels in China [J]. Environmental Science & Technology, 2014,48(7):4137－4144.

[98] Shen W, Han W, Chock D, et al. Well-to-wheels life-cycle analysis of alternative fuels and vehicle technologies in China [J]. Energy Policy, 2012,49:296－307.

[99] Ou X, Zhang X, Chang S. Scenario analysis on alternative fuel/vehicle for China's

future road transport：Life-cycle energy demand and GHG emissions [J]. Energy Policy，2010,38(8)：3943－3956.

[100] Ou X，Xiaoyu Y，Zhang X. Life-cycle energy consumption and greenhouse gas emissions for electricity generation and supply in China [J]. Appl. Energ. ，2010,88 (1)：289－297.

[101] Ou X，Zhang X，Chang S. Alternative fuel buses currently in use in China：Life-cycle fossil energy use，GHG emissions and policy recommendations [J]. Energy Policy，2009,38(1)：406－418.

[102] Ou X，Zhang X，Chang S，et al. Energy consumption and GHG emissions of six biofuel pathways by LCA in (the) People's Republic of China [J]. Applied Energy，2009,86(Supplement 1)：S197－S208.

[103] 欧训民,张希良,覃一宁,等. 未来煤电驱动电动汽车的全生命周期分析[J].煤炭学报,2010,(01):169－172.

[104] 欧训民,张希良. 我国煤基、生物质基液体燃料及电力碳强度研究——发展低碳交通燃料,应对全球气候变化[C].中国可持续发展论坛暨中国可持续发展研究会学术年会,中国北京,2009.

[105] Huo H，Zhang Q，Wang M Q，et al. Environmental implication of electric vehicles in china [J]. Environ. Sci. Technol. ，2010,44(13)：4856－4861.

[106] 汪映. 高比例甲醇汽油燃料的生命周期分析[J].汽车技术,2010,(06):21－24.

[107] 吴锐,张忠益,任玉珑,等. 基于生命周期的天然气基汽车燃料的分析[J].工业工程与管理,2004,(04):102－106,111.

[108] 张可,王贺武,李希浩,等. 城市客车 GTL 燃料的全生命周期分析[J].汽车工程,2009,(01):69－73＋64.

[109] 冯文,王淑娟,倪维斗,等.燃料电池汽车氢能系统的环境、经济和能源评价[J].太阳能学报,2003,(03):394－400.

[110] 冯文,王淑娟,倪维斗,等.燃料电池汽车氢源基础设施的生命周期评价[J].环境科学,2003,(03):8－15.

[111] Astbury G R. A review of the properties and hazards of some alternative fuels [J]. Process Saf. Environ. Prot. ，2008,86(6)：397－414.

[112] Kim S，Dale B E. Life cycle assessment of fuel ethanol derived from corn grain via dry milling [J]. Bioresour. Technol. ，2008,99(12)：5250－5260.

[113] Hou H，Wang M，Bloyd C，et al. Life-cycle assessment of energy use and greenhouse gas emissions of soybean-derived biodiesel and renewable fuels [J]. Environ. Sci. Technol. ，2009,43(3)：750－756.

[114] Hu Z，Tan P，Yan X，et al. Life cycle energy, environment and economic assessment of soybean-based biodiesel as an alternative automotive fuel in China [J]. Energy，2008,33(11)：1654－1658.

[115] Spatari S. Biomass to ethanol pathways: evaluation of lignocellulosic ethanol production technologies [D]. University of Toronto, 2007.

[116] Yu S R, Tao J. Simulation-based life cycle assessment of energy efficiency of biomass-based ethanol fuel from different feedstocks in China [J]. Energy, 2009,34 (4):476 - 484.

[117] He J, Zhang W. Techno-economic evaluation of thermo-chemical biomass-to-ethanol [J]. Applied Energy, 2011,88(4):1224 - 1232.

[118] Ventura J R S, Yang B, Lee Y W, et al. Life cycle analyses of CO_2, energy, and cost for four different routes of microalgal bioenergy conversion [J]. Bioresour. Technol. , 2013,137:302 - 310.

[119] Passell H, Dhaliwal H, Reno M, et al. Algae biodiesel life cycle assessment using current commercial data [J]. J. Environ. Manage. , 2013,129:103 - 111.

[120] Clarens A F, Resurreccion E P, White M A, et al. Environmental life cycle comparison of algae to other bioenergy feedstocks [J]. Environ. Sci. Technol. , 2010,44(5):1813 - 1819.

[121] Yanfen L, Zehao H, Xiaoqian M. Energy analysis and environmental impacts of microalgal biodiesel in China [J]. Energy Policy, 2012,45:142 - 151.

[122] Stephenson A L, Kazamia E, Dennis J S, et al. Life-cycle assessment of potential algal biodiesel production in the United Kingdom: A comparison of raceways and air-lift tubular bioreactors [J]. Energy & Fuels, 2010,24:4062 - 4077.

[123] Lardon L, Hélias A, Sialve B, et al. Life-cycle assessment of biodiesel production from microalgae [J]. Environ. Sci. Technol. , 2009,43(17):6475 - 6481.

[124] Razon L F, Tan R R. Net energy analysis of the production of biodiesel and biogas from the microalgae: Haematococcus pluvialis and Nannochloropsis [J]. Applied Energy, 2011,88(10):3507 - 3514.

[125] Khoo H H, Sharratt P N, Das P, et al. Life cycle energy and CO_2 analysis of microalgae-to-biodiesel: Preliminary results and comparisons [J]. Bioresour. Technol. , 2011,102(10):5800 - 5807.

[126] Shirvani T, Yan X Y, Inderwildi O R, et al. Life cycle energy and greenhouse gas analysis for algae-derived biodiesel [J]. Energy & Environmental Science, 2011,4 (10):3773 - 3778.

[127] Batan L, Quinn J, Willson B, et al. Net Energy and Greenhouse Gas Emission Evaluation of Biodiesel Derived from Microalgae [J]. Environ. Sci. Technol. , 2010, 44(20):7975 - 7980.

[128] Pfromm P H, Amanor-Boadu V, Nelson R. Sustainability of algae derived biodiesel: A mass balance approach [J]. Bioresour. Technol. , 2011,102(2):1185 - 1193.

[129] Yang J, Xu M, Zhang X, et al. Life-cycle analysis on biodiesel production from

microalgae: Water footprint and nutrients balance [J]. Bioresour. Technol. , 2011, 102(1):159 - 165.

[130] Watson R T, Noble I R, Bolin B, et al. Land use, land-use change and forestry: a special report of the Intergovernmental Panel on Climate Change [R]. Cambridge University Press, 2000.

[131] Park J B K, Craggs R J, Shilton A N. Wastewater treatment high rate algal ponds for biofuel production [J]. Bioresour. Technol. , 2010,102(1):32 - 42.

[132] Gnansounou E, Dauriat A, Villegas J, et al. Life cycle assessment of biofuels: Energy and greenhouse gas balances [J]. Bioresour. Technol. , 2009, 100 (21): 4919 - 4930.

[133] Wang M. Updated energy and greenhouse gas emission results of fuel ethanol [C]. The 15th International Symposium on Alcohol Fuels, San Diego, 2005.

[134] Tilman D, Hill J, Lehman C. High-diversity grassland biomass carbon-negative biofuels from low-input [J]. Science, 2006,314:1598 - 1600.

[135] Milledge J J, Smith B, Dyer P W, et al. Macroalgae-derived biofuel: A review of methods of energy extraction from seaweed biomass [J]. Energies, 2014,7(11): 7194 - 7222.

[136] Fan J, Shonnard D R, Kalnes T N, et al. A life cycle assessment of pennycress (Thlaspi arvense L.)—derived jet fuel and diesel [J]. Biomass Bioenergy, 2013,55: 87 - 100.

[137] Pereira L G, Chagas M F, Dias M O, et al. Life cycle assessment of butanol production in sugarcane biorefineries in Brazil [J]. Journal of Cleaner Production, 2015,96:557 - 568.

[138] Castanheira É G, Grisoli R, Coelho S, et al. Life-cycle assessment of soybean-based biodiesel in Europe: comparing grain, oil and biodiesel import from Brazil [J]. Journal of Cleaner Production, 2015,102:188 - 201.

[139] Wulf C, Kaltschmitt M. Life cycle assessment of biohydrogen production as a transportation fuel in Germany [J]. Bioresour. Technol. , 2013,150:466 - 475.

[140] Pieragostini C, Aguirre P, Mussati M C. Life cycle assessment of corn-based ethanol production in Argentina [J]. Sci. Total. Environ. , 2014,472:212 - 225.

[141] Li S-Z, Chan-Halbrendt C. Ethanol production in (the) People's Republic of China: potential and technologies [J]. Applied Energy, 2009,86:S162 - S169.

[142] 李小环,计军平,马晓明,等. 基于 EIO - LCA 的燃料乙醇生命周期温室气体排放研究 [J]. 北京大学学报:自然科学版,2011,47(6):1081 - 1088.

[143] 田望,廖翠萍,李莉,等. 玉米秸秆基纤维素乙醇生命周期能耗与温室气体排放分析 [J]. 生物工程学报,2011,27(3):516 - 525.

[144] Wu C, Yin X, Yuan Z, et al. The development of bioenergy technology in China

[J]. Energy, 2010,35(11):4445 - 4450.

[145] Balat M, Balat H. A critical review of bio-diesel as a vehicular fuel [J]. Energy Convers. Manage., 2008,49(10):2727 - 2741.

[146] Lu H, Liu Y, Zhou H, et al. Production of biodiesel from Jatropha curcas L. oil [J]. Comput. Chem Eng., 2009,33(5):1091 - 1096.

[147] 戴杜,刘荣厚,浦耿强,等.中国生物质燃料乙醇项目能量生产效率评估[J].农业工程学报,2005,(11):129 - 131.

[148] Yu S, Tao J. Energy efficiency assessment by life cycle simulation of cassava-based fuel ethanol for automotive use in Chinese Guangxi context [J]. Energy, 2009, 34 (1):22 - 31.

[149] Papong S, Malakul P. Life-cycle energy and environmental analysis of bioethanol production from cassava in Thailand [J]. Bioresour. Technol., 2010, 101 (1, Supplement 1):S112 - S118.

[150] 胡志远,浦耿强,王成焘.木薯乙醇-汽油混合燃料生命周期能源消耗多目标优化研究[J].内燃机学报,2004,(04):351 - 356.

[151] Yu S, Tao J. Life cycle simulation-based economic and risk assessment of biomass-based fuel ethanol (BFE) projects in different feedstock planting areas [J]. Energy, 2008,33(3):375 - 384.

[152] 黎贞崇.能源作物——甘蔗和木薯的效益比较[J].能源研究与利用,2008,(05):22 - 25.

[153] C hinnawornrungsee R, Malakul P, Mungcharoen T. Life cycle energy and environmental analysis study of a model biorefinery in Thailand [J]. Chemical Engineering Transactions, 2013,32:439 - 444.

[154] 张艳丽,高新星,王爱华,等.我国生物质燃料乙醇示范工程的全生命周期评价[J].可再生能源,2009,27(6):63 - 68.

[155] Cai H, Dunn J B, Wang Z, et al. Life-cycle energy use and greenhouse gas emissions of production of bioethanol from sorghum in the United States [J]. Biotechnology for Biofuels, 2013,6(4):357 - 370.

[156] E vans J M, Cohen M J. Regional water resource implications of bioethanol production in the Southeastern United States [J]. Global Change Biol., 2009,15(9):2261 - 2273.

[157] Liang S, Xu M, Zhang T. Unintended consequences of bioethanol feedstock choice in China [J]. Bioresour. Technol., 2012,125:312 - 317.

[158] 田宜水,李十中,赵立欣,等.甜高粱茎秆乙醇全生命周期分析[J].农业机械学报,2011,(06):132 - 137.

[159] Wang M, Chen Y, Xia X, et al. Energy efficiency and environmental performance of bioethanol production from sweet sorghum stem based on life cycle analysis [J].

Bioresour. Technol. ，2014,163:74 - 81.

[160] Olukoya I A，Bellmer D，Whiteley J R，et al. Evaluation of the environmental impacts of ethanol production from sweet sorghum ［J］. Energy for Sustainable Development，2015,24:1 - 8.

[161] Caffrey K R，Veal M W，Chinn M S. The farm to biorefinery continuum: A techno-economic and LCA analysis of ethanol production from sweet sorghum juice ［J］. Agricultural Systems，2014,130:55 - 66.

[162] 高慧,胡山鹰,李有润,等. 甜高粱乙醇全生命周期温室气体排放[J]. 农业工程学报，2012,(01):178 - 183.

[163] 高慧,胡山鹰,李有润,等. 甜高粱乙醇全生命周期能量效率和经济效益分析[J]. 清华大学学报(自然科学版),2010,(11):1858 - 1863.

[164] Zhang T，Xie X，Huang Z. Life cycle water footprints of nonfood biomass fuels in China ［J］. Environ. Sci. Technol. ，2014,48(7):4137 - 4144.

[165] Yaoyang X，Boeing W J. Mapping biofuel field: A bibliometric evaluation of research output ［J］. Renewable and Sustainable Energy Reviews，2013,28:82 - 91.

[166] Campbell P K，Beer T，Batten D. Life cycle assessment of biodiesel production from microalgae in ponds ［J］. Bioresour. Technol. ，2011,102(1):50 - 56.

[167] Brentner L B，Eckelman M J，Zimmerman J B. Combinatorial life cycle assessment to inform process design of industrial production of algal biodiesel ［J］. Environ. Sci. Technol. ，2011,45(16):7060 - 7067.

[168] Collet P，Héias A，Lardon L，et al. Life-cycle assessment of microalgae culture coupled to biogas production ［J］. Bioresour. Technol. ，2011,102(1):207 - 214.

[169] Holma A，Koponen K，Antikainen R，et al. Current limits of life cycle assessment framework in evaluating environmental sustainability—Case of two evolving biofuel technologies ［J］. Journal of Cleaner Production，2013,54:215 - 228.

[170] Zaimes G G，Khanna V. Environmental sustainability of emerging algal biofuels: A comparative life cycle evaluation of algal biodiesel and renewable diesel ［J］. Environmental Progress and Sustainable Energy，2013.

[171] Subhadra B，Edwards M. An integrated renewable energy park approach for algal biofuel production in United States ［J］. Energy Policy，2010,38(9):4897 - 4902.

[172] Delucchi M A. Emissions of greenhouse gases from the use of transportation fuels and electricity—volume 2: Appendixes A-S. ANL/ESD/TM-22 ［R］. Argonne national laboratory，1993:103 - 129.

[173] Odlare M，Nehrenheim E，Ribé V，et al. Cultivation of algae with indigenous species—Potentials for regional biofuel production ［J］. Applied Energy，2011,88(10):3280 - 3285.

[174] 张庭婷,谢晓敏,黄震. 中国微藻生物柴油生产潜力分布特征分析[J]. 太阳能学

报,2016.

[175] Dalrymple O K, Halfhide T, Udom I, et al. Wastewater use in algae production for generation of renewable resources: A review and preliminary results [J]. Aquatic Biosystems, 2013,9:2.

[176] Zhang X, Yan S, Tyagi R D, et al. Energy balance and greenhouse gas emissions of biodiesel production from oil derived from wastewater and wastewater sludge [J]. Renewable Energy, 2013,55:392 – 403.

[177] Reijnders L. Microalgal and terrestrial transport biofuels to displace fossil fuels [J]. Energies, 2009,2(1):48 – 56.

[178] Chisti Y. Biodiesel from microalgae [J]. Biotechnol. Adv. , 2007,25(3):294 – 306.

[179] Lundquist T J, Woertz I C, Quinn N W T, et al. A realistic technology and engineering assessment of algae biofuel production [R]. Energy Biosciences Institute, 2010.

[180] Chinnasamy S, Bhatnagar A, Hunt R W, et al. Microalgae cultivation in a wastewater dominated by carpet mill effluents for biofuel applications [J]. Bioresour. Technol. , 2010,101(9):3097 – 3105.

[181] Sturm B S M, Lamer S L. An energy evaluation of coupling nutrient removal from wastewater with algal biomass production [J]. Applied Energy, 2011, 88 (10): 3499 – 3506.

[182] Sim T S, Goh A. Ecology of microalgae in a high rate pond for piggery effluent purification in Singapore [J]. Mircen Journal, 1988,4:285 – 297.

[183] Sim T S. Comparison of centrifugation, dissolved air flotation and drum filtration techniques for harvesting sewage-grown algae [J]. Biomass, 1988,16:51 – 62.

[184] Christenson L, Sims R. Production and harvesting of microalgae for wastewater treatment, biofuels, and bioproducts [J]. Biotechnol. Adv. , 2011,29(6):686 – 702.

[185] Sandbank E, van Vuuren L J. Microalgal harvesting by in situ autoflotation [J]. Water Sci. Technol. , 1987,19(12):385 – 387.

[186] Zamalloa C, Vulsteke E, Albrecht J, et al. The techno-economic potential of renewable energy through the anaerobic digestion of microalgae [J]. Bioresour. Technol. , 2011,102(2):1149 – 1158.

[187] Ehimen E A, Sun Z F, Carrington C G, et al. Anaerobic digestion of microalgae residues resulting from the biodiesel production process [J]. Applied Energy, 2011, 88(10):3454 – 3463.

[188] Zamalloa C, Boon N, Verstraete W. Anaerobic digestibility of Scenedesmus obliquus and phaeodactylum tricornutum under mesophilic and thermophilic conditions [J]. Applied Energy, 2012,92:733 – 738.

[189] Sialve B, Bernet N, Bernard O. Anaerobic digestion of microalgae as a necessary step

to make microalgal biodiesel sustainable [J]. Biotechnol. Adv. , 2009, 27 (4):
409 - 416.

[190] Harun R, Davidson M, Doyle M, et al. Technoeconomic analysis of an integrated
microalgae photobioreactor, biodiesel and biogas production facility [J]. Biomass
Bioenergy, 2011,35(1):741 - 747.

[191] Torres C M, Ríos S D, Torras C, et al. Microalgae-based biodiesel: A multicriteria
analysis of the production process using realistic scenarios [J]. Bioresour. Technol. ,
2013,147:7 - 16.

第4章　水足迹评价发展

4.1　水与能源

4.1.1　全球水资源与能源

  水在可持续发展相关的各个方面都起着至关重要的作用,包括人类健康、粮食和能源安全、城市化、工业增长和气候变化等[1]。正如同加热和烹饪是满足人类基本需求的必要条件,获取安全的能源也是可持续发展的核心部分。能源与水是紧密相连的,几乎所有形式的能源都需要一定量的水来参与其生产过程。例如,分别占了全球电力结构80%和15%的火电和水电,其生产过程需要大量的水。反之,水的收集、处理和运输的过程中也需要能源。据估计,在供水和污水处理设施的总运营成本中,电的成本占去了5%~30%,但在印度和孟加拉国等国家中,供水和污水处理设施的总运营成本中,电的成本甚至已高达40%[1]。此外,水和能源还为各个家庭提供相应配套服务,如依靠能源从水井中抽水,并加热水用于做饭和清洁卫生等。在全球范围内,对淡水资源和能源的需求还将大幅增加,以满足不断增长的人口需求、经济增长、生活方式的改变以及不断变化的消费模式。这将给有限的自然资源和生态系统带来极大的压力。同时也给正面临加快转型和经济快速增长的国家带来严峻挑战,特别是在那些水资源严重缺乏以及与水有关的基础设施和服务不足的国家和地区,如图4-1所示[2]。

  迄今,全球仍有很多人缺乏基本的供水和供电。WHO和联合国儿童基金会(United Nations International Children's Emergency Fund,UNICEF)在2013年发布的一个报告中显示,全球约有768百万的人不能用上干净的水,约有25亿的人仍无法享受到改进的卫生设施[3]。并且,大约有13亿的人仍无法用上电,其中的95%位于撒哈拉以南非洲和亚洲的发展中地区,且仍依靠石油传统生物质燃烧做饭的人群数量大约是26亿[1]。表4-1列举了全球部分国家无法使用电力、改善水和卫生设施的人口数量比例[1]。可以看出,全球约70亿的人口中,大约还有18.1%的人没法用上电,11.1%的人没法用上干净的水,35.9%的人没法用上改善

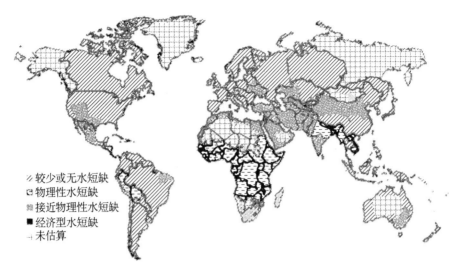

图4-1　全球地表水缺乏程度

的卫生设施,依然有38％的人采用固体燃料进行烹饪做饭。从各大洲来看,非洲地区的形势更加严峻,其次为亚洲和拉丁美洲。在中国,依然有0.2％的人口存在用电困难的问题,8.3％的人无法用上改善水,34.9％的人未能用上改善的卫生设施。相对而言,这些缺电、缺水、缺少卫生设施的地区主要集中在比较落后、经济欠发达的地区。

表4-1　全球部分仍无法使用电力、改善水和卫生设施的国家和地区(2011年)

	人口/百万	不能用上电的人口比例/％	不能用上改善水的人口比例/％	不能用上卫生设施的人口比例/％	用固体燃料做饭的人口比例/％
亚洲					
孟加拉国	150.5	40.4	16.8	45.3	91.0
柬埔寨	14.3	66.0	32.9	66.9	92.0
中国	1 347.6	0.2	8.3	34.9	55.0
印度	1 241.5	24.7	8.4	64.9	57.0
印度尼西亚	242.3	27.1	15.7	41.3	55.0
蒙古	2.8	11.8	14.7	47.0	77.0
缅甸	48.3	51.2	15.9	22.7	95.0
尼泊尔	30.5	23.7	12.4	64.6	83.0
巴基斯坦	176.7	31.4	8.6	52.6	67.0

（续表）

	人口/ 百万	不能用上 电的人口 比例/%	不能用上 改善水的 人口比例/%	不能用上 卫生设施的 人口比例/%	用固体燃料 做饭的人口 比例/%
亚洲					
斯里兰卡	21.0	14.6	7.4	8.9	78.0
泰国	69.5	1.0	4.2	6.6	34.0
非洲					
布基纳法索	17.0	86.9	20.0	82.0	93.0
喀麦隆	20.0	46.3	25.6	52.2	75.0
刚果（金）	67.8	91.0	53.8	69.3	95.0
埃塞俄比亚	84.7	76.7	51.0	79.3	95.0
加纳	25.0	28.0	13.7	86.5	83.0
肯尼亚	41.6	80.8	39.1	70.6	82.0
马拉维	15.4	93.0	16.3	47.1	99.0
尼日利亚	162.5	52.0	38.9	69.4	75.0
塞内加尔	12.8	43.5	26.6	48.6	56.0
南非	50.5	15.3	8.5	26.0	17.0
多哥	6.2	73.5	41.0	88.6	98.0
乌干达	34.5	85.4	25.2	65.0	96.0
拉丁美洲					
阿根廷	40.8	2.8	0.8	3.7	5.0
玻利维亚	10.1	13.2	12.0	53.7	29.0
巴西	196.7	0.7	2.8	53.7	29.0
哥伦比亚	46.9	2.6	7.1	21.9	15.0
危地马拉	14.8	18.1	6.2	19.8	62.0
海地	10.1	72.1	36.0	73.9	94.0
尼加拉瓜	5.9	22.3	15.0	47.9	28.4
秘鲁	29.4	10.3	14.7	28.4	37.0
中东					
伊拉克	32.7	2.0	15.1	16.1	5.0
叙利亚	20.8	7.2	10.1	4.8	0.3

(续表)

	人口/百万	不能用上电的人口比例/%	不能用上改善水的人口比例/%	不能用上卫生设施的人口比例/%	用固体燃料做饭的人口比例/%
中东					
也门	24.8	60.1	45.2	47.0	36.0
全球总计(2012年)					
全球	6 950.7	18.1	11.1	35.9	38.0

图4-2为全球及主要经济体中不同部门的水需求预测情况[3]。从图中可以看出,到2050年,全球的水需求将会在2000年的基础上大约增长55%,水需求的增长主要出现在金砖国家(BRIICS)中,包括巴西、俄罗斯、印度、印度尼西亚、中国和南非,特别是其中的一些发展中国家和一些新兴经济体。经合组织国家由于经济已经较为发达,且生产效率和技术水平都在不断提高,未来水需求将会有所降低。除OECD和BRIICS以外的其他国家和地区,水需求仍会保持较大幅度地增长。从各部门的水需求来看,据不完全统计,不同地区的灌溉水需求到2050年都会较2000年有所减少,但制造业的水需求将会在2000年的基础上增加400%,发电厂的水需求也会较2000年增加140%,生活用水较2000年的增加幅度为130%。

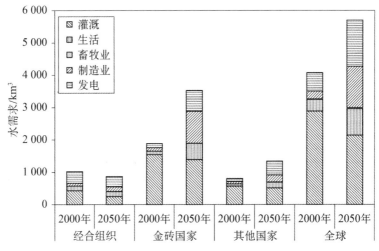

图4-2 全球水需求(淡水取水量)

用于水供应的能源主要由两个部分组成:泵送和处理。泵水所需的能源取决于高度、距离、管径和摩擦力等。由于水的密度大,因此,泵送水所需的能耗相对也较大。水和废水处理过程中所需要的能源取决于很多因素,如水源的质量、污染物的性质以及工厂中所用的水处理方法等。不同用途的水需要用不同的处理工艺。例如饮用水通常需要深度处理，一旦使用后，还需对其再次处理以达到能排放到环境中的标准。处理过程也是能源强度较大的过程，且各种技术的能源因工艺而不同。处理 1 m³ 水，采用紫外方法的能耗相对较低，大约需要 0.01～0.04 kW·h，而使用复杂的工艺，如反向渗透技术，则需要 1.5～3.5 kW·h[3]。用于农业的水一般不需要处理，仅泵送水的时候才消耗能源。农业灌溉所消耗的能源一般与灌溉用水的数量和采用的灌溉方法有关。图 4-3 为每安全生产 1 m³ 不同来源的水供给人类使用所需要的能源量[3]。从图中可以看出，处理不同来源的水在能源需求量上各不相同。当处理 1 m³ 的湖水或河流时，所需的能源强度是 0.37 kW·h；处理 1 m³ 地下水时，所需的能源强度是 0.48 kW·h；处理 1 m³ 废水时，所需的能源强度大约是 0.62～0.87 kW·h；当再利用 1 m³ 废水时，所需的能源强度是 1.0～2.5 kW·h；处理 1 m³ 海水时，所需的能源强度是 2.58～8.5 kW·h。可见，工艺越复杂，水质要求越高，所消耗的能源也将越多。

图 4-3　每处理 1 m³ 不同来源的水所需要的能源强度

　　总的来看，水与能源息息相关，水资源的风险也会引发能源风险。随着对有限的水资源供应需求的不断增加，也给水需求强大的能源生产者带来了压力，促使他们寻求其他的可替代途径，特别是带来了与其他行业的竞争，如农业、制造业、饮用水等。因此，迫切需要有效地平衡各部门之间的关系，最大限度地提高多个部门之间的合作，包括与能源领域的合作。

4.1.2　能源对水的渴望

　　IEA 在《2014 世界能源展望》这一统计报告中指出[4]，当前全球能源系统依然危机四伏，尽管技术进步和能源效率的提高会给我们带来些许乐观，但要使能源趋势向好，仍有一些亟待解决的问题。报告中还预测到 2040 年，随着世界人口和经济的持续增长，全球能源需求将增长 37%，同时，在世界能源供应结构中，石油、天然气、煤炭和低碳能源将平分秋色，天然气的需求将增长 50% 以上。能源需求的增长也给水资源带来更高的要求。据统计[3]，2010 年全球能源领域消耗的取水量为 5.83×10^{11} m³，大约占了世界总取水量的 15%，到 2035 年，能源领域消耗的取水量占世界总取水量的比例将增加到 20%，这主要归因于带有更多先进冷凝系统的高效发电厂的投入以及生物燃料的大规模生产。

　　水对能源来说至关重要。在采掘业中,如煤、铀、石油和天然气的开采,水是生产这些能源的重要物质。在利用玉米、甘蔗渣等作物生产生物乙醇以及利用其他生物质生产其他燃料的过程中,水是关键要素。在发电厂的冷却过程以及水力发电和蒸汽轮机发电的工艺中,水也是重要的驱动力。在一些地方,水甚至还用来运输燃料,例如在欧洲和许多亚洲水路发达的地方,人们在纵横交错的水路上利用漂浮驳船将煤从开采地运输至发电厂。

　　对一个国家的总水消耗而言,能源消耗的水占有较大的比例。在一些发展中国家,取水量的10%~20%用于满足包括能源在内的工业需求。而在发达国家,小部分的水用于农业,超过50%的取水量都用于满足工业生产和生活需求。图4-4为不同能源生产过程中消耗水的比例情况[3]。从图中可以看出,油气开采过程中需要耗费大量的水,天然气开采过程中消耗的水比石油和煤消耗的水都高。生物燃料需要的水比开采出的能源需要的水多,这是因为作物需要水进行光合作用。另外,非传统化石燃料,比传统化石燃料消耗的水更多,如煤制气等。以煤为例,在其挖掘之前,许多煤层都需要脱水。用水量通常被归类为水消耗,因为用过的水一般不太可能作为他用。在铀矿开采中也需要用水来对铀矿进行洗选,而且这些洗选后排放的水会对环境造成一定的污染。

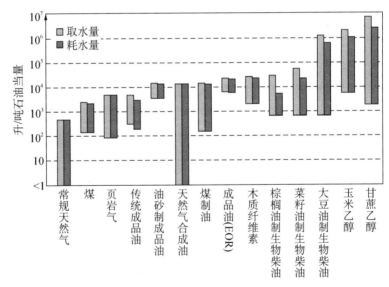

图4-4　不同燃料生产的取水和耗电量

　　据《2014全球可再生能源现状报告》[5],2012年可再生能源消费量约占全球终端能源消费总量的19%,其中大约10%来自现代可再生能源,9%来自传统生物质能。表4-2为2010—2013年全球可再生能源的主要指标。在现代可再生能源终端消费中,水电占3.8%,风能、太阳能、地热能等占1.2%,而以生物乙醇和生物柴油为代表的生物液体燃料的比例仅占 0.8%[5]。

表 4-2　2010—2013 年全球主要可再生能源指标

	单位	2010 年	2011 年	2012 年	2013 年
可再生能源投资	亿美元	2 270	2 790	2 495	2 144
可再生能源装机(不含水电)	GW	315	395	480	560
可再生能源装机(含水电)	GW	1 250	1 355	1 440	1 560
水电装机	GW	935	960	960	1 000
生物质发电	TW·h	313	335	350	405
地热装机量	GW	—	—	11.5	12
太阳能光伏装机	GW	40	71	100	138
聚光太阳能热发电	GW	1.1	1.6	2.5	3.4
风电装机	GW	198	238	283	318
太阳能热水安装量	GW	195	223	282	326
生物乙醇产量	亿升	850	842	826	872
生物柴油产量	亿升	185	224	236	263

4.1.3　能源生产耗水对生态系统的影响

　　能源生产、水和生态系统三者之间的关系是复杂的,表 4-3 总结了它们之间的联系[3]。以发电为例,发电站通常依河而建,这是因为发电站需要淡水冷却。并且在水电站,水通常是用作驱动涡轮机的动力。故电站产生的废水和热水排放到河流后,便会在生态系统内经过吸收、缓冲、稀释和脱毒等过程。

表 4-3　能源生产用水对生态系统的影响

能源类型	水消耗示例	对生态的依赖	对生态的影响
水力资源	发电	上游流量调节 上游侵蚀管理 气候管理	渔业 下游流量调节 下游泥沙流转
生物能源	生物燃料作物灌溉用水	水供应 水流量调节	流量调节 食品生产 水质
	生物质耗水	土壤肥力 授粉	

（续表）

能源类型	水消耗示例	对生态的依赖	对生态的影响
化石燃料	开采	长期土壤形成	营养物回收 景色 侵蚀
	炼制 使用	水量调节 水量调节	GHG 排放管理 GHG 排放
热电厂（化石燃料、核电、聚光太阳能）	冷却	水量调节	生物多样性 水域生态系统功能
	废物处理		几乎所有的调节和支持服务

全球的生态目前已受到很大程度的损害，其中最重要的一个因素就是能源生产带来的影响。不同形式的能源或多或少对水资源带来影响。如表 4-3 所示，由于水资源的特点和水流的边界，因此，很容易对空间尺度小的影响进行定量。大多能源生产用水都取决于易于获取的水，这在很多方面都会影响到与水相关的生态系统。若在对的时间、对的地点、对的质量和数量等情况下无法获得适当的水，那么，可忽略掉生态系统的功能和服务以及后续的能源生产。

1）水电

在可再生电力来源中，水电所占的比例最大。水力发电过程中利用水驱动涡轮机转动发电，其中绝大部分水都穿过水电站，并可作为他用。通常会修建大坝形成水库蓄水（见图 4-5），其选址是由上游的植被和健康的土壤决定的，以避免水库因泥沙沉降而被调慢，同时也起到调节流量的作用。许多设计良好运行正常的水库都包括流域管理。

图 4-5　人工拦截水库

图片来源：WWAP[3]

从环境角度来看,水力发电的一个重要问题是:在给人类活动、经济发展带来便利的同时,水库和大坝的修建是否会对当地的生态服务系统产生深远的影响。一份对全球 292 条大型河流的研究报告表明[3],其中的 172 条已经受到大坝影响并被阻断,妨碍了一些鱼类在河流上下游之间的迁徙。筑坝发电和人工流量调节会影响河流的时间性,通常这会减少或消除季节洪水的泛滥,但影响了河流生态、附近的冲积平原和湿地。修建大坝的另一个影响是减少了下游沉积物的流转,这破坏了沿海生态系统的完整性。

2) 生物能源

生物能源是源于生物质的所有可再生能源的总称,它包括薪柴、生物燃料、农业副产品、木炭、泥煤和粪干等。目前,全球可再生能源的消耗占比大约是 18%。生物能源中可再生能源的占比大约为 78%,其中大约有 68% 是来自于传统生物质。如表 4-1 所示,世界上现在仍有大约 20 亿左右人依靠薪柴和木炭来满足他们的日常能源需求。每当在家直接燃烧薪柴这些生物质做饭时,都会引起室内的大量空气污染,严重影响贫穷地区的女性和孩子的身体健康。除直接燃烧外,生物质,如木屑和森林废弃物一类的物质,也常被发电站用来燃烧发电。

无论哪种生物质或哪种规模的生物质利用,所有的生物质能源都需要土地和水,它们需要生态系统为它们源源不断地提供支撑,如土壤里的营养、水量管理等。一般来讲,很难去评估生物能源的水消耗。生物燃料是生物能源的一种,它被认为是替代化石燃料减少 GHG 排放的方式之一。用传统农业的方式来增加生物燃料作物的种植面积可能会引起其他方面不成比例的增长,如土地、水、肥料、杀虫剂、除草剂及其他输入原料等。因此,不可持续的生物燃料生产对当地水资源(包括下游污染)、土地利用、食品安全和生态系统等都有重要的影响。扩大生物燃料的生产规模以及随之产生的在农业和林业获得转移和扩张已经产生了一系列环境和社会问题,如潜在的 GHG 排放增加、滥用劳动者权利、森林砍伐以及食品安全等。藻类生物燃料似乎是对环境影响较小的燃料,但它的大规模化生产技术还有待进一步突破。未来急需要能有效监控和管理生物燃料生产的新政策和新方案。

3) 化石燃料

化石燃料的开采、处理和石油对生态系统有很大的影响,包括水消耗、污染以及 GHG 排放。除 GHG 排放外,石油泄漏、破坏土地、安全事故、火灾、空气污染事件以及水污染等影响也越来越受到关注。在化石燃料生产和使用过程中,水质在经过燃料循环的每一步后都在下降。不论是常规作业生产还是在事故突发时,化石燃料的开采、炼制和燃烧都会排放污染水。据统计,在化石燃料生产过程中,每年有 150~180 亿立方米的淡水被污染,这对当地生态系统以及依靠该水域生活的人们带来严重影响。从全球来看,化石燃料燃烧以及随之引起的气候变化,将会给整个水域系统的水可获取能力和水质量带来长期的影响。

油气开采过程中的水力压裂技术是用大量的水从地下很深的岩层中将油气开采出来。由于开采地安装有很多设备,取水引发的安全风险可能会更高。目前,国际社会已经开始对水利压力技术进行监管。一些研究指出了地表水和地下水污染、淡水枯竭、生物多样性、土地过度利用、空气污染、噪声污染和地震活动的潜在风险。其中的一些风险会对环境社会和人类生活造成长期影响。

4.2 水足迹概念发展

4.2.1 水足迹概念

人类生产和生活的各种活动中都会直接消耗和污染大量的水资源,比如灌溉、洗浴、洗涤、清洁、冷却以及加工等。普遍认为,这些消耗和污染的水指的是各项活动直接引起的水需求和水污染之总和。然而,水资源的总体消耗和污染最终是与商品消费类型、数量以及提供消费者产品和服务的全球经济结构密切相关的。也就是说,以往的水资源管理实践中,很少有人将其与产品或活动的整个生产和供应链相联系。如同生命周期能源消耗和温室气体排放一样,一种产品或服务的总水消耗除了应当考虑其直接水消耗和污染外,还应当考虑与产品或服务相关的各种间接工艺过程或产品的水资源消耗和污染。因此,产品或服务的水足迹概念应运而生。

水足迹(water footprint, WF)这一概念最早是由荷兰学者 Arjen Y. Hoekstra 于 2002 年提出,主要是指个人、地区或国家在一定时间内消费的所有产品及服务的水资源总量[6]。水足迹是一种衡量用水的指标,不仅包括消费者或者生产者的直接用水,也包括间接用水。对一种产品而言,水足迹指的是用于生产该产品的整个生产供应链中的用水量之和。它是一个体现了消耗的水量、水源类型以及污染量和污染类型的多层面的指标。

图 4-6 为一种产品或服务的水足迹构成[7]。从图中可以看出,某种产品或服务的水足迹包括直接用水或间接用水两个部分。并且,水足迹由蓝水足迹(blue water footprint, WF_b)、绿水足迹(green water footprint, WF_g)和灰水足迹(grey water footprint, WF_{gr})构成。根据 Hoekstra 等人的定义[7]:蓝水足迹指的是产品或服务在其供应链中对地下水和地表水资源的消耗;绿水足迹是指对不会成为径流的雨水资源的消耗;灰水足迹则与污染有关,是指以自然本底浓度和现有的环境水质标准为基准,将一定的污染物负荷吸收同化所需的淡水体积。蓝水足迹和绿水足迹两者与水消耗有关,灰水足迹与水污染有关。此外,对于传统意义上的"取水"指标,水足迹也与之有所区分,如图 4-6 所示,"取水"仅包括了非消耗用水,而水足迹不仅包括蓝水,还包括绿水、灰水,同时它还包括直接用水和间接用水,但不

包括返回到取水所在流域的蓝水。

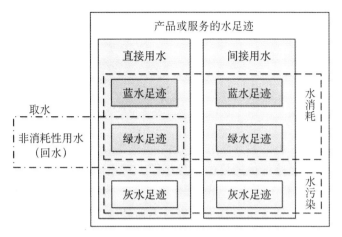

图 4-6 水足迹组成

总的来看,水足迹是一个衡量某种产品或服务的水消耗和水污染的体积指标,它为理清消费者和生产者与淡水系统消耗之间的关系提供了更加合理和广阔的视角。但水足迹并非是衡量这种水消耗和水污染对当地环境影响程度的指标。特定量的水消耗和水污染对当地环境的影响与当地水系统的脆弱性以及使用该水系统的消费者和生产者的数量有关。但从实际使用意义上来看,水足迹核算可为满足人类不同目的的水资源利用情况提供明确的时空信息。它还可以为可持续的、公平的水资源利用和分配提供讨论素材,同时,水足迹核算也能为当地环境、社会和经济影响评价奠定良好基础。

4.2.2 水足迹评价内容

水足迹评价的内容包括[7]:①量化产品及其生产过程、生产者或消费者的水足迹,或量化特定区域的水足迹;②评价水足迹的环境、社会及经济可持续性;③制定响应策略。2008 年,世界自然基金会(World Wide Fund For Nature,WWF)也引入该概念[8],将国家水足迹定义为生产其居民消费的物品和服务所需的水资源总量,包括用于农业、工业和家庭生活的河水、湖水、地下水以及供作物生长的雨水。ISO 也正加紧制定国际通用的水足迹度量新标准(ISO/CD 14046),目前已进入草案询问阶段[9]。联合国教科文组织(United Nations Educational, Scientific and Cultural Organization, UNESCO)于 2015 年发布的《世界水资源开发报告》[1]指出,目前全世界约有 10 亿人无法获得安全饮用水,预计到 2025 年,这个数量将增加至 18 亿,使得全球年人口的三分之二将面临水短缺,在一些干旱和半干旱地区,预计将有 2 400 万到 7 亿人口会因为缺水而背井离乡。

在 Hoekstra 等人建立的方法中提到[7],如图4-7所示,一个完整的水足迹评价应包括如下四个阶段:①设定目标和范围;②进行水足迹核算;③对水足迹进行可持续评价;④执行相应的水足迹响应方案。

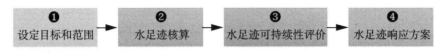

图4-7　水足迹评价步骤

为保证水足迹评价的客观性和透明性,首先需要对水足迹研究的目标和范围进行明确。进行水足迹评价的目的不尽相同。对不同国家、流域管理研究机构或企业等而言,也许他们关注的是本国对外国水资源的依赖程度,抑或是想了解任意国家中某个流域内人类活动的总水足迹对当地环境或水质带来的影响,或者某个企业想了解某种产品的供应链对当地水资源的依赖程度,以及研究怎样才能有效减少整个供应链及其自身生产过程对水系统的影响。概括起来,如图4-8所示,主要有以下几种水足迹评价类型:①过程水足迹;②产品水足迹;③消费者水足迹;④消费者群体,如一个国家、省、市或一个流域的水足迹;⑤地理区域内的水足迹,如国家内、省、市或其他行政单元内以及某个流域内的水足迹;⑥企业或企业某个部门的水足迹;⑦人类整体的水足迹。

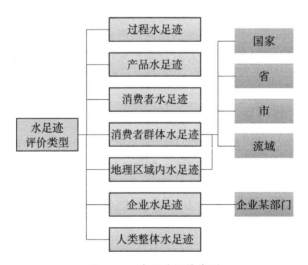

图4-8　水足迹评价类型

对水足迹进行核算主要是指进行数据收集、筛选和计算,核算时需要明确所列的"清单范围"。计算的范围和尺度与上一步制定的目标和范围有关。具体的关于不同生物燃料水足迹的核算方法参照第5章的内容。

核算后,便可从环境、社会和经济的角度来评价水足迹的可持续性。水足迹的可持续性评价应从不同的角度来考虑：①从地理角度来看，要使得特定地区区域的水足迹总量、环境水质达到一个可持续的标准；②从产品的角度来看，某种产品的水足迹可持续性往往与生产该产品的所有生产过程的水足迹是否可持续相关；③从消费者的角度来看，消费者的水足迹是否可持续与它消费的所有产品的水足迹可持续性有关。从地区尺度上看，如果一个特定的生产过程、产品、生产者或是消费者的水足迹促进或是造成了该地区可观察到的不可持续的状况，那么，该水足迹就是不可持续的。

水足迹可持续评价的最后一步则是根据可持续评价结果来制定相应的响应方案、战略或政策等。由于水是公共资源，消费者、生产者、投资者以及政府对水足迹的可持续发展都有共同的责任。在制订减少水足迹的解决方案时，应考虑从生产链到消费终端以及政府决策制定等多个方面入手，从而提出更合理的措施。

4.2.3　全球平均水足迹现状

水足迹的大小取决于国民总收入、消费模式及农业生产习惯等。水也与人类活动密切相关，因此，研究水足迹对于建立资源节约型工业、合理推进国家发展战略、促进人类可持续发展等方面有重要的指导意义。一项关于全球水足迹的研究表明[10]，如图 4-9 所示，全球的人均水足迹为 1 240 m^3/a，美国的人均水足迹最高，达到 2 480 m^3/a，中国为 700 m^3/a，而从各国对全球水足迹的贡献来看，中国占了 12%，仅次于印度 13%，而美国则为 9%。

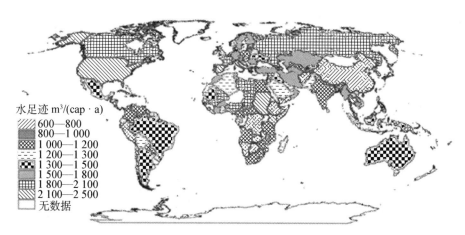

图 4-9　世界不同国家和地区的水足迹

图片来源：Hoekstra et al. [10]

Gerbens-Leenes 等预测[11]，到 2030 年，全球的生物燃料蓝水足迹和绿水足迹将会发生变化，如图 4-10 所示。从生物燃料总蓝水足迹来看，排名前 10 的国家分别是美国、巴西、中国、意大利、印度、西班牙、法国、巴基斯坦、南非和德国；从生物燃料总绿水足迹来看,排名前 10 的国家分别是美国、中国、巴西、意大利、马来西亚、西班牙、德国、法国、英国、加拿大。对于一些国家来说,生物燃料蓝水的消耗大于绿水。不论是从蓝水足迹,还是从绿水足迹来看,美国、中国和巴西三个国家的水足迹最大,三者之和占了全球生物燃料总水足迹的一半左右。不同作物的生长条件造成不同的生物燃料水足迹。例如,美国生产生物柴油的作物主要是大豆,欧洲主要是油菜籽,由于大豆需要灌溉,且大豆的单位面积产量低,故美国的以大豆为主要原料的生物柴油水足迹远大于欧洲的以菜籽油为主要原料的生物柴油水足迹。

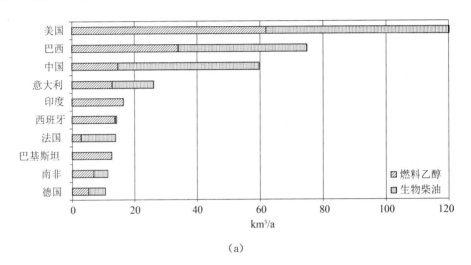

(a)

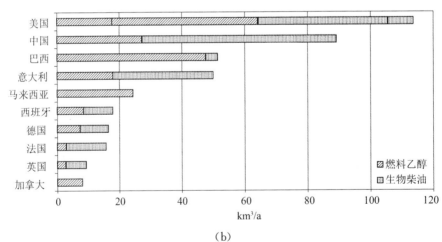

(b)

图 4-10　2030 年全球 10 大生物燃料水足迹国家排名

(a) 2030 年全球 10 大生物燃料蓝水足迹国家;(b) 2030 年全球 10 大生物燃料绿水足迹国家

水足迹这个概念在中国依然很陌生。WWF 中国办事处的专家认为,水足迹的推广在中国还不成熟,国内缺乏相关专家,即使在首都北京地区,涉足水足迹相关概念和研究工作的民间环保组织和高校非常少。从中国水足迹分布地区来看，国内南方和北方地区的水足迹相当,北方地区的人均水足迹略高于南方地区。主要原因有以下两点:一是气候条件的差异,北方地区农作物的虚拟水含量大于南方地区;二是由于北方地区农产品出现了较大剩余,因此,在计算时将农产品的剩余量以存量形式直接计入国内总用水量中。目前,我国人均水足迹为 1 049 m³,这一计算结果与 900 m³ 的全球人均水足迹较为接近。从消费的产品结构来看,由于动物性产品的虚拟水含量要高于植物性产品,因此,膳食结构的差异显著影响了水足迹的量值。据有关学者的初步估算,以动物产品为主的西欧国家,如荷兰、比利时等国人均水足迹较高,数值在 2 000 m³ 左右;以素食为主的东亚和中美洲国家人均水足迹在 1 000 m³ 左右;人均水足迹较低的国家包括印度、印度尼西亚等国,水足迹数值在 500 m³ 左右。中国的人均水足迹与日本、韩国等国家大致相当,与其他国家相比处于中间位置。根据 Hoekstra 等人的估算,尽管我国目前的人均水足迹仅为 700~1 049 m³,但随着人民生活水平的不断提高,膳食结构的改善,特别是动物性产品的摄入量增多,未来我国人均水足迹将会有显著增长。

一般而言,在水资源丰富地区,其水的自给率一般也较高;相反,在水资源紧缺的地区则更需依靠虚拟水的调入来缓解区域的水资源紧张态势。然而,我国的情况正好与之相反。从全国的水资源拥有量来看,根据水利部的统计[12],2013 年中国水资源总量达到 27 957.86 亿立方米,供水总量为 6 183.45 亿立方米,用水总量与供水总量持平。可以看出,中国是一个水资源高度自给的国家,水自给率超过了99%。从区域看,中国北方地区实现了完全自给,尽管华北地区自给率仅为 66%,但该地区的虚拟水调入来自北方的其他地区。而中国南方地区的自给率为 90%,其中东南地区的水自给率只有 69%,华南地区不到 80%。说明这些地区在一定程度上还是依赖于虚拟水的进口。导致这些结果的原因是我国农业资源,特别是水土资源区域匹配条件不理想,农业生产力布局中对水资源因素考虑不足以及传统的以满足供给为原则的水资源规划管理模式。

4.3　生物燃料水足迹评价研究现状

对于生物燃料而言,它的生产过程与水足迹相互依赖、相互影响。生命周期环境影响评价可定量分析不同能源生产类型的环境影响,并对其影响按一定的规则进行排序。这些评价方法通常也包含了对水消耗的评价,通过该方法,可以评估水消耗对环境的影响。生命周期环境影响评价的一个重点是可对不同路线进行比较,例如对不同生物原料作物来说,通过该方法的评价结果可得出哪一种是最具有可持续性发展潜力的。

一些学者指出[13, 14],大规模的生物质原料种植可能会带来水数量和水质量两大问题。一方面,生物燃料产量的增加,意味着需要更多的土地来种植作物[15],同时需要更多的水、肥料及农药等来维持可观的产量[14]。另一方面,大量未被利用的农药、化肥等化学品排入水体,将会加剧水体污染、富营养化[13]。故在制订生物燃料发展规划时,应纳入水足迹综合考量,并从生物燃料整个生产链的角度考察其生命周期水足迹。

4.3.1 生物燃料与水的关系

如前所述,生物质可用于生产一系列的燃料,如用来加热、发电和运输等。其中,生物燃料被认为是一种能替代化石燃料的清洁能源。许多发展中国家都期望能提高农业生产力,而生物燃料能有效促进农村地区的发展。因为生物能源的投资不仅能为投资者带来收益,同样也能给当地的农民们带来更多的就业机会,改善他们的生活水平。

生物燃料的发展在带来优势的同时,也引发了一系列争议,争议的焦点主要在于生物燃料的经济可行性以及其对社会经济发展、食品安全和环境可持续性带来的影响。尽管生物燃料投资能增加收入、就业等,但也与传统土地利用方式产生竞争。特别是生物燃料的大规模使用与食品安全之间的平衡,是话题争论的关键。这是因为,以往的第一代生物燃料——生物乙醇和生物柴油,通常是由玉米、甘蔗和棕榈油等粮食作物生产得来。生物燃料发展对近期食品价格上涨的贡献很难从其他因素中摆脱出来,如新兴经济体的粮食需求上升、粮食库存降低、油价和天然气价格波动、大宗商品投机以及在粮食主产区的一系列收成降低。尽管如此,利用农作物原料生产生物燃料的需求仍是今后几十年来的农业生产的最大需求来源。

当采用生物质原料生产生物燃料时,从水系统的角度来看,生物燃料最明显的特征是该燃料是靠雨水生长还是靠灌溉水生长。一般情况下,作物通过雨水生长不会改变水循环,从取用地下水或使用地表水的方式进行灌溉则会对当地的水供应产生重要影响。当评价生物燃料生产对水和粮食安全的影响时,土地是雨养农业的关键因素,而水是灌溉农业的关键因素。生物燃料加工过程耗水则是当地水用途的强有力的竞争者,但加工用水中的一部分可回流至河流和其他水体中,以供进一步使用。然而,回流的这些水由于含有化学和热污染成分,若不经处理的话,会造成水的污染和生态系统的破坏。

总的来看,生物燃料发展需要考虑与之相关的粮食安全、能源需求、土地利用以及其他国家战略优先事项。发展生物燃料既不是全好,也不是全坏,它同农业部的其他领域一样,都面临类似的限制和挑战。选择生物燃料发展路线的本质出发点是,作为一项农业投资,它既要满足可持续的发展,还要保证提高农民的收入,促进农村的发展,保障粮食的安全。

4.3.2　生物燃料生长过程水足迹比较

当生物燃料的原料作物是种植在灌溉土地上时,该种燃料对水资源的影响是不容忽视的。在生物燃料作物生长和燃料加工过程中都需要消耗水。因此,尽管化石燃料具有较高的环境排放,但利用灌溉作物生产生物燃料的水需求远大于化石燃料。目前,生物燃料原料主要依赖于农业作物,90%的水资源消耗都集中于作物种植阶段,而水资源的季节性、区域性差异非常大,直接影响生物燃料作物的产量与质量,因此,水资源的可持续管理与高科技灌溉技术就显得非常重要,尤其对于一些开放性与半开放性水域[16]。

表 4-4 列举了几种常见作物在其生长过程中的得率和水需求[3]。从表中可以看出,生产生物乙醇的作物基本都需要额外的灌溉水来满足作物生长所需的水,而生产生物柴油的作物则不需要灌溉,仅靠降雨便能满足生长需求。从年产量来看,在生产生物乙醇的作物中,甜菜、甘蔗具有较高的年产量,其次为木薯、玉米,冬小麦的产量最低;而在生产生物柴油的作物中,棕榈油的年产量最高,油菜籽的年产量较低,最低的则是大豆。每公顷的能源得率也具有与年产量相同的趋势。从作物蒸发损失来看,棕榈树、甘蔗和木薯的蒸发损失较大,甜菜、油菜籽、玉米、大豆等的蒸发损失较低。这主要与作物的生长地点有关,棕榈树一类的作物一般种植在热带及偏热的地方,叶片的蒸发率相对较高,而大豆、冬小麦等一类作物则种植在温带及气温偏低的地方,故蒸发损失小。

表 4-4　几种主要生物燃料作物的得率和水需求

燃料作物类型	年产量/(L/hm²)	能源得率/(GJ/hm²)	作物蒸发损失/mm	蒸发损失/(L/L 燃料)	灌溉/雨水	降雨量/mm	灌溉量/mm	灌溉量/(L/L 燃料)
生物乙醇								
甘蔗	6 000	120	1 400	2 000	灌溉＋雨水	11 006	600	1 000
甜菜	7 000	140	650	786	灌溉＋雨水	450	400	571
木薯	4 000	80	1 000	2 250	雨水	900	—	—
玉米	3 500	70	550	1 360	灌溉＋雨水	400	300	857
冬小麦	2 000	40	300	1 500	雨水	300	—	—
生物柴油								
棕榈油	6 000	193	1 500	2 360	雨水	1 300	—	—
油菜籽	1 200	42	500	3 330	雨水	400	—	—
大豆	450	14	500	1 000	雨水	400	—	—

　　受各因素影响,即使是同一种原料作物,在不同国家与区域所表现出的水足迹差异性也非常大。如,在印度与科特迪生产一吨木薯的耗水量分别为 191 m³、1 437 m³,相差 7.5 倍,印度与巴西生产一吨麻疯树油籽的耗水量分别为 3 222 m³、21 729 m³,存在近 7 倍的差距,在西班牙与尼日利亚生产一吨玉米耗水量相差近 10 倍[16]。

　　表 4-5 列举了不同生物燃料作物生长阶段的水分蒸散量以及生物燃料生产链中的直接耗水量[3]。从表中可以看出,第二代生物燃料生产过程中的水需求相对较低。在第一代生物乙醇中,从作物水分蒸散量来看,小麦的作物蒸散量较低,其次为甘蔗、甜菜和玉米,从燃料生产过程总的耗水量来看,最高的是小麦和玉米,其次为甜菜和甘蔗。而在第二代生物燃料中,水耗最高的是用来发电,其次为生产乙醇,最低的是利用二代生物原料作物来制取氢气。第二代生物燃料(如非粮作物、农业废弃物及藻类等)的水足迹相对较低。

表 4-5　不同生物燃料作物蒸散及生产过程的水消耗

生物燃料	原料	作物蒸散量/(t/GJ 原料)		生产过程总水耗/(t/GJ 燃料)	
		低值	高值	低值	高值
第一代生物燃料(粮食作物)					
生物柴油	油菜籽	45	80	100	175
生物乙醇	甘蔗	25	125	35	155
	甜菜	55	150	70	190
	玉米	35	190	75	345
	小麦	20	200	40	350
第二代生物燃料(纤维素原料)					
乙醇	—	—	—	10	170
甲醇	—	—	—	10	135
氢气	—	—	—	10	125
电	—	—	—	15	195

4.3.3　生物燃料生命周期水足迹比较

　　由于生物燃料与水资源密切相关,对其进行生命周期水足迹评价是衡量生物燃料发展对生态环境和社会影响的重要工具。Hoekstra 等建立的水足迹评价方法是自水足迹概念提出后影响力最大的[7, 17],也是目前应用最广泛的生命周期水足迹计算方法。水足迹被细分成蓝水足迹、绿水足迹和灰水足迹[7]。水足迹的计算方法是基于 FAO 的 Penman-Monteinth 原理[18],首先根据各地区的气温、降雨量、日照数、风速等气候条件以及作物生长周期等特征,估算有效降雨量及灌溉需求量,再结合各类作物的产量、化肥使用量等,从而得到蓝水、绿水和灰水足迹。其团队在过去 10 多年间的水足迹研究主要集中在农产品生产,如咖啡、茶叶、棉花、水稻、小麦、大豆、玉米、甜菜等[19-21],生物燃料[22, 23],如生物乙醇、生物柴油、生物质发电及交通运输方式[11, 24]等方面。不但考察了不同作物、不同地区的水足迹差异[10, 22],还研究了水足迹给流域带来的影响[25, 26]。表 4-6 总结了近几年来几种能源作物制备生物燃料的生命周期水足迹结果。

4.3.3.1　木薯乙醇

Pongpinyopap 等[27]运用线性规划模型对木薯乙醇的生命周期水足迹影响因素进行优化,结果表明,在 2010、2016 和 2021 年泰国的生物乙醇水足迹分别是 3.23×10^9、1.72×10^{10}、2.49×10^{10} m³/a,其中农业用水占了生物乙醇总水足迹的 99%,工业用水仅占 1%。Gheewala 等[28]考察了泰国不同地区,包括木薯在内的 10 种作物的水足迹,发现木薯生长过程的水足迹大约是 7 827 m³/hm²,其中绿水足迹约 6 529 m³/hm²,蓝水足迹约 1 297 m³/hm²。从木薯种植面积来看,泰国北部、东北、中部和东部的木薯种植面积分别是 203 009、614 102、96 536 和 228 712 公顷,南部地区几乎没有种植木薯。从作物水需求来看,木薯的作物水需求量占这 10 种作物水需求总量的 9%,每年大约需要 9 215 m³;从灌溉需求来看,木薯占 10 种作物总灌溉需求的 5%,每年的灌溉需求量约为 1 794 m³。考虑灰水足迹后,木薯乙醇的生命周期水足迹则显著增高。Zhang 等[29]分析了中国广西地区的木薯乙醇生命周期水足迹,结果发现,当不考虑灰水时,该地区的木薯乙醇生命周期水足迹约为 680 m³/t,而考虑灰水后,水足迹增加至 3 700 m³/t。Mangmeechai 等[30]的研究结果证实,用糖蜜和木薯制取生物乙醇的生命周期水足迹分别是 1 510~1 990 L/$L_{ethanol}$ 和 2 300~2 820 L/$L_{ethanol}$,木薯乙醇的水足迹比糖蜜乙醇的高。Babel 等[31]对泰国 Khlong Phlo 流域的木薯进行了调研,发现该地区木薯种植面积约 9.9 km²,占 Khlong Phlo 流域总面积的 7.4%,同时将地区的木薯乙醇与甘蔗乙醇和棕榈油生物柴油的水足迹进行了对比,结果表明,三者的水足迹分别是 103、140 和 177 m³/GJ,木薯乙醇的水足迹是三者中最低的。当将木薯乙醇按照 5% 的比例与汽油掺混使用时,尼日利亚的木薯乙醇总水足迹为 6 km³/a,其中 48% 是绿水消耗,52% 是蓝水消耗[32]。

4.3.3.2　甜高粱乙醇

表 4-6 总结了有关甜高粱种植生产生物燃料的水足迹。在中国台湾地区,甜高粱可以在春季种植,也可以在秋季种植,种植周期一般是 4~5 个月。Su 等[33]考察了台湾台南地区的甜高粱种植情况,在台南,种植甜高粱每个周期的实际灌溉用水量大约是 405 mm,每吨甜高粱的总水足迹为 242 m³,当制备生物乙醇后,甜高

粱乙醇的生命周期水足迹为 4 394 L/L$_{ethanol}$,其中绿水足迹、蓝水足迹和灰水足迹所占的比例分别是 52%、40% 和 8%[33]。Pacetti 等[34]比较了意大利不同地区生产高粱、小麦和玉米分别用于制取生物质气的水足迹,结果发现,高粱的水足迹是三种作物中最低的,从生命周期水足迹来看,高粱种植过程的水足迹所占的比例最大。Gerbens-Leenes 等[23]总结了印度、印度尼西亚、尼加拉瓜、巴西和危地马拉五个地区的高粱水足迹平均值,发现在所考察的 10 种生物乙醇中,高粱表现出的蓝水足迹和绿水足迹均是最高的。

4.3.3.3 微藻生物柴油

目前,关于微藻生物燃料水足迹的系统研究报道较少。关于培养微藻生产生物柴油的水足迹结果汇总如表 4-6 所示。无论是哪种培养方式,微藻均需要大量的水维持其生长,特别是开放式培养微藻[35]。对于不同培养方式所需要的水资源大小,研究者也持不同看法。Harto 等[36]认为开放式培养微藻的水足迹比封闭式的水足迹低,Subhadra 等[37]则认为封闭式培养微藻的水足迹比开放式低,在某些情况下利用封闭式培养微藻的水足迹甚至能优于其他陆生作物的水足迹。对于开放式而言,因蒸发引起的水损失是致使其水足迹高于封闭式的原因之一。Brentner[38]认为开放池培养微藻的蒸发损失能达到 7.8 m³/GJ 生物柴油,同时生物柴油的生产还需补充 57.7 m³/GJ 的水。Yin 等[39]用生物膜光生物反应器培养雨生红球藻 Haematococcus pluvialis 来生产虾青素,表明每 1 m² 生物膜仅需要 1.25 L 水即可,也就是说每得到 1 kg 的红球藻和虾青素,其水需求分别是 35.7 L 和 1 440 L,当考虑蒸发损失后,两者的水足迹分别是 66.9 L 和 2 700 L。开放池培养微藻的水分蒸发损失呈现出随气候变化的特点。Guieysse 等[40]选择了五个气候不同地区来考察培养微藻的水需求和水足迹,包括美国亚利桑那州的 Yuma(干旱气候)、夏威夷的 Hilo(热带气候)、佛罗里达州的 Sebring(亚热带气候)、加利福尼亚州的 Merced(地中海气候)以及新西兰的 Hamilton(温带气候),结果表明,干旱气候的水需求最多,其次为地中海气候、亚热带地区、温带地区和热带地区。

微藻生物柴油的水耗与生产工艺关系密切,最佳工艺设计下可将水耗从 1 210 m³/GJ 下降至 625 m³/GJ[38]。Yang 等人[41]分析了开放式培养微藻生产生物柴油的生命周期水足迹,结果表明,生产 1 kg 的生物柴油需要淡水约 3 726 kg。生产过程水的回收对结果影响很大,如果回用采收后的水,可减少水耗 84%,使水足迹降低至 591 kg 水/kg BD;如果使用海水或废水培养,可减少 90% 的水耗。Batan 等[42]评价了 10 个美国具有高生长潜力的微藻产区,考察了这些地区用封闭式培养微藻生产生物燃料的生命周期水足迹,结果表明:微藻生物燃料生命周期水足迹从 80 到 291 m³/GJ 不等,副产品为该生命周期水足迹带来了 4~334 m³/GJ 的水足迹补偿收益,主要原因是副产品分配方法的不同。此外,不同种类的副产品对微藻生物柴油水足迹大小的影响不明显,但微藻生物质的生长速率会显著影响微藻生物柴油水足迹结果。Subhadra 等[43]模拟了两个年产量分别为 10～13 百万加仑的微藻生物柴油工厂,其中炼厂 A 的副产品假定是藻饼和甘油,炼厂 B 的副产品是藻饼、甘油和欧米伽-3(O_3FA),结算结果发现,炼厂 A 和炼厂 B 的水足迹非常接近,但当微藻生长率从 0.5 g/(L·d)增加到 1.0 g/(L·d)时,微藻生物柴油的总水足迹从 $7.98×10^{10}$ L 降至 $3.99×10^{10}$ L。

　　总的来看,微藻生物柴油生产过程所需的水足迹依然较大,研究者预测若当地消耗的柴油全用微藻生物柴油替代时,其蓝水足迹每年需求可达 7 Gm³,相当于欧盟 28 个国家现有总水足迹的 15%[44]。因此,大规模发展微藻生物柴油时应对其水足迹进行优化管理。

4.3.3.4　其他生物燃料

　　表 4-6 总结了其他作物及生物燃料的水足迹,包括大豆、玉米、甘蔗、棕榈树和麻疯果等。从水足迹分布特点来看,甜高粱和玉米一类的作物适合种植在温带和亚热带地区,而甘蔗则较适合种植在热带地区[33]。从水足迹的结果可知,相比燃料乙醇而言,生物柴油的生命周期水足迹普遍较高。

表 4-6　不同作物(或生物燃料)生命周期水足迹结果比较

考察对象	地区	水足迹(m³/t 生物质或生物燃料)				文　献
		绿水	蓝水	灰水	总水足迹	
木薯	泰国	326	65	—	394～413	Gheewala 等[28]
木薯乙醇	泰国	2 286～3 024	568～716	—	3 002～3 592	Gheewala 等[45]
木薯乙醇	中国广西	28.24	659	3 021.08	3 708.37	Zhang 等[29]
木薯乙醇	泰国	—	—		2 911～3 569	Mangmeechai 等[30]
木薯乙醇	泰国	—	—		3 059	Babel 等[31]
木薯乙醇	多地	3 172	532		3 074	Gerbens-Leenes 等[23]
木薯	尼日利亚	476	516	—	992	Adeoti 等[32]
甜高粱	中国台湾	126	96	20	242	Su 等[33]
甜高粱乙醇	中国东北	44.4	1 514	15 597	17 155.4	Zhang 等[29]
高粱乙醇	多地	7 034	5 384	—	12 420	Gerbens-Leenes 等[23]
高粱	意大利	6.5～19.6	25～49.4	—	44.1～55.9	Pacetti 等[34]
玉米	意大利	9.8～26.8	28.8～61.2	—	54.8～71	Pacetti 等[34]
玉米	中国台湾	174～176	229～309	221～263	669～704	Su 等[33]

(续表)

考察对象	地区	水足迹(m³/t生物质或生物燃料)				文 献
		绿水	蓝水	灰水	总水足迹	
玉米乙醇	多地	1 971	1 282	—	3 253	Gerbens-Leenes 等[23]
玉米乙醇	美国	1 158	1 188	475	2 821	Gerbens-Leenes 等[44]
玉米乙醇	法国	1 426	238	446	2 110	Gerbens-Leenes 等[44]
甘蔗	中国台湾	155～172	23～25	7～8	187～204	Su 等[33]
甘蔗乙醇	泰国	1 030～1 692	737～1 087	—	1 767～2 780	Gheewala 等[45]
糖蜜酒精	泰国	1 451～2 386	1 049～1 544	—	2 501～3 930	Gheewala 等[45]
糖蜜酒精	泰国	—	—	—	1 911～2 519	Mangmeechai 等[30]
甘蔗乙醇	泰国	—	—	—	4 158	Babel 等[31]
棕榈油生物柴油	泰国	—	—	—	6 673	Babel 等[31]
麻疯果生物柴油	中国云南	25.5	960	4 201	5 186.5	Zhang 等[29]
麻疯果生物柴油	多地	9 867	13 852	—	23 719	Gerbens-Leenes 等[23]
大豆生物柴油	多地	7 327	8 954	—	16 281	Gerbens-Leenes 等[23]
大豆生物柴油	美国				16～382	Harto 等[36]
大豆生物柴油	美国	11 046	0	75.4	11 121.4	Gerbens-Leenes 等[44]
大豆生物柴油	法国	10 028	1 847	1 433	13 308	Gerbens-Leenes 等[44]
油菜籽生物柴油	多地	6 802	10 104	—	16 906	Gerbens-Leenes 等[23]
油菜籽生物柴油	美国	17 681	0	3 619	21 300	Gerbens-Leenes 等[44]
油菜籽生物柴油	法国	4 336	0	603	4 939	Gerbens-Leenes 等[44]

（续表）

考察对象	地区	水足迹(m³/t 生物质或生物燃料)				文　献
		绿水	蓝水	灰水	总水足迹	
雨生红球藻	中国	—	—	—	35.7～66.9	Yin 等[39]
微藻生物柴油	美国	—	—	—	591～3 650	Yang 等[41]
微藻生物柴油－开放式	美国	—	—	—	38～781	Harto 等[36]
微藻生物柴油－封闭式	美国	—	—	—	36～75	Harto 等[36]
微藻生物柴油	法国	—	151～490	—	—	Gerbens-Leenes 等[44]
微藻生物柴油	荷兰	—	38～151	—	—	Gerbens-Leenes 等[44]
微藻生物柴油	澳大利亚	—	264～1 206	—	—	Gerbens-Leenes 等[44]
微藻生物柴油(参比基准)	法国	—	—	—	1 202～2 214	Delrue 等[46]
微藻生物柴油(最优条件)	法国	—	—	—	273～488	Delrue 等[46]

注：Gheewala 等[28]中的绿水、蓝水足迹是根据文中的值按照木薯产量约 20 t/ha 进行折算；Gheewala 等[45]、Mangmeechai 等[30]中的值是按照生物乙醇密度为 0.79 kg/L 换算；Babel 等[31]中的值是按照生物乙醇热值(29.7 kJ/g)和生物柴油热值(37.7 kJ/g)换算；Gerbens-Leenes 等[23]中是按照生物乙醇、生物柴油的密度分别为 0.79 和 0.84 kg/L 换算，且多地指的是印度、印度尼西亚、尼加拉瓜、巴西和危地马拉五个地区；Yin 等[39]的数据仅考虑了微藻培养过程的水足迹，35.7 为不考虑蒸发损失，66.9 为考虑蒸发损失后的水足迹；Delrue 等[46]中的数据是按照生物柴油密度 0.84 kg/L 换算。

　　总结上述生命周期水足迹评价可知，现有生物燃料的水足迹研究结果有如下几个特点：

　　(1) 作物生长阶段是水足迹贡献最大的阶段。统计表明[14]，生物乙醇类作物的水足迹范围在 500～2 000 $L_{water}/L_{ethanol}$，生物柴油类作物的水足迹范围在 1 000～4 000 $L_{water}/L_{ethanol-eq}$，而生物燃料加工厂的水足迹仅为 2～10 $L_{water}/L_{ethanol-eq}$。其中玉米乙醇加工厂的水足迹为 2.85～3.4 $L_{water}/L_{ethanol}$，小黑杨乙醇加工厂的水足迹

为 $1.94\sim2$ $L_{water}/L_{ethanol}$,柳枝稷乙醇加工厂的水足迹为 2 $L_{water}/L_{ethanol}$[47]。生物燃料加工厂的水足迹可通过技术手段进一步降低,Martín 等人[47]提出的工艺可将玉米乙醇加工厂的水足迹降低至 1.5 $L_{water}/L_{ethanol}$。生物燃料的水足迹相比传统汽柴油而言均偏高,石化汽油的水足迹为 $0.42\sim1.1$ L_{water}/L_{oil}[22,48]。

(2) 不同作物的水足迹差异显著。Chiu 等人[49]研究了美国的四条生物质燃料路线的水足迹,包括玉米乙醇、玉米秆乙醇、小麦乙醇及大豆生物柴油。前三条乙醇路线的蓝水足迹分别为 31、132、139 $L_{water}/L_{ethanol}$,大豆生物柴油的蓝水足迹为 313 $L_{water}/L_{biodiesel}$。Harto 等人[36]采用了基于物质平衡和经济输入-输出的混合分析方法讨论了各种低碳交通燃料的生命周期水耗,包括石油基燃料、生物燃料及电动车,同时还考虑了汽车制造过程消耗的水。结果表明,玉米乙醇的水足迹为 $28\sim423$ $L_{water}/L_{ethanol}$,纤维素乙醇的水足迹为 $356\sim423$ $L_{water}/L_{ethanol}$,大豆生物柴油的水足迹为 $14\sim321$ $L_{water}/L_{biodiesel}$。如果不考虑纤维素乙醇的灌溉需求,水足迹则降至 $2.9\sim9.6$ $L_{water}/L_{ethanol}$。Gerbens-Leenes 等人[21]计算得出甘蔗、甜菜和玉米乙醇的水足迹分别为 209、133 和 1 222 m^3/t 乙醇,证实水足迹差异是由作物类型、农业耕种方式及气候条件等决定。Gheewala 等[28]研究了泰国 10 种作物的水足迹,包括一季稻、二季稻、玉米、大豆、绿豆、花生、木薯、甘蔗、凤梨和油棕,结果发现,水稻所需的灌溉水需求最高,大约每年需要 $1.048\ 9\times10^{10}$ m^3,其次为玉米、甘蔗、油棕和木薯。

(3) 作物的水足迹呈现明显的地域特点。主要原因在于各地区气候条件的差异。Marta 等[50]选取了意大利的十个玉米主产区,考察了气候条件对玉米乙醇水足迹的影响,结果表明,气候变化对 WF 的影响主要是体现在对玉米种植周期的影响。十个地区的玉米乙醇水足迹范围为 $90\sim200$ $L_{water}/MJ_{ethanol}$,其中,绿水足迹随着降雨量的降低而减少,蓝水足迹受气温影响较大,而影响灰水足迹的因素来自多方面,包括化肥的用量、N 的渗透率、水质量的标准等。在泰国种植玉米、水稻、小麦、木薯、甘蔗等作物时,水足迹也呈现地域差异,其中泰国东北地区所种植的作物对绿水和蓝水的需求最高[28]。Chiu 等人[51]估算美国各地区玉米乙醇的 WF 在 $5\sim2\ 138$ $L_{water}/L_{ethanol}$,引起 WF 差异的原因在于各地区不同的灌溉用水量,灌溉需求对蓝水足迹的影响更显著[49]。Su 等[33]比较了中国台湾地区、美国、巴西和中国大陆的甘蔗、玉米和白薯水足迹,结果发现,台湾地区种植的玉米水足迹仅为美国的62%。除气候条件、地理位置影响 WF 外,Suh 等[52]认为玉米市场价格、运输成本等也会对水足迹产生影响。

(4) 不同终端产品具有不同的水足迹。Gerbens-Leenes 等人[23]的研究表明,将生物质用于发电、生物乙醇及生物柴油的生产,其水足迹也不同。用于发电的生物原料总水足迹为 $46\sim180$ m^3/GJ 电,用于生物乙醇生产的 WF 为 $59\sim419$ m^3/GJ 生物乙醇,用于生物柴油生产的 WF 为 $394\sim574$ m^3/GJ 生物柴油。除此之外,不同的交通运输工具与不同的燃烧模式也会造成水足迹的差异[24]。

　　水足迹评价在一定程度上能较为客观地反映发展生物燃料对周围环境的水资源带来的影响。但水足迹涉及多种因素,准确客观地反映作物的水需求及其对周围环境的影响尤为重要。一个讨论较多的话题则是农作物生产过程中的水资源消耗标准是用取水、灌溉用水还是实际耗水量。Elena 等人[53]指出实际耗水与水足迹的主要差别在于前者是从生产的角度,后者是从消耗的角度。一些研究[23,51,54]将灌溉量作为作物生长阶段的水耗,而忽略了实际的水需求。Mishra 等[55]则纳入取水量,并将其细分为消耗损失和非消耗损失。Sausse[56]认为对农作物的水消耗评价应建立一致的方法和标准,并建议将水足迹评价同经济、社会及环境影响评价相结合。Chavez-Rodriguez 等[57]将 GHG 排放与生态足迹、水足迹结合起来,考察了在零排放的假设情况下,各条路线需要多少的土地资源(如森林)和水才能吸收和中和排放的 GHG。Fang 等人[58]提出将水足迹与生态足迹、能耗足迹和碳足迹整合,作为考察环境可持续性发展的重要指标,这进一步表明了水足迹评价的重要性。总之,生物燃料的水足迹评价应建立合理统一的标准,并与能源消耗、环境影响、经济影响和社会影响一起考虑,作为全面考量生物燃料可持续发展潜力的重要依据。

4.4　小结

　　本章着重介绍了水足迹评价相关的发展概括,阐述了水与能源之间的关系、水足迹概念发展以及生物燃料水足迹评价的相关进展。从全球的水与能源形势来看,世界上很多国家都面临着能源安全、水资源短缺、生活用水质量不达标等挑战。能源与水两者之间的关系密不可分,能源生产的每个环节都离不开水,同样水的使用过程中也需要用到能源。特别是当全球生物燃料的发展正方兴未艾时,生物燃料产量的增加需要大量的能源作物作为依托,而能源作物的种植不仅需要水来维持生长,同时其生长过程中还会对生态环境造成不同程度的影响。因此,选用水足迹指标来评价某种生物燃料的发展对环境社会造成的影响,既可以用于指导实际生产过程,也可以为可持续发展作出贡献。

参考文献

［1］ WUNWWA. The United Nations world water development report 2015：Water for a sustainable world［R］. Paris：UNESCO，2015.

［2］ McMahon J E, Price S K. Water and energy interactions［J］. Annual Review of Environment and Resources，2011,36(1)：163–191.

［3］ WWAP. The United Nations world water development report 2014：Water and Energy ［R］. Paris：UNESCO，2014.

［4］ IEA. World energy outlook 2014 ［R］. Paris：International Energy Agency，2014.

［5］ REN21. Renewables 2014 global status report ［R］. Paris：REN21 Secretariat，2014.

［6］ Hoekstra A Y. Virtual Water Trade：Proceedings of the International Expert Meeting on Virtual Water Trade ［M］. Delft：IHE，2003.

［7］ Hoekstra A Y，Chapagain A K，Aldaya M M，et al. The Water Footprint Assessment Manual：Setting the Global Standard ［M］. London，UK：Earthscan；2011.

［8］ 世界自然基金会. 地球生命力报告 2008［R］. 瑞士，2008.

［9］ ISO. ISO/DIS 14046 Environmental management—Water footprint—Principles，requirements and guidelines ［S］. 2013.

［10］ Hoekstra A Y，Chapagain A K. Water footprints of nations：Water use by people as a function of their consumption pattern ［J］. Water Resour. Manage. ，2007，21(1)：35 - 48.

［11］ Gerbens-Leenes P W，van Lienden A R，Hoekstra A Y，et al. Biofuel scenarios in a water perspective：The global blue and green water footprint of road transport in 2030 ［J］. Global Environ. Change. ，2012，22(3)：764 - 775.

［12］ 水利部. 2013 年中国水资源公报［EB/OL］. (2014 - 10 - 20) http：//www. mwr. gov. cn/zwzc/hygb/szygb/qgszygb/201411/t20141120_582980. html.

［13］ Dominguez-Faus R，Powers S E，Burken J G，et al. The water footprint of biofuels：A drink or drive issue ［J］. Environ. Sci. Technol. ，2009，43(9)：3005 - 3010.

［14］ Powers S E，Dominguez-Faus R，Alvarez P J J. Opinion：The water footprint of biofuel production in the USA ［J］. Biofuels，2010，1(2)：255 - 260.

［15］ Yang H，Zhou Y，Liu J. Land and water requirements of biofuel and implications for food supply and the environment in China ［J］. Energy Policy，2009，37 (5)：1876 - 1885.

［16］ 康利平，Earley R，安锋，等. 国际生物燃料可持续标准与政策背景报告［R］. 北京：能源与交通创新中心，2013.

［17］ Zhang G P，Hoekstra A Y，Mathews R E. Water Footprint Assessment (WFA) for better water governance and sustainable development ［J］. Water Resources and Industry，2013，1 - 2(0)：1 - 6.

［18］ FAO. "CROPWAT 8. 0 model"［DB/OL］. Rome，Italy：Food and Agriculture Organization，2013 - 07 - 10. http：//www. fao. org/nr/water/infores_databases_cropwat. html.

［19］ Chapagain A K，Hoekstra A Y. The water footprint of coffee and tea consumption in the Netherlands ［J］. Ecol. Econ. ，2007，64(1)：109 - 118.

［20］ Mekonnen M M，Hoekstra A Y. The green，blue and grey water footprint of crops and derived crop products [J]. Hydrology and Earth System Sciences, 2011,15(5): 1577 – 1600.

[21] Gerbens-Leenes W, Hoekstra A Y. The water footprint of sweeteners and bio-ethanol [J]. Environ. Int. , 2012,40(1):202 – 211.

[22] Gerbens-Leenes P W, Hoekstra A Y, van der Meer T. The water footprint of energy from biomass: A quantitative assessment and consequences of an increasing share of bio-energy in energy supply [J]. Ecol. Econ. , 2009,68(4):1052 – 1060.

[23] Gerbens-Leenes W, Hoekstra A Y, van der Meer T H. The water footprint of bioenergy [C]. Proceedings of the National Academy of Sciences of the United States of America, 2009,106(25):10219 – 10223.

[24] Gerbens-Leenes W, Hoekstra A Y. The water footprint of biofuel-based transport [J]. Energy and Environmental Science, 2011,4(8):2658 – 2668.

[25] van Oel P R, Krol M S, Hoekstra A Y. A river basin as a common-pool resource: A case study for the Jaguaribe basin in the semi-arid Northeast of Brazil [J]. International Journal of River Basin Management, 2009,7(4):345 – 353.

[26] Dumont A, Salmoral G, Llamas M R. The water footprint of a river basin with a special focus on groundwater: The case of Guadalquivir basin (Spain) [J]. Water Resources and Industry, 2013,1 – 2(0):60 – 76.

[27] Pongpinyopap S, Mungcharoen T. Bioethanol water footprint: Life cycle optimization for water reduction [J]. Water Science and Technology: Water Supply, 2015, 15: 395 – 403.

[28] Gheewala S H, Silalertruksa T, Nilsalab P, et al. Water footprint and impact of water consumption for food, feed, fuel crops production in Thailand [J]. Water (Switzerland), 2014,6(6):1698 – 1718.

[29] Zhang T, Xie X, Huang Z. Life cycle water footprints of nonfood biomass fuels in China [J]. Environmental Science & Technology, 2014,48(7):4137 – 4144.

[30] Mangmeechai A. Water footprints of cassava-and molasses-based ethanol production in Thailand [J]. Natural Resources Research, 2013,22(4):273 – 282.

[31] Babel M S, Shrestha B, Perret S R. Hydrological impact of biofuel production: A case study of the Khlong Phlo Watershed in Thailand [J]. Agric. Water Manage. , 2011, 101(1):8 – 26.

[32] Adeoti O. Water use impact of ethanol at a gasoline substitution ratio of 5% from cassava in Nigeria [J]. Biomass Bioenergy, 2010,34(7):985 – 992.

[33] Su M H. Water footprint analysis of bioethanol energy crops in Taiwan [J]. Journal of cleaner production, 2015,88:132 – 138.

[34] Pacetti T. Water-energy Nexus: A case of biogas production from energy crops evaluated by Water Footprint and Life Cycle Assessment (LCA) methods [J]. Journal

of Cleaner Production，2015，101：278.

[35] Z ittelli G C. Photobioreactors for Mass Production of Microalgae Handbook of Microalgal Culture：Applied Phycology and Biotechnology [M]. John Wiley & Sons, Ltd，2013.

[36] Harto C，Meyers R，Williams E. Life cycle water use of low-carbon transport fuels [J]. Energy Policy，2010，38(9)：4933 – 4944.

[37] S ubhadra B G. Water management policies for the algal biofuel sector in the Southwestern United States [J]. Applied Energy，2010，88(10)：3492 – 3498.

[38] Brentner L B，Eckelman M J，Zimmerman J B. Combinatorial life cycle assessment to inform process design of industrial production of algal biodiesel [J]. Environ. Sci. Technol. ，2011，45(16)：7060 – 7067.

[39] Yin S. The water footprint of biofilm cultivation of Haematococcus pluvialis is greatly decreased by using sealed narrow chambers combined with slow aeration rate [J]. Biotechnol. Lett. ，2015：1 – 9.

[40] Guieysse B，Béchet Q，Shilton A. Variability and uncertainty in water demand and water footprint assessments of fresh algae cultivation based on case studies from five climatic regions [J]. Bioresour. Technol. ，2013，128：317 – 323.

[41] Yang J，Xu M，Zhang X，et al. Life-cycle analysis on biodiesel production from microalgae：Water footprint and nutrients balance [J]. Bioresour. Technol. ，2011，102(1)：159 – 165.

[42] Batan L，Quinn J C，Bradley T H. Analysis of water footprint of a photobioreactor microalgae biofuel production system from blue，green and lifecycle perspectives [J]. Algal Research，2013，2(3)：196 – 203.

[43] S ubhadra B G，Edwards M. Coproduct market analysis and water footprint of simulated commercial algal biorefineries [J]. Applied Energy，2011，88 (10)：3515 – 3523.

[44] Gerbens-Leenes P W. The blue water footprint and land use of biofuels from algae [J]. Water Resour. Res. ，2014，50(11)：8549 – 8563.

[45] Gheewala S H，Silalertruksa T，Nilsalab P，et al. Implications of the biofuels policy mandate in Thailand on water：The case of bioethanol [J]. Bioresource Technol. ，2013，150：457 – 465.

[46] Delrue F. An economic，sustainability，and energetic model of biodiesel production from microalgae [J]. Bioresour. Technol. ，2012，111：191 – 200.

[47] Martiín M，Ahmetović E，Grossmann I E. Optimization of water consumption in second generation bioethanol plants [J]. Industrial & Engineering Chemistry Research，2010，50(7)：3705 – 3721.

[48] K ing C W，Webber M E. Water intensity of transportation [J]. Environ. Sci.

Technol. , 2008,42(21):7866 - 7872.

[49] Chiu Y W, Wu M. Assessing county-level water footprints of different cellulosic-biofuel feedstock pathways [J]. Environ. Sci. Technol. , 2012,46(16):9155 - 9162.

[50] Dalla Marta A, Mancini M, Natali F, et al. From water to bioethanol: The impact of climate variability on the water footprint [J]. Journal of Hydrology, 2012,444 - 445: 180 - 186.

[51] Chiu Y W, Walseth B, Suh S. Water embodied in bioethanol in the United States [J]. Environ. Sci. Technol. , 2009,43(8):2688 - 2692.

[52] Suh K, Suh S, Smith T. Implications of corn prices on water footprints of bioethanol [J]. Bioresour. Technol. , 2011,102(7):4747 - 4754.

[53] Elena G D C, Esther V. From water to energy: The virtual water content and water footprint of biofuel consumption in Spain [J]. Energy Policy, 2010, 38 (3): 1345 - 1352.

[54] Wu M, Mintz M, Wang M, et al. Water consumption in the production of ethanol and petroleum gasoline [J]. Environ. Manage. , 2009,44(5):981 - 997.

[55] Mishra G S, Yeh S. Life cycle water consumption and withdrawal requirements of ethanol from corn grain and residues [J]. Environ. Sci. Technol. , 2011,45(10): 4563 - 4569.

[56] Sausse C. On the water footprint of energy from biomass: A comment [J]. Ecol. Econ. , 2011,71(1):1 - 3.

[57] Chavez-Rodriguez M F, Nebra S A. Assessing GHG emissions, ecological footprint, and water linkage for different fuels [J]. Environ. Sci. Technol. , 2010, 44 (24): 9252 - 9257.

[58] Fang K, Heijungs R, De Snoo G R. Theoretical exploration for the combination of the ecological, energy, carbon, and water footprints: Overview of a footprint family [J]. Ecol. Indicators, 2014,36:508 - 518.

第5章 "2E&W"计算方法简介

5.1 总体研究框架与分析指标的确立

微藻生物柴油的生命周期过程指的是培养微藻生产生物柴油,并将得到的生物柴油作为汽车燃料在汽车上使用。本书主要考察其微藻生物柴油全生命周期内各个过程中的能源投入与产出、温室气体排放以及水资源消耗,以了解微藻生物柴油生产链中的高能耗、高排放、高耗水环节,从而为企业优化工艺设计提供指导,为国家节能减排战略的实施提供借鉴。

5.1.1 研究框架

本书的研究主要以微藻生物柴油生产过程为主线,考察其生命周期能耗、温室气体排放及水足迹。由于目前微藻生物柴油尚未实现大规模工业化生产,故本书的研究基于可行的微藻培养工艺过程,设计了一个一定规模的微藻生物柴油综合炼厂。

微藻生物柴油生命周期系统边界如图5-1所示。微藻生物柴油燃料是以微藻培养为起点,经过采收脱水干燥、油脂提取、油脂转化、生物柴油加工等过程,最后以得到的生物柴油用于汽车发动机中燃烧为终点。从图5-1中可知,这条燃料路线包含上游阶段(well to tank,WTT)和下游阶段(tank to wheel,TTW)两大部分。上游阶段又分为原料阶段和燃料阶段,其中原料阶段指的是微藻培养到提取出油脂的过程,燃料阶段指的是生物柴油生产及运输到燃料加注站并进行分配的过程,下游阶段指的是生物柴油在汽车中燃烧的过程。

系统中除微藻生物柴油主线外,还包含过程燃料子系统。过程燃料系统指的是微藻生物柴油生命周期中所用到的直接或间接的能源及辅料。它包括,如原煤、原油和天然气等在内的一次能源,以电力、柴油和燃料油等为代表的二次能源以及各种辅助原料等。由于这些过程燃料及辅料在制取的过程中也会消耗各种物质及能源,故整个LCA是一个相互引用的过程,在后续计算中纳入了循环迭代的思想。以柴油为例[1],柴油生产过程起始于原油开采,经过原油运输、柴油生产、运输等

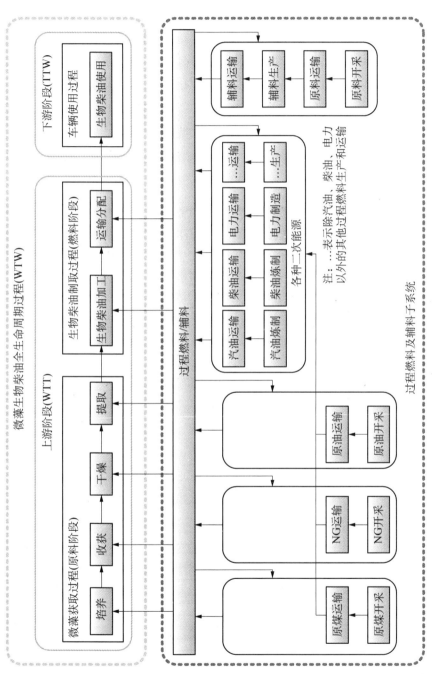

图 5 - 1　微藻生物柴油全生命周期系统边界

环节,最终得到可使用的柴油。在生产柴油的每个环节中都可能会再次用到柴油作为过程燃料,这就出现了循环引用的概念。在实际的生产过程中,过程燃料的种类往往并不是单一的,而是由多种燃料构成,因此,多种燃料间总是会相互引用,这就构成了复杂的过程燃料子系统,需要通过循环迭代来完成计算。

此外,本书所设定的生命周期系统边界中,仅包含了微藻生物柴油路线的全生命周期能源消耗、GHG 排放和水足迹以及制取过程中消耗的过程燃料的全生命周期等结果,没有考虑固定资产这类物质引发的相关能耗、GHG 排放和水足迹,即厂房修建、设备安装、汽车制造等过程引起的直接或间接的能耗和排放不属于本书的研究范围。

5.1.2 考察指标

微藻生物柴油全生命周期系统边界中,对该系统的投入主要包含能源和非能源类。如图 5 - 2 所示,投入的能源包含一次化石能源,如原煤、原油和天然气等以及二次能源,如电力、柴油、汽油、燃料油等;所需的非能源类物质主要有阳光、CO_2、肥料、水等。阳光、CO_2、肥料和水等是微藻生长过程不可缺少的营养物质。

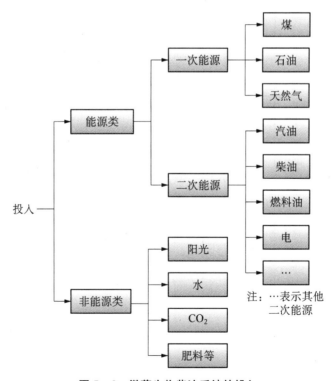

图 5 - 2 微藻生物柴油系统的投入

图 5-3 列出了微藻生物柴油生命周期系统的考察指标。所考察的指标包含能源消耗、温室气体排放及水足迹三大类。能源消耗中主要生命周期包括总能耗、化石能耗和石油能耗这三种指标。温室气体主要考察 CO_2、CH_4 和 N_2O 三种气体,因为这三种温室气体与车用燃料路线是最有直接联系的。水足迹则主要包括蓝水足迹、绿水足迹及灰水足迹。能耗与温室气体排放的详细计算过程见本书中的 5.2 小节,水足迹的详细计算过程见本书中的 5.3 小节。

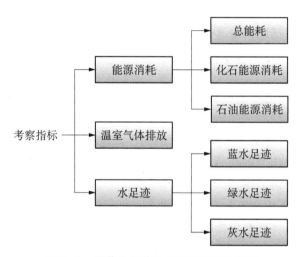

图 5-3 微藻生物柴油系统所考察的指标

所讨论的时间范围是以 2013 年为基准年,各生产环节的数据均以 2013 年我国的平均数据为依据,如发电组成,一次能源产销情况,进出口情况,生产效率等。其余的,如水足迹相关数据则是采用了近五年的平均值。

为使结果具有可比性,还引入了功能单位的概念,旨在将各种考察指标标准化,便于不同研究对象之间的比较。在 WTT 阶段,研究中所提到的能源消耗、温室气体排放量及水足迹等结果均是针对生产低位热值(low heating value,LHV)为 1 MJ 的车用燃料而言,在 TTW 阶段,则是以单辆机动车行驶 1 km 的距离为基准。而最终的 WTW 阶段,是将 WTT 阶段的结果借助于燃料的经济性指标,从而转化成"单辆车消耗 1 MJ 燃料"这个功能单位。

5.1.3 副产品分配方法

车用燃料在生产过程中除了燃料产品外,还经常伴随着热、电、植物残渣等其他副产品的产生。为了更加准确地对生命周期能源消耗、环境排放以及水足迹等进行评价,有必要对燃料生命周期各个环节的主产品与副产品之间的能源消耗、环境排放与水足迹分配等进行深入研究。美国阿冈国家实验室 Michael Wang 博士[2]对生物质燃料生命周期能源消耗以及温室气体排放评价过程中的副产品分配方法进行了系统介绍,并对比了不同副产品分配方法对评价结果的影响。副产品的分配方法对评价结果有着重要影响,生命周期评价研究工作中应对副产品的分配方法选择进行清晰说明,对于某些敏感分析更应进行不同方法的比较分析。谢晓敏与 Michael Wang 博士团队合作[3],曾对以煤和生物质为原料、通过不同生产工艺得到的 FTD 进行了生命周期能源消耗以及温室气体排放研究,并重点考察了不同副产品分析方法对评价结果的影响。研究表明,基于研究中的假设,不同的副产品计算方法可导致温室气体排放结果最大差别 3 倍多。因此,生命周期评价分析中副产品计算方法应慎重选择。

在生命周期评价过程中常用的副产品分配方法有以下四种:

1)质量分配法

在这种方法中,能源消耗和环境排放按照主产品与副产品的质量比进行分配,这一方法基于主产品和副产品是质量相关的,适用于所有产品是以质量为消耗单位的情况,例如钢材等。一旦产品之间的属性差别较大,例如生物乙醇等燃料生产过程会经常产生电作为副产品,电是不具备质量属性的,因此,此处质量基础的副产品分配方法将不再适用。

2)能量分配法

能量分配法是将燃料生命周期的能源消耗以及环境排放按照所生产产品之间的能量比例进行分配的方法。所谓能量比例是某种产品的能量占所有产品能量的份额,这一方法基于所有产品或大多数主要产品是以它们的能量作为使用目的。最好的例子就是石油炼制过程,比如石油炼制产品有汽油、柴油、燃料油等很多的产品,那么,如何将炼制环节的能源消耗以及环境排放进行分配呢?能量分配法就是非常适宜的方法,可以将炼制环节的能源消耗以及环境排放根据不同的产品在总产品能之中所占的比例进行分配。

有时,虽然系统内的各个产品均具有质量或能量属性,但是能量或质量的分配方法却不能充分地反映各个产品之间的属性关系。例如,有些生物质燃料的生产过程或产生诸如饲料等的副产品,虽然这些产品具有质量或者能量属性,但是它的使用途径却不能体现这两种属性,那么,这时可以采用下面介绍的市场价值分配法。

3)市场价值分配法

所谓的市场价值分配法就是根据产品的市场价值对系统的能源消耗以及环境排放进行分配。市场价值的体现就是产品的市场价格以及某种产品的价值在所有产品价值中所占的比例。这种方法的优点在于将所有产品属性回归到它们最基本的市场价值属性上,用市场价值属性替代它们的使用属性。这种分配方法的弊端在于,众所周知,产品的市场价格经常会有很大的波动,那么,这些波动就会对分析结果产生较大的影响。尽管有些研究人员会用平均价格来减少价格波动对结果的影响,但是当分析未来情景时对于未来价格的预测则增加了评价结果的不确定性。

4) 替代法

替代法中副产品所消耗的能源以及产生环境排放是根据被替代的同样产品在正常产品体系中生产出来所消耗的能源以及产生的环境排放,然后在总的能源消耗以及环境排放中间去除这一部分能源消耗以及环境排放就是所需要的主产品的能源消耗以及环境排放。替代法计算的关键在于被替代产品的选择,因为同种产品可能有不同的生产方法及体系,那么,其消耗的能源以及产生的环境排放也会有差别。因此,被替代产品的选择会影响研究结果。如果副产品在总的产品中所占份额较大时,这一方法可能会对所研究的燃料生命周期能源消耗及环境排放结果产生较大的影响。例如,当燃料生产过程副产品是电力的时候,替代不同电力结构或者不同来源的电力会对燃料生命周期能源消耗和环境排放结果产生显著的影响。

上述几种副产品分配方法,在主产品和副产品同时存在的情况下,需要考虑各个产品的使用属性、物理属性以及副产品在所有产品中所占份额,根据其使用属性选择质量分配法或者能量分配法。当这两种方法仍不能充分反映各产品之间的分配关系时,则可选择市场价值法。替代法的选择则主要考虑副产品的份额在所有产品中所占份额,份额较大时会对结果产生较大影响。本书中进行生命周期能源消耗、环境排放以及水足迹分析中主要采用替代法和能量分配法这两种方法。

5.2 "2E"计算模型

如前文所述,本书中的"2E"模型指的是能源消耗和环境影响两个方面,具体来讲,能源消耗指的是考察指标中总能耗、化石能耗和石油能耗三个方面,环境影响指的是引发全球变暖的温室气体排放。系统边界中涉及的过程燃料相关的能源消费和 GHG 排放的计算方法遵循美国阿贡国家实验室的 GREET 模型中能源消耗和 GHG 排放计算方法[4]。

自 1995 年起,美国阿贡国家实验室(ANL),开始进行 GREET 模型的开发。GREET 模型基于一个庞大的 Excel 数据库表,能够评估整个燃料循环过程中多种替代燃料和车辆技术组合路线的能源消耗与排放情况。美国能源部、通用汽车公司都曾应用 GREET 模型对车用燃料进行 3E 评价[5]。

5.2.1 WTT 计算过程

1) 计算总体思路

不论是对微藻生物柴油主线的计算,还是对过程燃料的计算,其 WTT 计算过程需要首先对每个生产环节的能耗和 GHG 排放进行单独分析,然后再运算得到

WTT 结果。每个环节中投入的过程能源种类、数量和使用这些能源的设备是计算的关键。

本书中定义能源消耗为生产 1 MJ 的燃料所投入的直接或间接的能源消耗总量(MJ/MJ),温室气体排放为生产 1 MJ 的燃料所排放的直接或间接的温室气体总量(gCO$_{2\text{-eq}}$/MJ)。一次能源包括原煤、原油和天然气,其他二次能源包含电力、汽油、柴油、燃料油、炼厂干气、液化石油气(liquefied petroleum gas,LPG)等。

以传统柴油生产路线为例,如表 5-1 所示,假设在其生命周期上游阶段共包含 N 个工艺环节(其中 n 表示第 n 个工艺环节),每个环节需要消耗 X 种过程燃料(用 x 表示第 x 种过程燃料),每种过程燃料涉及 Y 种工业设备(用 y 表示第 y 种工业设备),排放 Z 种标准气体污染物(用 z 表示第 z 种气体污染物),则可对每一环节先进行单独计算,再逐次累加便可得到 WTT 的总结果。

表 5-1 计算过程符号说明

n 工艺环节	x 过程燃料	y 工业设备	z 标准气体污染物
原料生产	原煤	燃油锅炉	CO$_2$
原料运输	原油	燃煤锅炉	CH$_4$
燃料生产	天然气	汽轮机	N$_2$O
燃料运输	电力	……	VOC
	蒸汽		CO
	汽油		……
	柴油		
	燃料油		
	炼厂干气		
	液化石油气		
	……		

2) 能源消耗计算过程

根据能源生产特点,能源生产过程主要分为三种情况[6,7]:一是所生产的过程燃料能源全都作为过程燃料使用;二是生产出的能源一部分作为原料,另一部分作为过程燃料;三是生产出的能源均用作原料。以传统柴油生产第 n 个环节为例,投入到该环节的过程能耗消耗总量为

$$EC_n = \begin{cases} \dfrac{1}{\eta_n} & (5-1a) \\[2mm] \dfrac{1}{\eta_n} - 1 & (5-1b) \end{cases}$$

式中，EC_n 为第 n 个环节投入的过程燃料总量，单位为 MJ/MJ；η_n 为第 n 个环节的能源转化效率，单位为％。当过程燃料满足情况一时，采用公式 5-1(a)，其余情况采用 5-1(b)。

第 n 环节中在设备 y 中消耗的 x 种过程燃料($EC_{n, y, x}$，单位为 MJ/MJ)的计算公式为

$$EC_{n, y, x} = EC_n \times \omega_x \times \omega_{y, x} \tag{5-2}$$

式中，ω_x 为总过程能耗中 x 种过程燃料的比例，单位为％；$\omega_{y, x}$ 为使用 x 种过程燃料的各类设备中 y 类设备的比例，单位为％。

WTT 阶段各个环节的能源消费总量(EC_{WTT}，单位为 MJ/MJ)即为

$$EC_{WTT} = \sum_n EC_{n, y, x} \tag{5-3}$$

3) 温室气体排放量计算

如前所述，本书所考察的温室气体主要是 CO_2、CH_4 和 N_2O 三种气体。根据 IPCC 的定义，各种温室气体对全球变暖的影响是通过一个全球变暖潜值来统一衡量的[8]。GWP 指标值表示的是单位质量的某种温室气体与单位质量的 CO_2 在同时期内对全球变暖累积贡献之比[9]。本研究中以 100 年的时间尺度为参考，CO_2、CH_4 和 N_2O 三种气体的 GWP 值分别为 1、25 和 298[8]。WTT 阶段的温室气体排放总量计算公式如下：

$$GHG_{WTT} = CO_{2WTT} + 25 \times CH_{4WTT} + 298 \times N_2O_{WTT} \tag{5-4}$$

式中，GHG_{WTT} 为 WTT 阶段的温室气体排放总量(g/MJ)；CO_{2WTT} 为 WTT 阶段的 CO_2 排放量(g/MJ)；CH_{4WTT} 为 WTT 阶段的 CH_4 排放量(g/MJ)；N_2O_{WTT} 为 WTT 阶段的 N_2O 排放量(g/MJ)。

其中，各个环节中 CO_2 的计算方法采取碳守恒的方法[6]。对于第 n 环节，在 y 类设备中燃烧 x 种过程燃料排放的 CO_2 因子($CO_{2x, y}$，单位为 g/MJ)为

$$CO_{2x, y} = \left[\frac{\rho_x \times C_x \times 1\,000}{LHV_x} - (0.85 \times VOC_{x, y} + 0.43 \times CO_{x, y} + \right.$$
$$\left. 0.75 \times CH_{4, x, y}) \right] \times 44 \div 12 \tag{5-5}$$

式中，ρ_x 为过程燃料 x 的密度[kg/m³(气体燃料)或 kg/t(固体燃料)]；C_x 为过程燃料 x 中 C 的比例(％)；LHV_x 为过程燃料 x 的低位热值(MJ/MJ)；$VOC_{x, y}$ 为 y 类设备中燃烧过程燃料 x 排放的 VOC 因子(g/MJ)；0.85 为 VOC 的含碳量；$CO_{x, y}$ 为 y 类设备中燃烧过程燃料 x 排放的 CO 因子(g/MJ)；0.43 为 CO 的含碳量；$CH_{4x, y}$ 为 y 类设备中燃烧过程燃料 x 排放的 CH_4 因子(g/MJ)；0.75 为 CH_4 中的

含碳量;44 为 CO_2 的分子质量;12 是 C 元素的质量。

而对于第 n 个环节中因过程燃料燃烧引起的 CH_4、N_2O、VOC 和 CO 这几种物质的排放因子计算方法如下:

$$EM_{n, z, x} = \sum_y EF_{z, x, y} \times EC_{n, y, x} \qquad (5-6)$$

式中,$EM_{n, x, y}$ 为环节 n 中气体污染物 z 的排放因子(g/MJ);$EF_{z, x, y}$ 为在 y 类设备中燃烧过程燃料 x 引起的污染物 z 的因子(g/MJ)。

需要注意的是,上述公式中仅体现因过程燃料燃烧引起的排放,在实际工业环节中,往往也会存在不经过燃烧的非燃烧性排放(如煤开采过程中可能会伴随 CH_4 的逸出排放)。因此,调查得到的这类非燃烧排放数据在计算过程中也要加和到公式 5-6 中。

4) 计算逻辑汇总

总体来看,有关能源消耗与温室气体排放"2E"模型的计算逻辑如图 5-4 和图 5-5 所示[5]。对上游 WTT 过来说,能耗与排放计算的关键是需要获得每种过程燃料燃烧过程的能源消耗、能源结构比例、燃烧技术类型以及各种污染物的排放系数等,然后将各种过程燃料加和得到总能耗与排放。

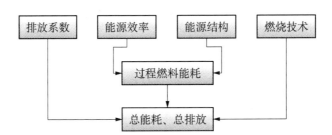

图 5-4 WTT 阶段生产过程计算逻辑

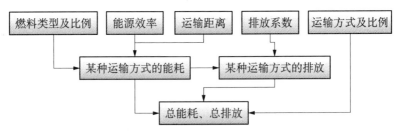

图 5-5 WTT 阶段运输过程计算逻辑

而对于运输过程来说,先要根据运输燃料类型及比例、能源效率、运输距离与排放系数等参数,计算得到每种运输方式的能耗与排放,再根据不同运输方式的比例,推算得到上游阶段的总能耗与总排放。

5.2.2 TTW 计算过程

TTW 阶段指的是车辆运行阶段,具体来讲,这个阶段计算的目的是得到车辆每行驶 1 km 需要消耗的能源和排放的温室气体。需要考察的车辆包括微藻生物柴油车及传统汽柴油车。由于微藻生物柴油尚处于实验室研发阶段,因此,本书中微藻生物柴油车的能耗及排放因子参考传统的生物柴油。假设汽车运行阶段使用的模型车辆的基准配置是装备了传统的 CIDI 发动机,并用纯生物柴油(BD100)或掺混生物柴油(如 BD20)作为燃料。该车能耗的计算由汽车的燃油经济性得来,排放因子则参考国外的数值[4]。为便于比较,本书中假设汽油车的百公里油耗为 8 L,柴油车的百公里油耗比汽油车低 20%,生物柴油车的油耗与柴油车相当[10, 11]。

5.2.3 WTW 计算过程

将上述 WTT 与 TTW 过程的结果合并便得到 WTW 的总能源消耗量和温室气体排放量。合成时需要将结果统一,最终转化为以每 MJ 为计量单位。能源消耗和 GHG 排放的合成公式如下:

$$TE_{WTW} = EC_{TTW} \times (1 + TEC_{WTT}) \qquad (5-7)$$

$$FE_{WTW} = EC_{TTW} \times (\lambda + FEC_{WTT}) \qquad (5-8)$$

$$PeE_{WTW} = EC_{TTW} \times (\eta + PeEC_{WTT}) \qquad (5-9)$$

$$GHG_{WTW} = GHG_{TTW} + (E_{TTW} \times GHG_{WTT}) \qquad (5-10)$$

式中,TE_{WTW}、EF_{WTW}、PeE_{WTW} 及 GHG_{WTW} 分别为 WTW 阶段的总能耗、化石能耗和石油能耗及温室气体排放量,单位分别为 MJ/MJ、MJ/MJ、MJ/MJ 及 $gCO_{2\text{-}eq}$/MJ;EC_{TTW} 和 GHG_{TTW} 分别为 TTW 阶段的能源消费及温室气体排放量,单位分别为 MJ/MJ 及 $gCO_{2\text{-}eq}$/MJ;TEC_{WTT}、FEC_{WTT} 及 $PeEC_{WTT}$ 分别为 WTT 阶段的总能耗、化石能耗和石油能耗,单位均为 MJ/MJ;GHG_{WTT} 为上游阶段的总温室气体排放量,单位为 $gCO_{2\text{-}eq}$/MJ;当燃料路线中初始资源为化石能源时,$\lambda=1$,否则 $\lambda=0$;当燃料路线中初始资源为石油时,$\eta=1$,否则 $\eta=0$。

5.3 "W"计算模型

不同于"2E"计算方法,本章中将水足迹的计算独立出来。因为生物燃料的发展跟水资源息息相关,尤其是当生物燃料的产量进一步增大时,更给水资源系统带来了巨大的挑战。主要体现在如下两个方面[12, 13]:①作物种植阶段需要大量的水资源保证其良好生长;②大量的化肥、农药、杀虫剂等的使用加剧了农业排水的污染。因此,本文在研究微藻生物燃料生命周期水足迹的同时,还将引入其他典型的陆生作物生物燃料的水足迹,以达到比较的目的。此处将分别介绍陆生作物和微藻的水足迹计算方法。

5.3.1 水足迹系统边界的确立

对于生物燃料生产而言,作物种植等阶段的水耗本质上是水文循环的过程。水以降雨的形式落在地面,从而被用于作物灌溉,这些灌溉用水主要途经如下几个过程:①被作物吸收;②渗透到土壤;③表面径流到水体;④渗透到地下水层。被作物吸收后的水又进一步通过蒸腾作用(evapotranspiration,ET)蒸发到空气中。图5-6描述了本书所研究的生物燃料等各个环节的水足迹边界。对于燃料路线而言[14],总输入水包括作物种植阶段的灌溉水、原油及其他原材料等开采过程使用的注入水及燃料或产品生产工艺过程中使用的设备(如热交换器)产生的工艺水等。总输出水包括生产中损失的水和回用的水两部分。其中,水损失主要指的是因作物蒸发蒸腾损失的水、排放的污水以及嵌入在产品中的水等,包含气体或液体两种形式。回用水指的是输出的水中回用到系统的水,主要包括某个工艺过程的回用水、地表径流的水、回流到水体中的灌溉水、原油及原材料等开采阶段注入的回用水以及燃料生产过程处理后的回用水。

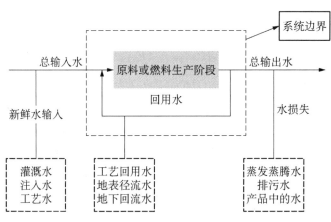

图5-6 水足迹研究系统边界

5.3.2 各类水足迹定义

根据Hoekstra等人提出的观点[15],将水足迹定义为蓝水足迹、绿水足迹及灰水足迹,三种水足迹与流域间的平衡关系如图5-7所示。蓝水足迹与取水有关,主要包括蒸发的水、产品中嵌入的水及回流到其他流域的水。绿水足迹源于降雨,是最终通过蒸发损失的水。灰水足迹定义为自然本底浓度和现有的环境水质标准为基准,将一定的污染物负荷吸收同化所需的淡水体积。将各个阶段三种水足迹相加即得到总的水足迹。功能单元均为每吨原料或燃料消耗的水量(m³)。本章中的研究对象为微藻与陆生作物,由于其生长环境不同,故,水足迹单独具体分析。

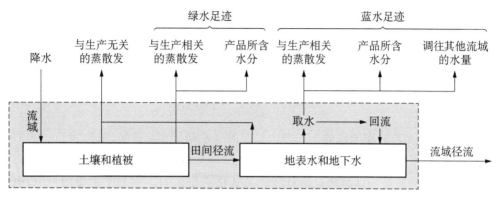

图 5-7 蓝水、绿水足迹与流域水平衡的关系

5.3.3 陆生作物水足迹计算方法

陆生作物泛指生长在陆地上的作物。本书中研究生物燃料的水足迹时,所考察的陆生作物主要是非粮食作物,如木薯、甜高粱、麻疯树等。考察的生物燃料路线是木薯制乙醇、甜高粱制乙醇及麻疯树制生物柴油,至于为何选取这几条路线,将在后续第 6 章给以详细说明。许多研究者认为[13],生物燃料大量的水足迹集中在作物生长阶段,故,此处水足迹计算主要以作物生长阶段为例,详细的后续工艺计算过程将在第 6 章中给出。

作物生长阶段的总水迹 WF(单位为 m³/t)是绿水、蓝水和灰水足迹三者之和:

$$WF = WF_g + WF_b + WF_{gr} \tag{5-11}$$

其中,绿水足迹是作物消耗水中的绿水量 CWU_g(单位为 m³/hm²)与作物产量 Y(单位为 t/m³)的比值,蓝水足迹计算类似,公式如下:

$$WF_g = CWU_g/Y \tag{5-12}$$

$$WF_b = CWU_b/Y \tag{5-13}$$

对于木薯、甜高粱一类的一年生作物,其产量数据可直接用统计年鉴中的数据,而对于如麻疯树一类的多年生作物,则需采用作物生长期内的多年产量平均值。

对于灰水足迹,计算公式如下:

$$WF_{gr} = \frac{(\alpha \times AR)/(c_{max} - c_{nat})}{Y} \tag{5-14}$$

式中,α 为淋溶率,即进入水体的污染物的量占总化学物质投入量的比例(%);AR 为每公顷土地的化肥投入量(kg/hm²);c_{max} 为水体中能承受的最大容许浓度 (kg/m³);c_{nat} 为水体中污染物的自然初始浓度(kg/m³)。

作物整个生长阶段耗用的绿水量和蓝水量为其整个生长期内的每日蒸散量累积值,计算公式为

$$CWU_g = 10 \times \sum_{d=1}^{lg\ p} ET_g \qquad (5-15)$$

$$CWU_b = 10 \times \sum_{d=1}^{lg\ p} ET_b \qquad (5-16)$$

式中,ET_g 与 ET_b 分别为作物生长期内每天的绿水和蓝水蒸散量,单位为 mm/d;10 为单位转换系数。

而每日蒸发量的计算则是通过经验公式估算得来的。本书中主要用 FAO 开发的 CROPWAT8.0 模型来模拟作物生长过程中的水分蒸散量[16]。该模型是基于 Penman-Monteith 的方法,通过种植地区的气温、湿度、日照数和风速等数据来估算蒸散量,并结合每种作物的种植周期及作物种植地区的土壤特征来估算水需求。具体的计算过程见后续第 6 章。

当作物阶段的水足迹估算出以后,便可将运输、生物燃料生产等环节的水足迹加和得到该燃料路线生命周期的水足迹。详细过程见第 9 章。

5.3.4 微藻水足迹计算方法

微藻生物柴油的生命周期水足迹计算基本思路是先将每个生产阶段单独计算,最后再进行加和处理。不同于前述几种陆生作物,微藻生长过程是在水环境中进行的,因此,该过程需要直接耗用大量的水,水足迹的计算方法不能用前述的作物蒸发及灌溉计算法来确定,而是采用过程物量守恒的原理进行工艺平衡计算。

微藻培养过程的蓝水足迹定义的是生产过程中直接消耗的培养水,绿水足迹指的是原料等的蒸发损失与平均降雨量的差值,灰水足迹则是排放的水中所含的肥料等污染量的含量,灰水的计算方法同陆生作物一致。

蓝水足迹 WF_b(单位为 m³/t)的计算公式如下:

$$WF_b = W_{process} + W_{make\text{-}up} + W_{retained} \qquad (5-17)$$

式中,$W_{process}$,$W_{make\text{-}up}$,$W_{retained}$ 分别为培养过程中的过程水、补充的水及回流的水,单位均为 m³/t。

从上述公式可知,微藻生物柴油制取过程的水足迹与生产工艺息息相关,且本书第 8 章中设计了一个微藻生物柴油综合炼厂,故,其水足迹的计算将基于该工程进行,具体细节参见第 9 章的计算过程。

5.4 小结

本章介绍了产品生命周期评价考察的相关指标,定义了微藻生物柴油"2E&W"模型的系统边界,该系统以微藻生物柴油生产过程为主线,同时包含了多种终端能源及辅助原料从开采到使用的生命周期过程燃料子系统。同时还确立了主要的考察指标,包含能源消耗(总能耗、化石能耗、石油能耗)、温室气体排放(CO_2、CH_4 和 N_2O)及水足迹(绿水足迹、蓝水足迹及灰水足迹)。除此之外,还进一步建立了能耗与温室气体排放模型,确立了水足迹研究的系统边界,定义了不同水足迹的概念和计算方法,从而建立了相对完整的生物燃料经济性、环境性和可持续性的评价体系。

参考文献

[1] 张亮. 车用燃料煤基二甲醚的生命周期能源消耗、环境排放与经济性研究[D]. 上海:上海交通大学,2007.

[2] Wang M, Huo H, Arora S. Methods of dealing with co-products of biofuels in life-cycle analysis and consequent results within the U. S. context [J]. Energy Policy,2011,39(10):5726 – 5736.

[3] Xie X, Wang M, Han J. Assessment of fuel-cycle energy use and greenhouse gas emissions for Fischer-Tropsch diesel from coal and cellulosic biomass [J]. Environ. Sci. Technol. , 2011,45(7):3047 – 3053.

[4] Wang M, Wu Y, Elgowainy A. GREET 1. 8d. 1 (Fuel-Cycle Model) [R]. In Argonne:Argonne National Laboratory 2010.

[5] 张茜. 基于生命周期评价理论的车用替代燃料路径选择研究[D]. 天津:天津大学,2012.

[6] Wang M Q. GREET 1. 5-transportation fuel-cycle model, Volume 1:Methodology, development, use and results [R]. Center for Transportation Research, Argonne National Laboratoy, 1999.

[7] 许英武. 生物柴油生命周期分析与发动机低温燃烧试验研究[D]. 上海:上海交通大学,2010.

[8] IPCC. Climate Change 2007:Synthesis report. Contribution of working groups I, II and III to the fourth assessment report of the intergovernmental panel on climate change [Core writing team, Pachauri, R. K and Reisinger, A. (eds.)] [R]. Geneva, Switzerland:IPCC, 2007.

[9] 张阿玲,申威,韩维建,等. 车用替代燃料生命周期分析[M]. 北京:清华大学出版

社,2008.

[10] 欧训民. 中国道路交通部门能源消费和 GHG 排放全生命周期分析[D]. 北京:清华大学,2010.

[11] Ou X, Zhang X, Chang S. Alternative fuel buses currently in use in China: Life-cycle fossil energy use, GHG emissions and policy recommendations [J]. Energy Policy, 2009,38(1):406 - 418.

[12] Dominguez-Faus R, Powers S E, Burken J G, et al. The water footprint of biofuels: A drink or drive issue? [J]. Environ. Sci. Technol. , 2009,43(9):3005 - 3010.

[13] Powers S E, Dominguez-Faus R, Alvarez P J J. Opinion: The water footprint of biofuel production in the USA [J]. Biofuels, 2010,1(2):255 - 260.

[14] Wu M, Mintz M, Wang M, et al. Water consumption in the production of ethanol and petroleum gasoline [J]. Environ. Manage. , 2009,44(5):981 - 997.

[15] Hoekstra A Y, Chapagain A K, Aldaya M M, et al. The Water Footprint Assessment Manual: Setting the Global Standard [M]. London, UK: Earthscan: 2011.

[16] FAO. "CROPWAT 8. 0 model"[DB/OL]. Rome, Italy: Food and Agriculture Organization, 2013 - 07 - 10. http://www. fao. org/nr/water/infores_ databases_ cropwat. html.

第6章　微藻生物柴油生产潜力分布特征

替代燃料的发展被认为是解决当今社会面临的化石能源短缺和温室气体排放的有效手段之一。微藻生物质近几年来因其具有生长速率高[1, 2]、生长周期短[3]、产油效率高[4]、可固定 CO_2[5, 6]、适应多种水源[7, 8]、下游产品多元[9]等优点被广泛关注。利用微藻生产生物质能源最简易可行的方式之一为开放式跑道池培养[10, 11]。常用的开放式跑道池一般是深度为 0.15～0.30 m 的浅形环池，以太阳光为光源和热源，依靠叶轮转动的方式使培养液混合、循环，并防止藻体沉淀，提高藻体细胞的光能利用率[3]。同时在跑道池中通入空气或 CO_2 气体进行鼓泡或气升式搅拌[3]。目前，国内外大规模商业化培养微藻的公司，均采用该系统[3]。

如第2章所述，开放式跑道池培养具有操作方便、成本较低、易于管理等优点，但同时也存在着其他不足之处。研究表明，户外开放式培养微藻易受天气影响[12]，尤其是气温、光照等自然因素，对微藻生长情况影响较为显著。Park 等人结合新西兰的当地气候特征，得出微藻的理论生长率大约为 27 g/(m² · d)[13]。然而，也有微藻研究报告称微藻产量达到 27 g/(m² · d)过于理想，实际上户外培养观察到的微藻产量在 8～15 g/(m² · d)[14]。许多研究者对微藻生物柴油的年产量估计也有不同看法，一些学者认为微藻生物柴油的年产量为 1 500～2 000 gallon/acre①[15]，大多数人都认为年产量的值在 1 120～2 300 gallon/acre 之间比例合理[14]。但也有人估计微藻生物柴油的年产量在 4 000～5 800 gallon/acre 之间，甚至在最理想的情况下可达到 15 000 gallon/acre[14]。

上述的这些估计一方面大多比较粗糙且过于理想，很多是建立在实验室生长的基础上，没有充分考虑外界条件对微藻生长的影响。事实上，微藻生长的结果往往受地理因素、技术发展程度及政策支持力度等多方面因素的影响。另一方面，关于我国的微藻生长潜力如何，哪些地方适宜哪种培养方式以及各地区的资源可利用程度如何等方面，国内还缺乏一个清晰的认识。对中国而言是否适合发展微藻生物柴油，发展的前景怎样，如何做到可持续发展等问题需要结合中国的国情详细

---

① gallon/acre(加仑／英亩)，非法定单位。1 gallon(UK) = 4.546 09 L，1 gallon(US) = 3.785 43 L；1 acre = 0.404 686 hm²。

探讨。

因此,本章主要从中国的资源特点和气候条件出发,通过建立的微藻生长模型,以小球藻为微藻代表,估算我国微藻生长率,并在此基础上结合当前我国主要工业技术发展水平,进一步分析我国微藻生物柴油生产量的分布特征,从而了解我国发展微藻生物柴油的潜力。

6.1 潜力分布模型依据

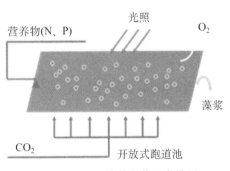

图6-1 ORP培养微藻示意简图

在对微藻生长率进行估计时,先对微藻生长状况作如下假设:①户外开放式跑道池用于培养微藻 *Chlorella*,跑道池高约0.3 m,水深大约为0.25 m,固定叶轮转动使微藻保持一定流速,同时鼓入足量的 CO_2 以维持藻充分生长;②提供足够的N、P等营养物以供给微藻生长;③达到采收浓度的微藻经进一步脱水使微藻含水量达到下游脂肪提取的要求,从而将提取后的脂肪进行酯化转化生产生物柴油。图6-1为ORP培养微藻的简易图示。微藻生长率的估算原则是结合 Wigmosta[16] 和 Park[13] 等人的方法,首先用一经验公式估计微藻生物质的最大产量,接着推算微藻生物柴油的产量,随后结合不同地区的日照和气温等气候条件,得到受这些外在气候条件影响下的产量,最后再结合当地可获得的水等资源条件,找出微藻生物柴油在中国的分布规律。

6.1.1 微藻生长模型

微藻生物质的理论最大生长率 P_{max}(单位为 g/(m² · d))模型采用如下的经验公式[13]:

$$P_{max} = \frac{I_0 \times \eta_{par} \times (1-L_r) \times \eta_{pho} \times L_{sat}}{LHV_{algal}} \times 1\,000 \quad (6-1)$$

式中,I_0 为入射光强(MJ/(m² · d));η_{par} 为光合有效辐射(photosynthetic available solar radiation,PAR)(%);L_r 为反射损失(%);η_{pho} 为光合太阳转化效率(%);L_{sat} 为微藻光合体系中的光饱和度(%);LHV_{algal} 为微藻的低位热值(kJ/g)。

I_0 的定义为年均太阳辐射总量 I_t(单位为 MJ/m²)除以年总天数。光合有效辐射 η_{par} 的定义为年均光合有效辐射量 I_{par}(单位为 MJ/m²)与年均太阳辐射总量 I_t(单

位为 MJ/m^2)的比值。各地区的 I_t 及 I_{par} 的数据来源于《中国自然资源手册》[17]。

微藻生长过程中的太阳光合转化效率 η_{pho} 的计算公式如下:

$$\eta_{pho} = \frac{E_{CH_2O}}{8 \times E_{photon}} \times 100 \qquad (6-2)$$

式中,E_{CH_2O} 为生产微藻生物质所需的能量(kJ/mol),Walker 等人认为[18],生成一个 CH_2O 前驱物需要 468 kJ 能量;8 是完成藻生物质过程所需的光子数量[18, 19];E_{photon} 是一个光子在红光 680 nm 下的能量(kJ/mol)。其中,E_{photon} 可由如下公式计算得到:

$$E_{photon} = N_A \times h \times \upsilon = N_A \times h \times \frac{c}{\lambda} \qquad (6-3)$$

式中,N_A 为阿伏加德罗常数(/mol);h 为普朗克常量(J・s);c 是光在真空中的速度(m/s);λ 为红光的波长(nm)。

式(6-1)中的光饱和度 L_{sat} 通常随着季节的变化而变化。一般情况下,微藻的光合作用在太阳辐射达到 $200\ \mu mol/(m^2 \cdot s)$ 时达到饱和[20]。但冬季和夏季显示出不同的特征。本章节中,微藻生长过程的光饱和度在夏季和冬季的值分别采取 17% 和 10%[13]。微藻 Chlorella 的热值本书中采用 21.3 MJ/kg[21]。

6.1.2　微藻生物柴油理论产量

将培养采收后的微藻用于生产生物柴油,该过程中最关键的工艺过程是脂肪的提取。也就是说脂肪含量的高低、品质的好坏决定了微藻生物柴油的效率及品质。生物柴油产量估算公式如下:

$$P_{BD} = \frac{P_{max} \times f_{oil}}{\rho_{BD}} \times 天数 \qquad (6-4)$$

式中,P_{BD} 为生物柴油的年产量(L/(hm$^2 \cdot$ a));f_{oil} 为微藻中适于生产生物柴油的脂肪含量(%);ρ_{BD} 为生物柴油的密度(g/L);假设全年中有 330 天可以顺利生产。

如 2.3.4 节所示,微藻脂肪中的甘油酯这一成分是转化成生物柴油的有效成分[12],特别是 TAG。此处,对于微藻生物柴油的理论年产量(P_{BD_theo})定义为假设微藻中绝大部分脂肪(80%)均能转变成生物柴油的产量,微藻中的脂肪含量占干重的 28%~32%[22],TAG 含量设定为 20%[16]。转化后的生物柴油的密度为 0.88~0.92 kg/L[16, 23],本书中采用 0.88 kg/L 进行计算[23]。

6.1.3　微藻生物柴油修正产量

在上述结果基础上,将各地区的光照、水温等气候条件及水等资源条件纳入模型,形成最终的微藻生物柴油年产量模型,以考察微藻生物柴油的分布特征。

6.1.3.1 光利用效率因子

据研究表明,光利用效率因子(ε_s)是入射光强度 I'_0(单位为 $\mu mol/(m^2 \cdot s)$)与使光合作用达到饱和点的光强 I_s(单位为 $\mu mol/(m^2 \cdot s)$)的函数[20],关系式如下:

$$\varepsilon_s = \frac{总光照 - 未利用光照}{总光照} = \frac{I_s}{I'_0}\left[\ln\left(\frac{I'_0}{I_s}\right) + 1\right] \qquad (6-5)$$

其中,入射光强度 I'_0 的计算公式如下:

$$I'_0 = \frac{I_0 \times 10^9}{24 \times 3\,600 \times E_{photon}} \qquad (6-6)$$

不同藻的光饱和度 I_s 也不相同,如微藻 *Phaeodactylum tricornutum* 在光强为 $185\ \mu mol/(m^2 \cdot s)$ 时达到饱和,而 *Porphyridium cruentum* 则在 $200\ \mu mol/(m^2 \cdot s)$ 时达到饱和[4]。一般而言,光利用效率随着光强的增加而增加,但当光强达到一临界值时,再增加光强也不会使光利用效率提高[20]。光饱和强度越大,则越少的光子会以热的形式浪费[20],从而使得光利用效率更高。

6.1.3.2 温度修正系数

户外开放池培养微藻的水温是由当地气温条件决定的,且微藻只能在一定的水温范围内才能得以良好生长。水温修正系数 ε_t 采用如下的定义:

$$
\begin{aligned}
&\varepsilon_t = 0, \quad T < T_{min} \\
&\varepsilon_t = \frac{T - T_{min}}{T_{opt\_low} - T_{min}}, \quad T_{min} \leqslant T \leqslant T_{opt\_low} \\
&\varepsilon_t = 1.0, \quad T_{opt\_low} \leqslant T \leqslant T_{opt\_high} \\
&\varepsilon_t = \frac{T_{max} - T}{T_{max} - T_{opt\_high}}, \quad T_{opt\_high} \leqslant T \leqslant T_{max} \\
&\varepsilon_t = 0, \quad T > T_{max}
\end{aligned}
\qquad (6-7)
$$

式中,T_{min} 为微藻在零生长率时的最低水温(℃);T_{opt_low} 为微藻达到最佳产量时的最低水温(℃);T_{opt_high} 为微藻达到最佳产量时的最高温度(℃);T_{max} 为微藻在零生长率时的最高水温(℃)。研究表明,微藻在户外开放池培养中的最适宜温度范围在 $20\sim35$℃[11, 24],一些微藻仍能适应较低的温度(如 15℃),但温度一旦降低至 $2\sim4$℃时,微藻的产量则迅速下降[16]。本研究中,对上述几种温度临界点 T_{min}、T_{opt_low}、T_{opt_high} 及 T_{max} 分别采用 10℃、20℃、30℃ 及 35℃。

6.1.3.3 水需求修正系数

微藻培养过程需要大量的水。假设微藻培养的水源全由新鲜的淡水来提供,因此,需要对各地区的淡水可获得能力进行评估,以确保足够的淡水供给能力。淡水可获得能力 W_a 由如下公式估算[14]:

$$W_a = \text{yes}, \quad W_m < W_r$$
$$W_a = \text{no}, \quad W_m > W_r \qquad\qquad (6-8)$$
$$W_m = 5\% \times W_t$$
$$W_r = W_s - W_c$$

式中,W_t 为不同地区的水资源总量(m³);W_r 为水资源剩余量,是各地区的水资源供给量 W_s(单位为 m³)与消耗量 W_c(单位为 m³)的差值。本书中假设 5% 的水资源总量可用于培养微藻[14]。

水需求指的是补充进入微藻培养池的水以维持微藻池的水深不低于 0.25 m[16]。估算公式如下:

$$D_w = D_e - D_p, \quad D_e > D_p$$
$$D_w = D_e, \quad D_e < D_p \qquad\qquad (6-9)$$

式中,D_w 为微藻生长的年均水需求,单位为 mm/(hm² · a) 或 L/(hm² · a) 或 L_w/L_{BD};D_e 为不同地区的年均水蒸发损失,单位为 mm;D_p 为不同地区的年均降雨量,单位为 mm。

年均降雨量、气候条件、温度等数据来自于国家统计年鉴等[25-27],水蒸发损失的数据来自对我国最大可能蒸发量的估计[28]。

6.2　微藻生长区域分布特征

由上述微藻生长潜力分布模型,结合各地区的实际光照、水等资源情况,可得出我国培养微藻生产生物柴油的潜力。此处先讨论微藻最大生长率分布,接着讨论微藻生物柴油年均产量分布,最后再结合水资源可获得性探讨我国发展微藻生物柴油的潜力。

6.2.1　微藻平均生长率

微藻平均生长率的模型是以中国各省区为最小单元,并假设各地区有足够的闲置空地培养微藻。生长率的计算参考公式 6-1。表 6-1 列举了各地区的主要基础数据及计算过程相关数据。各地区的年均太阳辐射总量 I_t 和年均有效太阳辐射量 I_{par} 的数据采取《中国自然资源手册》中的值[17]。虽然该值是中国 20 世纪 90 年代的数据,但由于这类数据变化幅度不大,故用此数据仍是在合理的范围。在计算时,假设微藻在户外开放培养池中均能维持较好的生长状况。由于太阳辐射仅在白天的时候最强烈,故数据均是假设微藻在晚上便停止生长,计算所得到的生长率是一天的平均值。另外,如 6.1.1 节所述,在微藻培养过程中,因夏季和冬季存在不同的光饱和度,因此,微藻生长过程的光饱和度在夏季和冬季时采取不同的数值,分别为17％和10％[13]。在计算出不同地区夏季和冬季的微藻平均生长率后,再综合成年均最大生长率。

表6-1　微藻生长率模型基础数据

地区	I_t/(MJ /m^2)	I_{par}/(MJ /m^2)	I_0/(MJ /(m^2·d))	η_{pho} /％	η_{par}/％	P_{max}/(g/(m^2·d))		
						夏季	冬季	平均
北京	5 480	2 480	15.0	33.2	45	15.3	9.0	12.2
天津	5 270	2 410	14.4	33.2	46	14.9	8.7	11.8
河北	5 340	2 450	14.6	33.2	46	15.1	8.9	12.0
山西	5 490	2 470	15.0	33.2	45	15.2	9.0	12.1
内蒙古	5 970	2 660	16.4	33.2	45	16.4	9.7	13.0
辽宁	4 970	2 230	13.6	33.2	45	13.8	8.1	10.9
吉林	4 960	2 250	13.6	33.2	45	13.9	8.2	11.0
黑龙江	4 840	2 180	13.3	33.2	45	13.5	7.9	10.7
上海	4 650	2 160	12.7	33.2	46	13.3	7.8	10.6
江苏	4 800	2 240	13.2	33.2	47	13.8	8.1	11.0
浙江	4 520	2 130	12.4	33.2	47	13.1	7.7	10.4
安徽	4 830	2 260	13.2	33.2	47	13.9	8.2	11.1
福建	4 570	2 140	12.5	33.2	47	13.2	7.7	10.5
江西	4 610	2 160	12.6	33.2	47	13.3	7.8	10.6
山东	5 460	2 480	15.0	33.2	45	15.3	9.0	12.2
河南	5 070	2 250	13.9	33.2	44	13.9	8.2	11.0
湖北	4 760	2 200	13.0	33.2	46	13.6	8.0	10.8
湖南	4 290	2 030	11.8	33.2	47	12.5	7.4	9.9
广东	4 730	2 240	13.0	33.2	47	13.8	8.1	11.0
广西	4 680	2 230	12.8	33.2	48	13.8	8.1	10.9
海南	5 260	2 520	14.4	33.2	48	15.6	9.1	12.3
重庆	3 580	—	9.8	33.2	47	10.4	6.1	8.2
四川	3 620	1 700	9.9	33.2	47	10.5	6.2	8.3
贵州	4 100	1 880	11.2	33.2	46	11.6	6.8	9.2
云南	6 190	2 800	17.0	33.2	45	17.3	10.2	13.7
西藏	7 340	3 260	20.1	33.2	44	20.1	11.8	16.0

（续表）

地区	I_t/(MJ/m²)	I_{par}/(MJ/m²)	I_0/(MJ/(m²·d))	η_{pho}/%	η_{par}/%	P_{max}/(g/(m²·d)) 夏季	P_{max}/(g/(m²·d)) 冬季	P_{max}/(g/(m²·d)) 平均
陕西	4 650	2 140	12.7	33.2	46	13.2	7.8	10.5
甘肃	5 950	2 650	16.3	33.2	45	16.4	9.6	13.0
青海	6 250	2 790	17.1	33.2	45	17.2	10.1	13.7
宁夏	6 170	2 780	16.9	33.2	45	17.2	10.1	13.6
新疆	5 580	2 560	15.3	33.2	46	15.8	9.3	12.5

对表 6-1 中各地区年均最大生长率的数据进行频度统计分析可知，如图 6-2 所示，在中国 31 个省区中，微藻年均最大生长率为 8～16 g/(m²·d)，其中大约有 35% 的地区微藻最大生长率在 10～11 g/(m²·d)，23% 的地区微藻最大生长率在 12～13 g/(m²·d)，11～12 g/(m²·d) 和 13～14 g/(m²·d) 的概率相差不大。一些国外研究者的报道称，在户外开放池中微藻生长率一般为 15 g/(m²·d)[14, 29]，有研究者甚至认为在合适条件下微藻的生长率可达到 30～35 g/(m²·d)[4, 30]。但现有的户外培养要达到这样的产量还存在一定的挑战。从表 3-1 中的估计来看，中国微藻生物质年均生长率在冬季时大约为 9.1 g/(m²·d)，夏季时平均生长率大约为 15.6 g/(m²·d)。

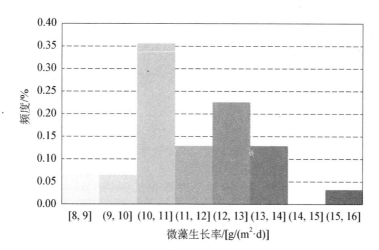

图 6-2　中国微藻生长率频率分布

6.2.2　微藻生物柴油理论分布

以各省区为基本单元的微藻理论生物柴油产量分布特征如图 6-3 所示。从图中可知，微藻生物柴油的理论年产量大约为 6 000～13 000 L/(hm²·a)。从整体来看,微藻生物柴油理论年产量随着纬度和海拔的增加而增大。从地域角度来看,西藏、云南、青海等西部地区的微藻生物柴油年均产量最高,理论产量达到10 254~11 981 L/(hm² · a)。新疆、宁夏、内蒙古、河北、山东等北方地区的微藻生物柴油年产量为中等水平,理论年产量范围为7 400~8 800 L/(hm² · a)。西南地区,如四川、重庆和贵州三个地区的微藻生物柴油年产量最低,理论年产量范围为6 000~74 000 L/(hm² · a)。造成各地区产量差异的主要原因在于各地区年均太阳辐射量的不同。显而易见的是,年均太阳辐射量高的地区,其微藻生物柴油年产量也就越高。同时,太阳辐射多的区域会使气温相对较高,这也是维持微藻高生长率的一个因素。

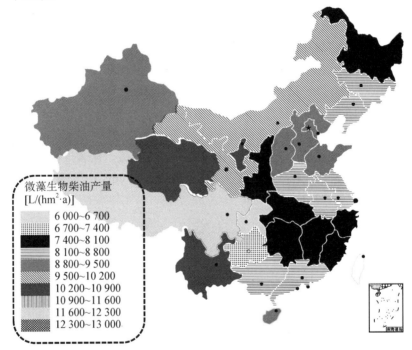

微藻生物柴油产量
[L/(hm²·a)]

6 000~6 700
6 700~7 400
7 400~8 100
8 100~8 800
8 800~9 500
9 500~10 200
10 200~10 900
10 900~11 600
11 600~12 300
12 300~13 000

图 6-3　中国微藻生物柴油理论年产量分布特征

综合图6-2可知,开放式培养池培养微藻的年均生长率大约为8.2~16 g/(m² · d)。以西藏地区为例,其微藻年均生长率约为16 g/(m² · d),假设微藻中有效脂肪含量为80%,可使微藻生物柴油产量达到11 981 L/(hm² · a)。若进一步将有效脂肪含量提高到28%,微藻生物柴油年产量将达到16 774 L/(hm² · a)。该结果在国外估计的微藻产量范围14 029~18 075 L/(hm² · a)[14]。这说明对中国微藻生物柴油的产量估计从理论上来说是合理的。

6.2.3　引入光饱和度和水温的微藻生物柴油分布

如前所述,微藻的生长率除了受太阳辐射等因素影响外,还受到温度等的影响。从光照角度来看,往往并非所有入射到地面的阳光都会被微藻吸收,光穿过微藻培养池时有一定的损失。并且水的温度在一天内、一年内均不一样,这样的波动也会影响微藻生长率。因此,此处将进一步讨论光利用效率因子 ε_s 及温度修正系数 ε_t 对微藻生物柴油分布的影响。有人提出也应当考虑生物质累积增长因子 ε_b 对最终产量的影响,但由于这方面的机理尚无清晰的定论,故将 ε_b 的值初步定为 $0.8^{[16]}$。

表6-2列举了我国不同地区的各类修正因子参数及各地区的微藻生物柴油实际产量 P_{BD}(单位为 $L/(hm^2 \cdot a)$)。入射光强 I_0' 是每秒入射到每平方米微藻培养池表面的太阳光强度,它的大小由年均太阳辐射总量决定。年均太阳总辐射量高的地方,入射光强 I_0' 也高,从而使得光利用效率因子 ε_s 的值也相对较高。温度修正系数 ε_t 随着各地区的年均气温的不同而不同。在年均气温低于 $10℃$ 和高于 $35℃$ 的地区,认为微藻停止生长。因此,这些地区的温度修正系数为 0。而年均气温在 $20\sim35℃$ 之间时,温度修正系数 ε_t 最高。

表6-2　微藻生物柴油修正产量相关数据

地区	I_0' $(\mu mol/(m^2 \cdot s))$	ε_s	ε_t	ε_b	$P_{BD}/$ $(L/(hm^2 \cdot a))$	水需求	
						$L/(hm^2 \cdot a)$	L_W/L_{BD}
北京	987	0.53	0.26	0.8	1 133	1 794 000	217
天津	949	0.54	0.22	0.8	954	4 142 000	514
河北	962	0.53	0.40	0.8	1 750	2 258 000	276
山西	989	0.53	0.13	0.8	564	3 034 000	368
内蒙古	1 076	0.50	0.00	0.8	0	3 229 000	363
辽宁	895	0.56	0.00	0.8	0	1 203 000	161
吉林	894	0.56	0.00	0.8	0	2 316 000	308
黑龙江	872	0.57	0.00	0.8	0	3 480 000	478
上海	838	0.58	0.72	0.8	3 017	7 000 000	970
江苏	865	0.57	0.62	0.8	2 644	8 000 000	1 069
浙江	814	0.59	0.74	0.8	3 109	8 000 000	1 124
安徽	870	0.57	0.64	0.8	2 744	8 000 000	1 059
福建	823	0.59	1.00	0.8	4 194	9 000 000	1 259
江西	831	0.58	0.85	0.8	3 580	8 000 000	1 109
山东	984	0.53	0.43	0.8	1 878	2 329 000	281
河南	913	0.55	0.56	0.8	2 322	935 000	124

（续表）

地区	I_0' $(\mu mol/(m^2 \cdot s))$	ε_s	ε_t	ε_b	$P_{BD}/$ $(L/(hm^2 \cdot a))$	水需求	
						$L/(hm^2 \cdot a)$	L_W/L_{BD}
湖北	858	0.57	0.66	0.8	2 778	7 000 000	952
湖南	773	0.61	0.82	0.8	3 385	7 000 000	1 032
广东	852	0.57	1.00	0.8	4 302	10 000 000	1 336
广西	843	0.58	1.00	0.8	4 310	10 000 000	1 342
海南	948	0.54	1.00	0.8	4 541	12 000 000	1 425
重庆	645	0.67	0.86	0.8	3 254	6 000 000	1 067
四川	652	0.67	0.60	0.8	2 280	6 000 000	1 056
贵州	739	0.62	0.46	0.8	1 804	7 000 000	1 114
云南	1 115	0.49	0.67	0.8	3 056	1 410 000	151
西藏	1 322	0.44	0.00	0.8	0	3 746 000	344
陕西	838	0.58	0.46	0.8	1 910	822 000	115
甘肃	1 072	0.50	0.00	0.8	0	7 190 000	812
青海	1 126	0.48	0.00	0.8	0	6 096 000	654
宁夏	1 112	0.49	0.03	0.8	136	7 338 000	790
新疆	1 005	0.52	0.00	0.8	0	7 555 000	883

图 6-4 将表 6-2 中各地区的微藻生物柴油实际产量进行了直观的图像表达。从图中可以看出，纳入光利用效率因子和温度修正系数后，我国适合生产生物柴油的地区主要集中在东部、中部和南部大部分区域。西部地区、北部地区及东北地区的微藻生物柴油年产量为 0，这是因为这些地区的年均气温较低，不适宜在户外建立开放池培养微藻。如果这些地区要发展微藻生物柴油，可采取一些改进措施，如发展封闭式培养微藻的技术，对户外开放池培养微藻采取保温增温等措施等。在中南部地区，微藻生物柴油的年产量随着纬度的升高而增加。在我国中部的大部分区域，微藻生物柴油年产量为 3 000～4 200 L/hm²。而在南部沿海地区，微藻生物柴油每公顷的年产量升高至 4 200～5 000 L。尤其是海南省，年产量超过 4 500 L/hm²，是全国年产量最高的地区。

6.2.4 引入水可获取能力的微藻生物柴油分布

微藻被认为是一种很有潜力的生物质资源的重要原因之一是微藻能适应多种水质。这类水包括半咸水、淡盐水、海水及处理后的废水等[11]，这些水质被认为并

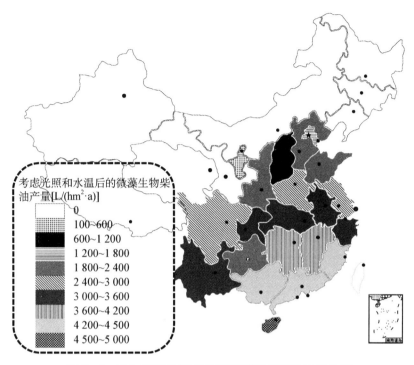

图 6 - 4　引入光照和水温影响的微藻生物柴油产量分布

不适合其他陆生农作物生长,但微藻在这样的水环境中能较好地生长。因此,如果微藻能充分利用这些低质量的水资源,不但能解决水资源短缺、污染等问题,还能增加微藻下游产品的产量,达到多赢的目的。为方便比较,同时为了避免采用其他水质引起的不可控且不确定的环境问题,如利用盐碱地或海水大规模培养微藻可带来大量的后处理等问题[14],故此处在计算各地区水资源的可获得能力时,假设微藻在其生长过程中使用的水资源全是淡水,并且认为各地区总淡水资源供给量的 5% 作为淡水可获得能力。

　　此处对微藻生物柴油生产累计水需求的估计结合了各个地区的降雨量、蒸发量、水供给量及水消耗量等数据。数据来源于我国统计局的环境专题数据[26, 27],处理后的结果如表 6 - 2 所示。关于生物柴油的累计水需求,本研究中按两类进行了统计,一是按照每公顷(hm^2)微藻所需要的水,另一个是按照每生产 1 L 生物柴油所需要的水资源,分别如图 6 - 5(a)和(b)所示。从图中可以看出,水需求随着纬度的升高而增大,在南方地区,每公顷的水需求高达 9~12 ML/(hm^2 · a),每升生物柴油的水需求也达到 960~1 300 L 水。Wigmosta 等人[16]的结论也证实了水需求随着地点不同而呈现很大的差异,范围往往在 1~21 ML/(hm^2 · a)。引起这些水需求差异的原因在于各个地区的降雨量和蒸发量的不同。一般而言,纬度越高的地区水分的蒸发能力也就相应越高,例如,我国华南和珠江流域一带年最大可能

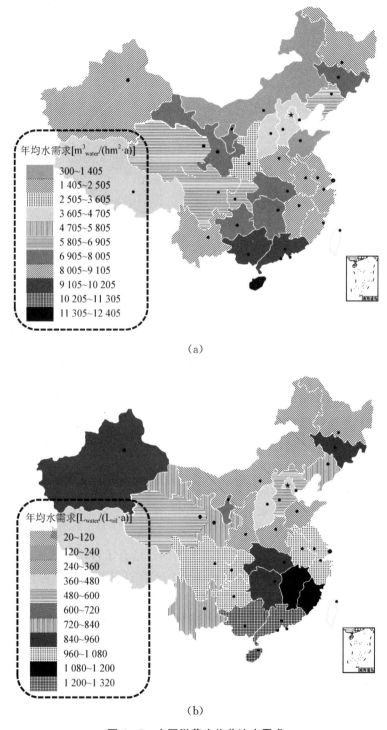

（a）

（b）

图 6－5　中国微藻生物柴油水需求

（a）每公顷水需求；（b）每升 BD 水需求

蒸发量一般在900～1 000 mm,而新疆等地区气候干燥,热力条件充足,而使得蒸发力也较大[28],故这些地区培养微藻就需要补充更多的水来弥补蒸发量与降水量之间的差值,进而带来较高的水需求。

图6-6综合了上述计算的各地区淡水可获得能力以及微藻生物柴油实际产量分布。淡水可获得能力指的是当地的用水剩余量与可获得淡水量的差值。当差值为正值时,表示当地有足够的淡水供给微藻生长,反之当差值为负值时,表示当地没有足够的淡水供给微藻生长。从图中可以看出,我国大部分地区均有足够的剩余水资源可用于培养微藻,只有青海、云南、西藏、四川等少数地区的剩余水资源相对较为紧张。以四川为例,四川是一个农业大省,也是一个人口大省,该地区2010年供水总量约为2.3×10^{10} m³,其中55%用于农业灌溉、27%用于工业生产、16%用于人民生活,剩余的部分用于生态环境补水[27]。该地区用水剩余量约为1.18×10^{10} m³,由于可获得水量达到1.28×10^{10} m³,故两者的差值不足以满足微藻生长的水需求。另一方面,从微藻生物柴油实际年产量来看,适合发展微藻生物

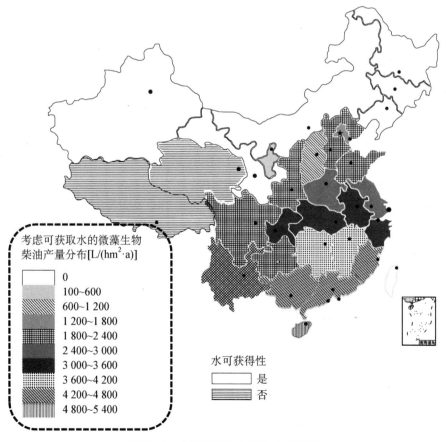

图6-6　中国微藻生物柴油分布特征

柴油的地区主要集中在中部及南方大部分区域。这些区域发展微藻生物柴油基本不会受到水资源短缺的影响。总体来看,我国发展微藻生物柴油最适合的地区为东南及南方沿海地区。

6.2.5 影响因素讨论

如前述结果可知,影响户外开放池培养微藻的因素是多方面的。准确预测微藻生物柴油的产量需要合理的与环境因素相关的经验公式,尤其是光照和气温两个因素[24]。据报道,水生作物的光合作用一般在全光照的 20%~50% 时达到饱和[31]。大部分微藻能适应 $5\sim850\ \mu mol/(m^2 \cdot s)$ 的光强[2, 24]以及 $13\sim40℃$ 的温度环境[24]。微藻对光源没有选择性[32],但开放池培养中光源和温度均依赖当地自然环境和气候条件,唯一提高开放池中微藻光强的方法是通过叶轮转动使藻液保持一定的流速,从而增加微藻的流动性。

另一提高池中微藻曝光度的方法是利用鼓入的 CO_2 或空气促进微藻运动。对于鼓入的 CO_2 浓度有人认为,在低浓度时(2%、4%、6%)对藻的生长率影响不明显[31]。当 CO_2 浓度达到 10% 时,对微藻生长最为有利[33]。在如此情况下,从大型工厂排放的烟道气是微藻培养的一个良好选择,不仅因为其能提供足够浓度的 CO_2(浓度一般为 10%~15%)[34, 35],而且烟道气易于获取,还能解决其他排放源造成的环境污染问题。因此,在发展微藻生物柴油时,还应考虑微藻培养厂附近是否有方便的烟道气来源。未来的工作也应将烟道气的分布特征融入到微藻生物柴油潜力分布中综合进行考虑。

对于户外开放池培养微藻来说,水温是另一个难以控制的因素。在不增加额外成本的条件下,最佳的方法是选择温暖的地区培养微藻以减少极端气温的影响。因此,选择温度相对较高的地方是较佳的手段。

除此之外,在确定微藻培养地点时,还应考虑当地是否有方便的营养物来源,如氮肥及磷肥等,是否有成熟的下游产品处理技术及当地政府的政策支持力度如何等。因此,未来关于微藻生物柴油潜力分布的研究工作还应将这些因素纳入综合考虑。

6.3 小结

本章以中国各省区为最小考察单元,从气候条件及水资源等角度,分析了我国发展微藻生物柴油的潜力,得到如下主要结论:

(1) 在假设微藻培养方式为户外开放式跑道池培养的前提下,微藻生物质年均生长率在冬季时大约为 $9.1\ g/(m^2 \cdot d)$,夏季时平均生长率大约为 $15.6\ g/(m^2 \cdot d)$。在中国大陆 31 个省区中,其中大约有 35% 的地区微藻最大生长率在 10~

11 g/(m² · d)之间,23%的地区微藻最大生长率在12～13 g/(m² · d)之间。

(2)微藻生物柴油的理论年产量大约为6 000～13 000 L/(hm² · a)。在考虑了光照、水温等自然因素时,东北及北方大部分区域的产量为0,不适合发展开放池培养微藻,而在我国中部的大部分区域,微藻生物柴油年产量降低至3 000～4 200 L/hm²。而在南部沿海地区,微藻生物柴油每公顷的年产量则为4 200～5 000 L。

(3)在结合不同地区的淡水可获得能力及年蒸发量和降雨量后,中国适合发展开放池培养微藻的地区进一步减少。适宜开放式跑道池培养微藻的区域主要集中在我国南部大部分区域,特别是我国东南沿海地带和海南这些地区。

(4)本书仅从气候条件及水资源等角度初步建立了估算微藻生物柴油生产潜力的模型,未来的工作还应进一步结合当地的资源特征(如CO_2排放源、肥料供应地、废水处理设施),下游产品处理技术,原材料的运输及当地政策法规等方面综合考虑。

参考文献

[1] Li T, Zheng Y, Yu L, et al. High productivity cultivation of a heat-resistant microalga Chlorella sorokiniana for biofuel production [J]. Bioresour. Technol., 2013,131:60 - 67.

[2] Liu T, Wang J, Hu Q, et al. Attached cultivation technology of microalgae for efficient biomass feedstock production [J]. Bioresour. Technol., 2013, 127: 216 - 222.

[3] 高春芳,余世实,吴庆余. 微藻生物柴油的发展[J]. 生物学通报,2011,(06):1 - 5.

[4] Chisti Y. Biodiesel from microalgae [J]. Biotechnol. Adv., 2007,25(3):294 - 306.

[5] Kumar A, Ergas S, Yuan X, et al. Enhanced CO_2 fixation and biofuel production via microalgae: recent developments and future directions [J]. Trends Biotechnol., 2010,28(7):371 - 380.

[6] Park J B K, Craggs R J. Wastewater treatment and algal production in high rate algal ponds with carbon dioxide addition [J]. Water Sci. Technol., 2010,61(3):633 - 639.

[7] Bhatnagar A, Chinnasamy S, Singh M, et al. Renewable biomass production by mixotrophic algae in the presence of various carbon sources and wastewaters [J]. Applied Energy, 2011,88(10):3425 - 3431.

[8] Zhang X, Yan S, Tyagi R D, et al. Energy balance and greenhouse gas emissions of biodiesel production from oil derived from wastewater and wastewater sludge [J]. Renewable Energy, 2013,55:392 - 403.

[9] Fon Sing S, Isdepsky A, Borowitzka M A, et al. Production of biofuels from microalgae [J]. Mitigation and Adaptation Strategies for Global Change, 2013,18

(1):47 - 72.

[10] Chiaramonti D, Prussi M, Casini D, et al. Review of energy balance in raceway ponds for microalgae cultivation: Re-thinking a traditional system is possible [J]. Applied Energy, 2013,102:101 - 111.

[11] Lundquist T J, Woertz I C, Quinn N W T, et al. A realistic technology and engineering assessment of algae biofuel production [R]. Energy Biosciences Institute, 2010.

[12] Halim R, Danquah M K, Webley P A. Extraction of oil from microalgae for biodiesel production: A review [J]. Biotechnol. Adv. , 2012,30(3):709 - 732.

[13] Park J B K, Craggs R J, Shilton A N. Wastewater treatment high rate algal ponds for biofuel production [J]. Bioresour. Technol. , 2010,102(1):32 - 42.

[14] Davis R, Fishman D, Frank E, et al. Renewable diesel from algal lipids: An integrated baseline for cost, emissions, and resource potential from a harmonized model [R]. Argonne National Laboratory Argonne, IL, 2012.

[15] DOE. National algal biofuels technology roadmap [R]. USA: Department of Energy, 2010.

[16] Wigmosta M S, Coleman A M, Skaggs R J, et al. National microalgae biofuel production potential and resource demand [J]. Water Resour. Res. , 2011,47(4).

[17] 程鸿,何希吾.中国自然资源手册[M].北京:科学出版社,1990.

[18] Walker D A. Biofuels, facts, fantasy, and feasibility [J]. J. Appl. Phycol. , 2009,21(5):509 - 517.

[19] Walker D A. The Z-scheme-Down hill all the way [J]. Trends Plant. Sci. , 2002,7(4):183 - 185.

[20] Huesemann M H, Hausmann T S, Bartha R, et al. Biomass productivities in wild type and pigment mutant of cyclotella sp. (Diatom) [J]. Appl. Biochem. Biotechnol. , 2009,157(3):507 - 526.

[21] 刘竞,马晓茜.微藻气化发电生命周期评价及碳循环分析[J].太阳能学报,2008,(11):1414 - 1418.

[22] Stephenson A L, Kazamia E, Dennis J S, et al. Life-cycle assessment of potential algal biodiesel production in the United Kingdom: A comparison of raceways and air-lift tubular bioreactors [J]. Energy & Fuels, 2010,24:4062 - 4077.

[23] Sturm B S M, Lamer S L. An energy evaluation of coupling nutrient removal from wastewater with algal biomass production [J]. Applied Energy, 2011, 88 (10): 3499 - 3506.

[24] Van Wagenen J, Miller T W, Hobbs S, et al. Effects of light and temperature on fatty acid production in Nannochloropsis salina [J]. Energies, 2012,5(3):731 - 740.

[25] 国家统计局.中国统计年鉴 2012[M].北京:中国统计出版社,2013.

[26] 国家统计局. 环境统计数据 2011[DB/OL]. 北京:国家统计出版社,2013 - 09 - 16. http://www. stats. gov. cn/tjsj/qtsj/hjtjzl/hjtjsj2011/.

[27] 国家统计局. 环境统计数据 2010 年——各地区供水和用水情况[DB/OL]. 北京:国家统计出版社,http://data. stats. gov. cn/staticreq. htm.

[28] 高国栋,陆渝蓉,李怀瑾. 我国最大可能蒸发量的计算和分布[J]. 地理学报,1978,33 (2):102 - 111.

[29] Collet P, Héias A, Lardon L, et al. Life-cycle assessment of microalgae culture coupled to biogas production [J]. Bioresour. Technol. , 2011,102(1):207 - 214.

[30] Campbell P K, Beer T, Batten D. Life cycle assessment of biodiesel production from microalgae in ponds [J]. Bioresour. Technol. , 2011,102(1):50 - 56.

[31] Tang H, Abunasser N, Garcia M E D, et al. Potential of microalgae oil from Dunaliella tertiolecta as a feedstock for biodiesel [J]. Applied Energy, 2011,88(10): 3324 - 3330.

[32] Jeong H, Lee J, Cha M. Energy efficient growth control of microalgae using photobiological methods [J]. Renewable Energy, 2013,54:161 - 165.

[33] Tang D H, Han W, Li P L, et al. CO_2 biofixation and fatty acid composition of Scenedesmus obliquus and Chlorella pyrenoidosa in response to different CO_2 levels [J]. Bioresour. Technol. , 2011,102(3):3071 - 3076.

[34] Yanfen L, Zehao H, Xiaoqian M. Energy analysis and environmental impacts of microalgal biodiesel in China [J]. Energy Policy, 2012,45:142 - 151.

[35] Strube R, Pellegrini G, Manfrida G. The environmental impact of post-combustion CO_2 capture with MEA, with aqueous ammonia, and with an aqueous ammonia-ethanol mixture for a coal-fired power plant [J]. Energy, 2011,36(6):3763 - 3770.

第7章　过程燃料生命周期分析

本章将介绍文中用到的各种过程燃料路线的生命周期数据依据及计算结果，为后续章节的计算提供依据。计算过程中，将围绕过程燃料从开采处理、运输、加工直到最后使用的整个过程进行。

7.1　过程燃料概述

如第5章所述，微藻生物柴油全生命周期各个生产环节均会消耗掉多种过程燃料和辅料。而这些过程燃料本身在开采、生产、运输、使用等环节中也会消耗其他的过程燃料。经梳理，本书中所用到的基础过程燃料有11种以上，包括原煤、原油、天然气、汽油、柴油、电力等。表7-1摘录了部分过程燃料的主要物性参数。

表7-1　各种燃料的物性参数

燃料名称	LHV[b]/(MJ/kg)	含碳量/质量分数%	含硫量/ppm	密度/(kg/m³)
原煤	20.908	60.0[a]	34 000[a]	—
原油	41.816	85.0[a]	16 000[a]	888
汽油	43.070	86.3[a]	50[e]	725
煤油	43.070	84.0	200	800
柴油	42.652	87.0[a]	50[f]	846
燃料油	41.816	87.0[a]	5 000[a]	981
液化石油气	50.179	82.0[c]	0[c]	533
天然气	38.931 MJ/m³	75.0[a]	7[a]	0.626 5
蒸汽	3.700[d]	—	—	—
电力	3.596 MJ/kW·h	—	—	—

注：a. 来自张亮[1]；b. 来自中国能源统计年鉴2013[2]；c. 来自GREET-2013；d. 来自朱祺[4]；e. 来自国四汽油标准；f. 来自国四柴油标准。

上述各种过程燃料的能量转换过程是通过能源使用装置实现的，主要的能源使用装置是各种工业锅炉及电站锅炉。2013 年我国的火电比例占了总发电量的 82.54％左右[5]。因此,本书计算中主要参考我国以煤、天然气、燃料油为燃料的火电厂电站锅炉[6]。工业锅炉主要以原油、煤、天然气、燃料油和柴油为燃料,各种燃料在这些锅炉中燃烧转化,所产生的相关气体排放物用于计算温室气体排放[6]。

除电站锅炉会引起排放外,各种运输工具也会引起不同的排放。按货物的运输方式来分,运输工具包括铁路运输、公路运输、水路运输及管道运输等几种。我国铁路运输主要包括内燃机车和电力机车两类[2],蒸汽机车几乎被全部淘汰,内燃机车多以柴油为能源,电力机车主要消耗电力,无直接环境排放。公路运输包含重型(14 t 以上)和中型货车(6～14 t)两类,均以柴油为燃料。水路运输包括远洋油轮及驳船,两者主要以燃料油为燃料,少部分将用柴油予以辅助。至于管道运输,当用管道运输原油及各类成品油时,主要以燃料油和电力为驱动力,当用管道运输天然气时,驱动力主要为天然气和电力。同样,以电力为驱动力的管道运输与铁路电力机车的运输相同,仍无直接环境排放。

由于国内外现有的研究结果中,关于中国具体的上述工业设备及运输工具的气体污染物排放因子,都没有做过全面且权威的定量测试。因此,燃料转换过程的排放因子计算中,除 CO_2 是按照碳守恒计算外,其余几种气体污染物的排放因子数据则采用美国的数据[6]。

7.2　基础数据

本节将对前述几种过程能源生产各个环节的基础数据来源作以说明,并计算得到各种过程燃料的生命周期能源消耗和温室气体排放结果,为后续微藻生物柴油路线生命周期评价提供数据支撑。基础数据主要来源于各类统计年鉴、企业年报、国际权威机构、文献资料等,以确保数据的真实客观性。

7.2.1　原料开采环节

上述表 7-1 中的 10 种过程燃料中,由于原煤、原油及天然气这三种一次能源才存在开采环节,其他燃料均是由一次能源通过多种形式转化得到的二次能源。故此处原料开采环节中,将着重描述原煤、原油及天然气这三种一次能源的能源消耗和温室气体排放等有关指标。

7.2.1.1　能源消耗

据 2015 年 BP 发布的统计报告显示[7],2014 年我国原煤、原油及天然气三种一次能源的产量分别为 3 874 百万吨、211.4 百万吨及 1 345 亿立方米,约合相当于 340 000 万吨标煤,其中原煤产量占了能源生产总量的 75.6％[8],较 2012 年有所下降。统计中,原煤包括了无烟煤、烟煤及褐煤,不包括石煤;原油包括天然原油和人造原油两种。表7-2列举了我国煤炭开采和洗选行业及石油与天然气开采行业的终端能耗[2]。为方便统计,表中煤炭的数据也包含了焦炭的消耗量。

根据表7-2的数据便可推算煤炭、石油和天然气开采过程各自的过程燃料消耗。由于一些过程燃料的用量较小,如煤油、LPG、炼厂干气、其他油制品及热力等,且这几种过程燃料往往是在原油炼厂伴生的,故这几样在计算过程中采取如下处理:煤油、LPG、炼厂干气和其他油制品当作燃料油,热力并入电力之中。

表7-2 中国煤炭开采和洗选业及石油和天然气开采业的能源消耗

行　业	煤炭 /10⁴ t	原油 /10⁴ t	汽油 /10⁴ t	煤油 /10⁴ t	柴油 /10⁴ t	燃料油 /10⁴ t
煤炭开采和洗选	7 550.66	0	16.33	2.16	214.98	0.89
石油天然气开采	134.14	463.10	14.23	0	63.23	12.77

行　业	LPG /10⁴ t	炼厂干气 /10⁴ t	其他油制品/10⁴ t	NG /10⁸ m³	热力 /10⁴ GJ	电力 /10⁸ kW·h
煤炭开采和洗选	0.05	0	0.71	3.84	798.95	879.14
石油天然气开采	0.20	33.32	17.79	98.15	2 235.65	396.81

如表7-2所示,我国的统计数据中将石油和天然气开采纳入一起统计,这是因为我国天然气产量小,仅占一次能源生产的4.6%左右[8]。因此,在计算各自开采过程的燃料消耗时,需要将石油和天然气的能源消耗分解。本书中分解的依据是假定原油消耗全用于石油的开采,天然气消耗全用于天然气的开采,其余的过程燃料按照原油与天然气的热值比例进行分配。

表7-3 中国煤炭开采和洗选业及石油和天然气开采业的过程燃料消耗

过程燃料	原油	燃料油	柴油	汽油	天然气	煤	电
能耗(MJ/MJ 输出)							
煤	0.000 0	0.000 0	0.001 2	0.000 1	0.000 2	0.020 5	0.004 1
原油	0.022 3	0.000 3	0.001 6	0.000 4	0.000 0	0.001 7	0.008 5
天然气	0.000 0	0.000 6	0.002 9	0.000 7	0.083 9	0.003 0	0.015 3
能耗比例/%							
煤	0.00	0.02	4.52	0.35	0.73	77.83	15.59
原油	61.86	0.88	4.46	1.01	0.00	4.64	23.60
天然气	0.00	0.53	2.66	0.60	77.05	2.77	14.07

经过计算,上述三种一次能源开采过程中的部分过程燃料消耗及比例如表 7-3 所示。在中国,常见的煤炭开采方式有露天开采和井工开采两种,其中井工开采的比例大约占总产量的 94%[3]。煤炭开采中主要用到的过程燃料是煤,其次是电和柴油,这三者占了总过程燃料的 98%。煤炭开采过程中产生的损失大约为开采量的 1%[3],煤洗选过程中的损失大约为 3.2%[2],故煤开采洗选综合能源转换效率约为 95.8%。原油开采过程包含了原油举升、集油、脱水和稳定以及注水等过程。我国的很多油田已经进入了开发的中后期,总体开采难度相比中东等地区的油田高,开采效率大约为 93%[9]。主要的过程燃料为原油、电和柴油。我国天然气产量中包含油田伴生气和气田气两类,国内天然气在开采和处理过程中的能源效率分别为 96% 和 94%[10],略低于世界先进水平,随着技术的进一步发展,到 2020 年有望进一步提高[3]。

我国原油和天然气在一定程度上还依赖于进口,并且进口的来源地繁多,而计算每个来源地开采过程的燃料消耗需要庞大的信息作为支撑,由于难以取得这些地区的实际数据,故本书中暂不考虑这部分的内容。

7.2.1.2　环境污染物排放

根据第 5 章环境排放的计算方法可知,一次能源开采过程中的环境排放可根据过程燃料的消耗及所使用的能源转换设备等计算得出。但除此之外,在一次能源开采过程中,也存在非燃烧引起的排放。

表 7-4 总结了我国一次能源开采处理过程中的非燃烧排放。煤炭开采和洗选过程中会释放煤层中吸附的气体,主要成分是 CH_4、CO_2 及 VOC。据资料显示,中国煤矿 CH_4 和 CO_2 的平均排放量分别为 $7\sim8\ m^3/t$ 及 $6\ m^3/t$[3],也即 CH_4 排放为 $0.240\sim0.274\ g/MJ$ 煤输出,CO_2 排放大约为 $0.562\ g/MJ$ 煤输出。张亮等根据我国的煤产量等数据进一步推算出我国煤矿平均 CH_4 排放量约为 $0.262\ g/MJ$[1]。刘静静[11]对我国大型煤矿调研分析得出,大型煤矿采中和采后排空的瓦斯量分别是 7.21 和 $3\ m^3/t$ 煤,核算后相当于 $0.306\ gCH_4/MJ$ 煤。本书中煤开采过程引起的非燃烧 CH_4 排放采用刘静静的值,非燃烧 CO_2 排放采用 $0.562\ g/MJ$ 煤输出。由于缺乏煤洗选过程中 VOC 的排放值,本书中 VOC 的排放采用国外的值[6]。煤开采过程中,还会产生颗粒物 PM_{10} 及细颗粒物 $PM_{2.5}$ 的非燃烧排放物。不同类型的煤矿产生的颗粒物排放不一样。露天煤矿和地下煤矿的非燃烧 PM_{10} 排放值分别为 0.011 3 和 0.000 3 g/MJ 煤输出,非燃烧 $PM_{2.5}$ 的排放值分别为 0.001 4 和 0.000 02 g/MJ 煤输出[6]。结合前文中我国露天煤矿和井下煤矿的比例,便可加权推算出我国煤开采过程的非燃烧 PM_{10} 及 $PM_{2.5}$ 的排放。

在原油开采过程中,除过程燃料消耗引起的燃烧排放外,还会有未利用的油田伴生气产生的 CH_4 排放以及批发油库中产生的 VOC 排放。由于缺乏国内的这方面的数据,这两种非燃烧排放参考国外数据[6]。天然气开采过程中产生的非燃烧

排放主要是因 CH_4 泄漏和放空引起。该过程中甲烷的散失比例在 0.4% 左右[3]，该数值在计算过程中合并至过程燃料燃烧引起的 CH_4 排放中。天然气处理过程中还会产生多种非燃烧排放物，主要是 VOC、CO_2 等，此外还有少量的氮氧化物和硫氧化物等。具体的非燃烧排放数据如表 7-4 所示。

表 7-4 一次能源开采处理过程中的非燃烧排放

非燃烧排放物 /(g/MJ)	煤		原油		天然气	
	开采	洗选	开采	运输	开采	处理
VOC	—	0.006 1	0.000 6	0.001 2	—	0.004 2
CH_4	0.306 0	—	0.008 0	—	0.069 5	0.044 6
CO_2	0.562 0	—	—	—	—	0.805 0
CO	—	—	—	—	—	0.001 1

7.2.1.3 开采环节结果汇总

根据上述基础数据算出一次能源开采处理过程的生命周期能源消耗和环境排放，结果汇总至表 7-5。从中可知，在三种一次能源开采处理过程中，天然气消耗的总能耗和化石能耗是最高的，其次是原油，原煤的总能耗和化石能耗最低。石油能耗一项中，消耗最大的是原油开采过程，其次是天然气，最低的为原煤。从三种一次能源的直接开采能效来看，天然气的开采能效最高，其次为原煤，最低为原油。此外，从环境排放来看，原油开采过程排放的 CO_2 最高，其次为天然气，最低为原煤。虽然在原煤开采过程中排放的 VOC、CO 等均较低，但其开采过程中排放的 CH_4 和 $PM_{2.5}$ 均是最高的，这是因为在煤开采过程中会产生较多诸如表 7-4 中的甲烷等。因此，在原煤开采过程中应注重对细颗粒物的控制，原油开采过程中应注重减少 CO_2 的排放，天然气开采处理过程中应减少 CH_4 等的逸出。

表 7-5 一次能源开采处理过程的生命周期能源消耗及环境排放

考察指标	原煤	原油	天然气
能源消耗（MJ/MJ 输出）			
总能耗	0.052 5	0.118 2	0.132 0
化石能耗	0.051 3	0.114 7	0.130 6
石油能耗	0.003 2	0.061 0	0.008 9
直接开采能效/%	95.8	93	96
环境排放（g/MJ 输出）			
CH_4	0.262 0	0.019 3	0.097 1

（续表）

考察指标	原煤	原油	天然气
环境排放（g/MJ 输出）			
N_2O	0.000 1	0.000 2	0.000 1
CO_2	5.671 5	10.458 5	8.382 8

7.2.2　原料运输环节

一次能源开采处理后，需经过运输才能送至加工厂进行进一步处理。除此之外，需要运输的还有其他原材料以及加工后产品等。这一小节将讨论本书中用到的主要能源及产品的运输方式及其因运输导致的能源消耗及环境排放。在计算运输相关的能源消耗和环境排放时，需要统计不同能源及产品的运输方式、运输比例、平均运程、工艺燃料消耗及排放等数据。

7.2.2.1　中国货物运输状况

表 7-6 总结了 2013 年我国铁路、公路、水运、民航及管道的货运量和货物周转量。根据我国统计年鉴的数据可知[8]，2013 年我国货物总运输量为 409.89 亿吨，总周转量约为 16.80 万亿吨·公里。铁路营业总里程大约为 10.31 万公里，内河航道里程为 12.59 万公里，公路里程为 435.62 万公里，管输油气里程大约为 9.85 万公里。从我国货运量数据折算可知，2013 年我国 75.1% 的货物运输是通过公路的方式，13.7% 是通过水运的方式运输，铁路运输占了 9.7%。民航和管道运输的比例相对较小。

表 7-6　中国 2013 年货物平均运输水平

	货物运输量	铁路	公路	水运	民航	管道
货运量/10^4 t	4 098 900	396 697	3 076 648	559 785	561	65 209
周转量/10^8 t·km	168 014	29 174	55 738	79 436	170	3 496
平均运距/km	410	735	181	1 419	3 034	536
货运量比例/%	—	9.7	75.1	13.7	0.01	1.59

表 7-7 总结了我国 2013 年铁路机车拥有量[8]。自 2010 年起我国国家铁路就淘汰了以煤为燃料的蒸汽机车，现有的铁路机车以内燃机车和电力机车为主，内燃机车占了约 47.8%，电力机车约占了 52.1%。内燃机车的主要燃料来源是柴油，电力机车的燃料来源则是电力。统计表明，内燃机车的万吨公里油耗为 27.3 kg，电力机车每行驶万吨公里耗电 101.9 kW·h[8]。折算后这两者的运输强

度分别为 0.116 和 0.037 MJ/t·km。由于难以区分到底哪种机车用于运输了各种能源和原料,故采用内燃机车和电力机车两者运输强度的加权平均作为计算依据,也即铁路机车的运输强度约为 0.075 MJ/t·km。

表 7 - 7　中国 2013 年铁路机车拥有量

	总计/台	蒸汽机车	内燃机车	电力机车
国家铁路	19 686	0	8 983	10 703
地方铁路	284	6	259	19
合资铁路	865	9	719	137
合计	20 835	15	9 961	10 859
比例/%	—	0.1	47.8	52.1
运输强度/MJ/t·km	—	—	0.116	0.037

对于公路运输,假设大型货车和中型货车两类进行货物的运输,燃料均为柴油。2013 年我国载货汽车总数为 1 419.48 万辆,总吨位为 9 613.9 万吨,平均每辆车有 6.8 吨的载货量[8]。计算时大型货车和中型货车的燃油经济性分别取 52 L/100 km 和 20 L/100 km。统计表明[8],2013 年我国水运货物量约为 559 785 万吨,其中远洋的货运量为 71 156 万吨。折算可知,货运量中大约 12.7% 的货物是依靠远洋油轮进行运输,剩下的约 87.3% 的方式是其他水运,如驳船。

7.2.2.2　一次能源的运输

1) 原油

进口或国产的原油在开采处理后需要运输到中国的炼油厂进行加工。我国原油大量依赖于进口,2014 年原油进口比例达到 59.4%[7]。对于进口的原油,首先需要使用大型油轮进行远洋运输。远洋运输的能源消耗量取决于油轮的船型和运输距离。

图 1 - 5 表明了我国 2014 年原油进口来源构成。其中,我国从俄罗斯进口的原油主要通过管道和火车的方式运输,其他的约 82.1% 的进口原油需要通过油轮进行远洋运输。这些远洋运输的原油主要来自中东、西非、中南美及亚太等地区。根据这些进口来源比例及各自的运输距离[7, 12],可推算出我国原油远洋运输的平均距离大约为 10 783 km。中俄原油管道起自俄罗斯远东管道斯科沃罗季诺分输站,穿越黑龙江和内蒙古达到中国大庆末站,年输油能力为 1 500 万吨[13]。管道全长约 1 000 km,俄罗斯境内约 72 km,中国境内约 927.04 km,已于 2011 年 1 月 1 日正式全线运营[13]。中哈原油管道总体规划年输油能力为 2 000 万吨,西起里海的阿特劳,途径阿克纠宾,终点到达中哈边界阿拉山口,全长约 2 798 km,目前已实

现全线贯通。根据我国原油进口来源比例,加权得出进口原油管道运输的距离约为 2 027 km。进口原油火车运输的距离假设为 950 km[14]。

进口原油运输至国内后,同国产的原油类似,需要通过多种不同的运输工具运输至国内不同的炼油厂。据资料显示,我国国内原油运输的方式主要包括管道运输、水路运输和铁路运输[3]。本书中国内原油运输方式比例采用张阿玲等人的数据[3],运输距离以表 7-6 中全国货物平均运输距离替代。其中原油的铁路运输采用国家统计局网站的官方数据[8],2013 年我国国家铁路石油货运量为 12 731.76 万吨,平均运距为 850.53 km。原油各种运输模式与运输距离如表 7-8 所示。由于国内原油运输中存在不同程度的接力,所以以国内原油运输的总比例超过 100%。

表 7-8　中国原油运输模式

原油运输	国外运输			国内运输		
	远洋	管道	铁路	管道	水路	铁路
比例/%	47.3	1.2	9.2	78	10	40
运距/km	10 783	2 027	950	536	1 419	851

2) 煤

中国的煤炭资源储量相对丰富,不存在大量的进口。但其资源分布与需求之间存在严重不均衡。60%~70% 的煤炭分布在山西、陕西及内蒙古等地区,而消费端则主要集中在东南部及东部经济发达地区[3]。煤炭运输的主要方式是铁路、公路和水运[9]。据统计[8],2013 年中国通过铁路运输的煤量约为 167 945.66 万吨,焦炭的量约为 9 996.67 万吨,两者的运距分别是 646.74 km 和 1 033.55 km。综合张阿玲等人的意见[3],本书中采取的煤炭运输模式如表 7-9 所示。研究中假设运输至发电厂和其他煤加工厂的方式相同。

表 7-9　中国煤炭运输模式

煤炭运输	水路	铁路	公路
比例/%	17	56	27
运距/km	650	647	100

3) 天然气

2013 年我国天然气消费量中大约 30.7% 来自进口,其中,进口的天然气有 52.8% 来自管道运输,47.2% 的天然气来自进口的液化天然气(liquefied natural gas,LNG)。管输天然气中,89.2% 来自土库曼斯坦,0.2% 来自哈萨克斯坦,剩下的来自原苏联其他地区。中土天然气管道西起土库曼斯坦的阿姆河之滨,穿过乌兹别克斯坦和哈萨克斯坦,通向中国的华中、华东和华南地区,管线总长约10 000 km,其中约8 000 km在中国境内[15]。进口的LNG主要通过远洋油轮的方式运输,主要来源于卡塔尔、澳大利亚、马来西亚、印度尼西亚及也门等地,比例分别是37.6%、19.8%、14.8%、13.5%和6.2%[8]。根据各自的运输距离经加权计算可知进口的LNG经远洋油轮运输4 724 km后到达中国的LNG接收站,LNG上岸后继续管输200 km后到达加工厂。国内自产的天然气也是通过管道运输的方式,平均运距采用800 km,天然气气田至LNG等化工产品加工厂的距离大约为100 km[3]。其中,管输至天然气发电厂的距离采取表7-6中的货物平均管输运距536 km。

7.2.2.3 其他能源及原料的运输

1)石油及煤制产品

原油运输至炼厂后,经过炼制便可得到各种石化产品,如汽油、柴油、燃料油等。炼制过程的能耗与排放等相关内容将在7.2.3节中介绍。此处介绍炼制后这些产品的运输以及直接从国外进口这些产品的运输。

根据国家统计局官方数据[8],我国汽柴油的进口量非常少,2011年汽油进口量为3万吨,2012年仅进口0.5万吨,2012年柴油进口量为621万吨,进口比例约占柴油消费的3.7%。由于汽柴油的进口比例很低,故假设汽柴油全部产自国内炼厂,且具有相同的运输模式,如表7-10所示,运输距离采用表7-6中的货物平均运输距离。2012年我国进口液化石油气(liquefied petroleum gas, LPG)约359万吨,进口比例约占可供量的14.4%,进口的这部分LPG先经过10 783 km的油轮运输至LPG接收站[2]。国内生产LPG的地区主要在东北和西北地区,因此,长途运输通常依靠驳船和火车。除此之外,在沿长江的各炼厂LPG分销中,汽车运输所占的比例几乎接近80%[3]。我国使用的燃料油中,进口量占了总消费量的61.2%[2],本书假设其运输模式与汽柴油类似。由于本书中假设后续微藻生物柴油加工过程中需要甲醇作为酯化反应原料之一,故而也将考虑甲醇生产过程中的相关基础数据。我国甲醇使用量中大约20%来自进口[3],但本书中假设甲醇全为国内生产,且全来自煤制甲醇,运输方式如表7-10所示。

表7-10 中国其他产品运输模式

运输方式	水路	铁路	公路	管道
汽柴油、燃料油运输				
比例/%	25	60	0	15
运距/km	1 419	735	181	536
LPG运输				
比例/%	15	8	77	—

（续表）

运输方式	水路	铁路	公路	管道
LPG 运输				
运距/km	1 419	750	182	—
甲醇运输				
比例/%	40	45	15	—
运距/km	1 000	1 000	200	—

2）肥料等物质

在生物质使用过程中,肥料将作为营养物使用,以提高作物的产量。由于国内关于肥料生产过程的详细数据较少,故假设合成氨、尿素及硝酸等中间产品全为国内生产,且国内运输主要是通过驳船和火车的方式,两者的比例分别为 35% 和 65%,驳船的运输距离为 1 000 km[3],火车的运输距离为 1 696 km[8]。生产后再用卡车运输 100 km 至调配站,合成最终的肥料。对于磷酸、硝酸钾等原料,吕宁等认为进口的比例分别占了 33%、85%[16],进口远洋运输的距离大约为 10 000 km。这两者在国内的运输模式同前述几种化肥原料相同。

7.2.3　原料加工环节

开采运输到加工厂的一次能源等原料需要进一步加工成各种产品,以供后续使用。如原油可进一步加工成汽油、柴油、燃料油等成品油,原煤可进一步炼成焦炭、制备甲醇或用于发电等。

7.2.3.1　成品油生产

在原油炼厂,加工后得到的成品油种类较多,这里主要研究汽油、柴油及燃料油等。汽柴油主要用于机动车辆的行驶,燃料油被广泛应用于远洋运输、化学工业及发电等方面。2012 年我国炼油厂总的能源加工转换效率为 97.02%[2],但能源强度比起世界平均水平还存在一定差距。表 7-11 总结了我国原油炼厂中主要成品油的炼制效率和过程燃料比例。根据张阿玲等人的统计,我国汽油、柴油、燃料油和 LPG 的炼制效率分别为 85%、87%、94% 和 92%[3],在炼制过程中主要消耗的过程燃料是原油,其次为煤和电。燃料油和柴油除了效率不一样外[3],由于这几种燃料均是炼油厂同一工艺下分馏出的不同馏分,故过程燃料比例均假设相同[9]。

表 7-11　中国原油炼厂过程燃料比例

单位/%

成品油	效率	原油	燃料油	柴油	汽油	煤	电	炼厂干气
汽油	85	50	4	1	1	20	12	10
燃料油	94	50	4	1	1	20	12	10
柴油	87	50	4	1	1	20	12	10
LPG	92	50	4	1	1	20	12	10

表 7-12 计算了炼厂中主要成品油的生命周期能源消耗及环境排放。该表的环境排放中除了包含过程燃料燃烧引起的直接排放外，一些非燃烧排放物，如VOC、CO、CO_2 等的结果也包含在内。从表中可以看出，汽油炼制过程中的总能耗、化石能耗和石油能耗是四种燃料中最高的，其次为燃料油和 LPG，能耗最低的为柴油。从环境排放的角度来看，4 种燃料的环境排放趋势跟能源消耗趋势类似。这主要是与各种燃料在炼制过程中的效率有直接的关系，效率更高，相应的能耗和排放就会越低。

表 7-12　中国原油炼厂生命周期能源消耗及环境排放

考察指标	汽油	燃料油	柴油	LPG
能源消耗/(MJ/MJ 输出)				
总能耗	0.231 7	0.114 2	0.083 8	0.114 2
化石能耗	0.226 0	0.111 4	0.081 7	0.111 4
石油能耗	0.129 2	0.063 7	0.046 7	0.063 7
环境排放/(g/MJ 输出)				
CH_4	0.038 3	0.013 8	0.032 4	0.018 9
N_2O	0.000 4	0.000 2	0.000 4	0.000 2
CO_2	23.543 4	8.515 7	19.935 2	11.601 1

7.2.3.2　电力组成

电厂泛应用于各类工业过程及日常生活中。据统计，2013 年我国全社会用电量达到 53 223 亿千瓦时，其中用于第一产业的约为 1 014 亿千瓦时，第二产业的为 39 143 亿千瓦时，第三产业的为 6 273 亿千瓦时[17]。可看出，第二产业的耗电量是最大的，大约占了总发电量的 73.5%。表 7-13 总结了 2013 年我国的装机量与发电量[17]。可看出，2013 年我国仍装机了不少容量的煤电，水电的新增装机量其次，风电的装机容量较大。

表 7 - 13　2013 年中国装机量与发电量构成

	水电	煤电	气电	核电	风电	太阳能	其他
装机量/10^4 kW·h	28 002	78 621	4 309	1 461	7 548	1 479	1 489
发电量/10^8 kW·h	8 963	39 474	1 143	1 121	1 401	87	89
装机量/%	22.4	63.0	3.5	1.2	6.1	1.2	1.2
发电量/%	16.8	73.8	2.1	2.1	2.6	0.2	0.2

2013 年的电力生产中,全国全口径发电量超过 53 400 亿千瓦时,比 2012 年增长了 7.52%。其中,水力发电量的比例比 2012 年增加了 4.96%,占总发电量的 16.76%。火力发电量为 41 900 亿千瓦时,其中燃煤发电约为 39 474 亿千瓦时,燃气发电约为 1 143 亿千瓦时。燃煤发电和燃气发电占总发电量的比例分别为 73.8%、2.1%。核电、并网风电和太阳能发电量分别为 1 121 亿千瓦时、1 401 亿千瓦时和 87 亿千瓦时,分别比 2012 年增长了 13.97%、36.35%和 143.02%。太阳能发电和风电的增速非常快,特别是太阳能发电。从占比来看,2013 年全国核电、风电和太阳能发电占全国总发电量的比例分别是:2.1%、2.6%和 0.2%。全国电网输电线路损失率约为 6.67%[17]。

这里的发电效率引用欧训民总结的数据。燃料油发电效率为 32%,天然气发电效率为 45%,煤发电效率为 36%,核电效率约为 32%[10]。其余的发电效率数据及发电设备比例等采取国外的值[6]。表 7 - 14 列举了我国几种发电过程的能源消耗及环境排放。由于太阳能、风能等属于清洁能源,其发电过程中不会消耗化石能耗,也不会排放环境污染物,故此处不予以列举。从表中可知,燃料油发电过程的总能耗、化石能耗和石油能耗均为 3.342 2 MJ/MJ,天然气和燃煤发电过程中不需要消耗石油资源,两者的能耗均比燃料油的低,但燃煤发电的能耗要高于天然气发电,这主要是因为燃煤发电效率低于天然气发电。反过来亦说明,天然气发电是几种常见火力发电方式中发电能耗最低、效率最高的。但从排放来看,煤电的 CO_2 排放高于其他两种火力发电,主要是因为煤在开采过程中向外界释放了大量的颗粒物、VOC 等污染物。这说明煤在发电过程中最应该注意清洁化利用。天然气发电过程中有较高的 CH_4 排放,这主要是因为开采和发电过程中会引起甲烷溢出和排空损失。此表中还对比了清洁能源——核电,可看出核电厂每发 1 MJ 电需要消耗总能源约 1.069 5 MJ,该值是 4 种发电方式中最低的,同时又没有其他的污染物排放,所以,核电相对来讲是属于比较清洁和高效的能源。

表 7 - 14   我国几种发电过程的能源消耗及环境排放

考察指标	燃料油发电	天然气发电	燃煤发电	核电
能源消耗/(MJ/MJ 输出)				
总能耗	3.342 2	2.376 7	3.055 8	1.069 5
化石能耗	3.342 2	2.376 7	3.055 8	0.000 0
石油能耗	3.342 2	0.000 0	0.000 0	0.000 0
环境排放/(g/MJ 输出)				
CH$_4$	0.002 9	0.009 6	0.003 5	0.000 0
N$_2$O	0.001 1	0.003 4	0.003 1	0.000 0
CO$_2$	255.055 3	102.268 8	265.104 0	0.000 0

7.3   能耗与排放结果

7.3.1   能耗与排放清单

表 7 - 15 总结了几种过程燃料或物质的生命周期能源消耗和环境排放清单。此处关于电的结果指的是我国平均电力结构下电的生命周期能源消耗与环境排放。发电煤和炼焦煤指的是煤从开采出来,经洗选后分别运输到发电厂和炼焦厂整个过程的生命周期能耗与排放。考察的电力以我国各个地区的平均电力构成为参照。原油指的是原油从开采后通过不同的运输方式运输至国内的各个原油接收炼厂。汽油、柴油、燃料油指的是进口或国产的原油经开采、运输至国内的炼厂,然后加工后得到的这些产品整个生命周期过程。

表 7 - 15   基础过程燃料的生命周期能源消耗与环境排放结果

考察指标	电	发电煤	炼焦煤	汽油	柴油	原油	燃料油	天然气
能源消耗/(MJ/MJ 输出)								
总能耗	2.809 2	0.072 1	0.069 8	0.449 1	0.349 7	0.141 1	0.239 4	0.168 0
化石能耗	2.572 8	0.070 3	0.068 0	0.390 0	0.339 2	0.135 7	0.231 7	0.166 0
石油能耗	0.125 3	0.015 1	0.013 0	0.203 5	0.193 8	0.074 5	0.132 6	0.005 6
环境排放/(g/MJ 输出)								
CH$_4$	0.753 3	0.324 0	0.323 8	0.141 6	0.137 3	0.103 4	0.119 0	0.232 1
N$_2$O	0.002 6	0.000 1	0.000 1	0.004 2	0.000 6	0.000 2	0.000 4	0.001 0

（续表）

考察指标	电	发电煤	炼焦煤	汽油	柴油	原油	燃料油	天然气
环境排放/(g/MJ 输出)								
CO_2	220.916 9	6.504 4	6.317 4	36.934 2	32.890 3	11.979 6	21.639 8	8.618 0
GHG	240.956 4	14.663 0	14.467 5	41.873 5	36.556 0	14.648 7	24.769 8	14.773 4

7.3.2　能耗与排放分析

图 7-1 对各种过程能源的生命周期能耗的温室气体排放进行了对比。其中，能耗涵盖了总能耗、化石能耗和石油能耗三种。温室气体排放是根据 5.2.2 小节里的方法，由表 7-15 中的 CH_4、N_2O 和 CO_2 三种数据计算得来。从图中可以看出，电力的生命周期总能耗、化石能耗与温室气体排放均最高，这是因为电力是在其他能源，如燃料油、煤等燃料的基础上再经过一次能源效率的转换得来的。也就是说相比其他能源，电的生产至少多一次能源转换过程，效率的高低决定了能耗和排放的大小。因此，电力的生命周期能耗与温室气体排放最高。对于其他几种石化产品，汽油、柴油及燃料油的化石能耗也比原油高，这是因为这三种石油产品是来自原油的炼制。这三种石化产品中，汽油的化石能耗和 GHG 排放最高，其次为柴油，最低的为燃料油。天然气的生命周期化石能耗与 GHG 排放相比几种石化产品来说较低，这与开采处理过程的效率相对较高有关。对于到达发电厂的煤和到达炼焦厂的煤而言，两者的化石能耗和 GHG 排放是最低的。这是因为这两条路线的生产链较短，仅有煤开采洗选及运输两个过程，不经历后续炼制等工艺，

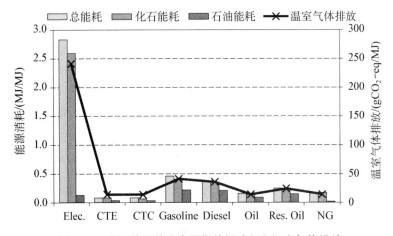

图 7-1　主要能源的生命周期能源消耗和温室气体排放

Elec. —电力；CTE—发电煤；CTC—炼焦煤；Gasoline—汽油；
Diesel—柴油；Oil—原油；Res. Oil—燃料油；NG—天然气

所以,化石能耗和 GHG 排放最低。总的来说,各种过程能源的生命周期能耗和环境排放与生产效率关系密切,也与每个生产环节投入的过程燃料种类息息相关。故可从这两方面着手考虑降低能耗和环境排放。

7.4　小结

基于第 2 章建立的能源消耗与温室气体排放计算方法,本章对几种过程燃料进行了生命周期能源消耗和环境排放分析,得到了如下主要结论:

(1) 从化石能源消耗和温室气体排放的角度可知,电力的生命周期能源和温室气体排放最高,石油产品中汽油与柴油的能耗和 GHG 排放相对较高,天然气的能耗和 GHG 排放相对较低。

(2) 生命周期能源消耗和 GHG 排放的高低主要取决于各个生产环节的能源效率高低和过程燃料投入的比例与种类。

参考文献

[1] 张亮. 车用燃料煤基二甲醚的生命周期能源消耗、环境排放与经济性研究[D]. 上海:上海交通大学,2007.

[2] 国家统计局. 中国能源统计年鉴 2013[M]. 北京:中国统计出版社,2013.

[3] 张阿玲,申威,韩维建,等. 车用替代燃料生命周期分析[M]. 北京:清华大学出版社,2008.

[4] 朱祺. 生物柴油的生命周期能源消费、环境排放与经济性研究[D]. 上海:上海交通大学,2008.

[5] 中国电力企业联合会. 中电联发布全国电力工业统计快报(2013 年)[R]. 2013.

[6] Wang M, Wu Y, Elgowainy A. GREET-2013 [R]. Argonne:Argonne National Laboratory 2013.

[7] BP. BP Statistical review of world energy 2015 [DB/OL]. London:BP, http://www. bp. com/en/global/corporate/energy-economics/statistical-review-of-world-energy. html.

[8] 国家统计局. 中国统计年鉴 2014[M]. 北京:中国统计出版社,2014.

[9] Ou X, Zhang X, Chang S. Alternative fuel buses currently in use in China:Life-cycle fossil energy use, GHG emissions and policy recommendations [J]. Energy Policy, 2009,38(1):406 – 418.

[10] 欧训民. 中国道路交通部门能源消费和 GHG 排放全生命周期分析[D]. 北京:清华大学,2010.

[11] 刘静静. 大型煤炭企业的碳排放测算及评价[D]. 北京:首都经济贸易大学,2014.

［12］高有山，王爱红，高崇仁，等.原油运输能量消耗及气体排放分析［J］.机械工程学报，2012，（20）：150－155.

［13］CNPC.中国石油天然气集团公司年度报告 2010［R］.2010.

［14］Ou X，Zhang X，Chang S，et al. Energy consumption and GHG emissions of six biofuel pathways by LCA in（the）People's Republic of China［J］. Applied Energy，2009，86（Supplement 1）：S197－S208.

［15］张龙.中国与土库曼斯坦天然气合作现状、问题与前景［D］.乌鲁木齐：新疆师范大学，2012.

［16］吕宁.我国化肥工业布局和结构的现状、问题及对策［J］.中国经济导刊，2005，（12）：24－25.

［17］中电联.2013 年全国电力工业统计快报［R］.北京：中国电力企业联合会，2014.

第8章 微藻生物柴油生命周期"2E"结果评价

本章的主要目的是在第 6 章我国微藻生产潜力分布的基础上，选取最适宜发展微藻生物柴油的地点，设计一个户外开放式跑道池培养微藻的生物柴油综合炼厂，从生命周期的角度评价微藻生物柴油的能源消耗和温室气体排放，同时将其扩大至我国其他适宜微藻生长的产区，从而了解微藻生物柴油的优势与劣势，阐明我国发展微藻生物柴油应注意的事项。

如前所述，被广泛应用的微藻培养模式有三大类：开放式培养、封闭式光生物反应器培养及异养高密度培养[1]。由于开放式培养可利用天然的水域、人工跑道池及污水处理池等，具有低成本、易操作、能耗低的显著特点，但这种培养系统易受天气和季节的影响，产量较低，且容易引起杂菌污染等[2]。封闭式光生物反应器可显著提高藻生长率[3, 4]，也避免了外来藻种的入侵，但整个培养过程需不断降热，整体运行成本较高[2]。异养高密度培养摒弃了对光照的依赖[5]，可大大提高藻的产量，但高成本的碳源成为限制微藻异养培养的一大挑战[6]。此处主要以开放式跑道池培养微藻作为研究对象，讨论在中国大规模培养微藻生产生物柴油的可能性。同时，因小球藻是当前仅有的几种被成功用于开放池培养的藻种之一[7]，所以，选取小球藻(Chlorella)作为研究对象。

8.1 微藻生物柴油炼厂设计及生命周期评价系统边界

基于第 6 章我国微藻生物柴油的潜力分布可知，因海南具有年产微藻生物柴油 4 541 L/hm² 的生产潜力，故本章中将选取海南作为微藻培养代表地点，并建立一个户外开放式微藻生物柴油综合炼厂。

8.1.1 微藻生物柴油综合炼厂设计

微藻生物柴油综合炼厂的平面布局如图 8-1 所示。该设计是在 Lundquist 等人[8] 的设计基础上加以改进，炼厂长 1 200 m，宽 800 m，总的占地面积为 96 hm²，包含了 12 个高得率微藻培养池（HRAP）、微藻的采收和脱水工艺过程、微藻油脂提取过程、厌氧发酵过程、生物气发电过程以及其他辅助设施等。从接种池出来的微藻首先于各 HRAP 池中的桨轮一侧泵入,达到采收浓度后便将微藻从桨轮的另一侧泵入采收单元,经絮凝沉淀、离心分离和干燥脱水后,再将微藻进行预处理并提取得到微藻油,得到的微藻油用卡车运输至临近的生物柴油加工厂进行生物柴油的生产。提取后的微藻残余物则用于厌氧发酵单元,得到的沼气用于发电以供炼厂使用。

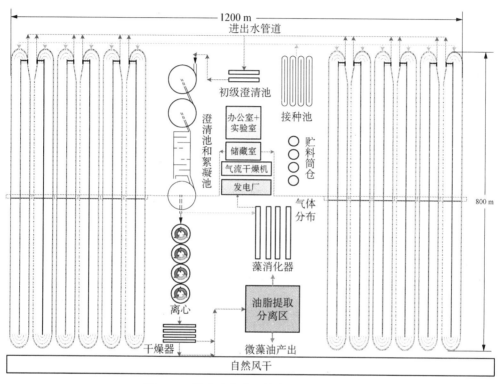

图 8 - 1　微藻生物柴油综合炼厂平面布局

8.1.2　生命周期评价系统边界

　　微藻生物柴油的生命周期评价系统边界如图 8 - 2 所示。微藻生物柴油的生命周期过程包括微藻培养、采收、运输、油脂提取、酯化、生物柴油运输及分配、汽车使用。从微藻培养到生物柴油运输分配的过程称为"藻种到油箱",简称为 STT 阶段(上游阶段),从油箱到车轮的过程简称为 TTW 阶段(下游阶段),两者的总过程称为 STW 阶段。对柴油路线,原油开采到柴油运输和分配的过程称为 WTT 阶段(上游阶段),汽车使用过程称为 TTW 阶段(下游阶段),总过程则定义为 WTW 阶段。功能单元的定义及其过程燃料子系统见第 4 章。

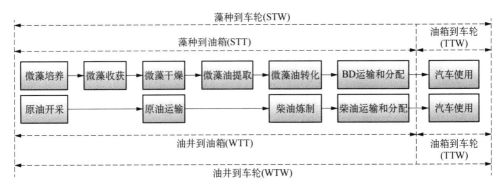

图 8-2 微藻生物柴油和传统柴油的生命周期边界

8.2 主要技术路线参数

微藻生物柴油炼厂的具体工艺过程及主要参数如图 8-3 所示(图中长虚线外框)。图中的参数以每日的量为基准。如微藻培养池中每日待采收微藻大约为 24 804 m³,折合成藻干重约为 42.4 t。经三步脱水工艺(絮凝沉淀、离心分离、干燥脱水)后,微藻的固含量达到 60%,损失率约为 10%,脱水后藻干重约为 38.1 t。接着将微藻进行预处理,以促进有机溶剂对微藻油脂的提取。预处理后用正己烷对油脂进行提取,得到微藻油 9.2 t。微藻提取后的残余物将用于厌氧发酵,产生的甲烷气用于发电以供炼厂使用。得到的微藻油将用卡车运输至毗邻的生物柴油加工厂,与甲醇、催化剂等物质发生酯化反应,从而得到生物柴油 8.8 t,同时产生 1 t 的甘油。最终产生的微藻生物柴油将运送至输配站,供给汽车使用。

8.2.1 微藻培养阶段

如前所述,此处选取小球藻(*Chlorella sp.*)用于户外培养,其细胞主要化学成分如表 8-1 所示。小球藻是一种球形单细胞淡水藻类,在我国的分布极为广泛,直径一般为 3~8 μm,干藻的热值大约为 21.3 MJ/kg[9]。

表 8-1 小球藻细胞主要化学成分

藻种	脂肪/%	蛋白质/%	碳水化合物/%	核酸/%
Chlorella sp.	28~32	51~58	12~17	4~5

每个户外培养池的形状为长 690 m,宽 10 m,池水深度为 0.3 m,总占地面积约为 4 hm²,如图 8-1 所示,12 个池的总面积则为 48 hm²。单个池的俯视图和侧视图如图 8-4 所示[8]。整个池体的池壁由混凝土浇筑而成,池底为黏土层,在黏

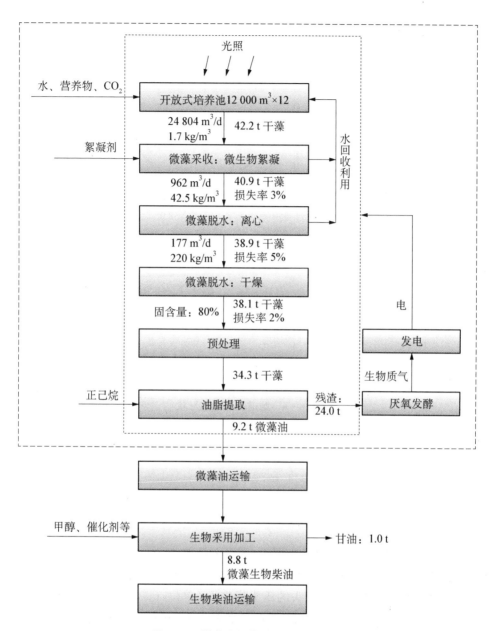

图8-3 微藻生物柴油生产工艺流程

短虚线内框为系统能耗边界;长虚线外框代表微藻炼厂边界

土层上预铺一层塑料膜后,方开始引入微藻培养液进行微藻的生长。在池的一端,安装了一个由电机驱动的转动桨轮,以维持微藻的流速在 0.25 m/s 左右。在池的另一端,安装有导流板,以确保微藻液体按预设的方向流动。在池的中部,留有一个深约 1 m,宽约 0.3 m 的 CO_2 溶解坑,同时在坑底布置气体扩散器,以保证 CO_2

能溶解于水中,同时又能维持藻液的流动。培养池保持每天 24 小时运行,当微藻生长达到合适的浓度时,便在桨轮的一侧将微藻导入下一采收环节。

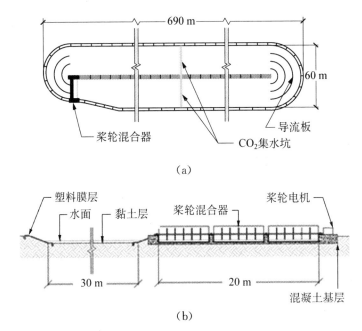

（a）

（b）

图 8-4 跑道式开放池形状

(a) 俯视图；(b) 侧视图

整个培养系统能耗的计算是根据流体力学的原理,采用曼宁公式。当流体流过 180°弯头处的压头损失 h_b(单位:m)为

$$h_b = \frac{Kv^2}{2g} \qquad (8-1)$$

式中,K 为 180°弯头处的动力损失因子,理论上该值为 2；v 为跑道池中藻液的平均流速,单位为 m/s；g 为重力加速度,大小为 9.81 m/s^2。图 8-4(a)中含有 2 个弯头,故在计算时,考虑 2 个弯头的压头损失 h_s(单位:m),即弯头的压头损失为 0.025 5 m,如表 8-2 所示。沿渠长度的摩擦损失 h_c(单位:m)通过如下的曼宁公式计算得到:

$$h_c = v^2 n^2 \left(\frac{L}{R^{4/3}} \right) \qquad (8-2)$$

式中的各参数值如表 8-2 所示。如此,单个跑道池的总损失则为

$$h = h_b + h_s + h_c \qquad (8-3)$$

为克服该总损失,每个池需要提供的额外动力为

$$W = 9.80 \times \frac{Qwh}{e} \qquad\qquad (8-4)$$

式中的参数值如表 8-2 所示。故对于含有 12 个 HRAP 的微藻生物柴油炼厂,每天需要投入的能耗约为 2 784 kW·h,也就是每千克藻需要投入约 0.07 kW·h 的电能才能克服培养池的总压头损失。需要指出的是,因池面风力和 CO_2 上升的过程难以确认,此处忽略了这些因素带来的损失。

一般而言,微藻在进入跑道池培养前,需预先进行微藻接种。在 HRAP 之前设计了 4 个微藻接种池,如图 8-1 所示,接种池的外形同 HRAP 一致,仅大小设计为 HRAP 的 1/10,每个池的面积大约为 1 000 m^2,流速同样维持在 0.25 m/s。接种池的能耗需求计算方法同上述 HRAP 类似,通过计算可知,接种池的能耗需求相对较小,每天用于克服压头损失的能耗需求仅为 1.03 kW·h,也即是 0.022 kW·h/kg 藻。

微藻培养过程中需要多种营养物,主要包括 N、P 及 CO_2 等成分。这些主要营养成分的需求是根据微藻分子组成($CO_{0.48}H_{1.83}N_{0.11}P_{0.01}$)[10] 计算得来。肥料的添加是通过尿素和磷酸盐的形式,首先将其溶解于炼厂的储备罐中,再通入各个 HRAP。添加量经衡算后分别为 0.14 和 0.19 g/kg 干藻。对于 CO_2,假设生物柴油炼厂所使用的营养物 CO_2 来于炼厂旁边的火电厂排放的烟道气,运输过程中的 CO_2 等气体的逸出排放和能耗忽略不计。

除上述假设外,微藻炼厂中所需的阳光是采用自然光照而无需额外照明。同时,微藻的培养将首先采用淡水进行基准研究,以避免其他外来因素带来复杂影响。

表 8-2　HRAP 的相关能耗计算参数

符号	参 数 说 明	单位	数值
v	平均流速	m/s	0.25
g	重力加速度	m/s²	9.81
K	180°弯头处的动力损失因子	—	2
h_b	弯头处的压头损失	m	0.012 7
h_s	碳溶解坑的压头损失	m	0.025 5
n	黏土渠的粗糙度	—	0.018
R	渠水力半径	m	0.29
L	渠长	m	1 260
h_c	沿渠长度的摩擦损失	m	0.132 9
h	总压头损失	m	0.171 1
Q	渠流量	m³/s	2.31

符号	参 数 说 明	单位	数值
w	水密度	kg/m³	998
e	桨轮驱动效率	%	40
W	功率需求	W	9 667
E	能耗需求	kW·h/d	2 784
E	能耗需求	kW·h/kg藻	0.07

8.2.2 微藻脱水阶段

微藻的脱水工艺选用三步脱水法:脱水第一阶段采用微生物絮凝沉淀的方法;脱水第二阶段为离心;脱水第三阶段为干燥。各个阶段的主要过程分述如下。

8.2.2.1 絮凝沉淀

微藻生长到一定的浓度后,将进入微藻采收阶段。由于微藻的细胞很小,在水中的密度相对较低,因此,微藻采收被认为是最耗能的阶段[11]。微藻脱水的第一步采取能耗较低的微生物絮凝法[12]。采收过程的设备平面布置如图 8-1 所示。待采收的微藻首先被泵入两个圆锥形沉淀池(底部直径 45.6 m,中心高度 6.6 m,边缘高 3 m),接着将底部的藻液泵入一个长方形絮凝池(70 m×24 m×4 m)进行絮凝,絮凝后的液体进入第三个圆锥形沉淀池(尺寸同前),以进一步提高藻浓度。假设当微藻浓度达到 1.7 kg/m³ 时[13],便开始采收,根据设计,每日采收量大约为 24 804 m³。从沉淀池出来的上清液中 60% 将直接回用于培养池,剩余 40% 作为废水排放。经微生物絮凝后,微藻的浓度可达到 42.5 kg/m³[14],采收损失率约为 3%。整个过程中需用离心泵来输送各类液体,泵的电耗大约为 0.000 048 kW·h/L 液体[15]。

表 8-3 采收系统的相关能耗计算参数

符号	参 数 说 明	单位	值
L	宽度	m	24
n	渠数量		73
v	流速	m/s	0.075
f	曼宁摩擦系数	—	0.019
R	渠水力半径	m	0.427
h_l	沿渠长度的压头损失	m	0.011 1

(续表)

符 号	参 数 说 明	单 位	值
N_1	弯头处的压头损失系数	—	3.2
g	重力加速度	m/s^2	9.81
h_b	弯头处的压头损失	m	0.067 1
h	总损失	m	0.078 2
ρ	流体密度	kg/m^3	1 030
Q	渠流量	m^3/s	0.399
P	功率需求	W	226.79
η_m	电机效率	%	80
η_p	泵效率	%	80
t	停留时间	h	19
E	总能耗	kW·h/kg 藻	0.025

同 HRAP 的能耗需求计算类似,采收系统所需的能耗仍根据流体力学的原理进行计算。整个采收系统包含 3 个圆锥形沉淀池,一个长方形絮凝池,总设计体积为 27 474 m^3。在长方形絮凝池中,为增加流体的流动距离,另设置了挡板形成多个导向流动渠道。当流速稳定在 0.075 m/s,日采收量为 24 804 m^3 时,经计算得到渠的数量为 73 个。

因此,整个系统的压头损失仍用式(8-1)中的曼宁公式计算:

$$h_b = \frac{Kv^2}{2g} \tag{8-5}$$

式中,K 为 180°弯头处的动力损失因子,理论上该值为 2;v 为絮凝池中藻液的平均流速,单位为 m/s;g 为重力加速度,大小为 9.81 m/s^2。

沿渠长度方向的压头损失(单位:m)为

$$h_1 = \frac{nLv^2 f}{R^{4/3}} \tag{8-6}$$

弯头处的压头损失(单位:m)为

$$h_b = n \frac{v^2 N_1}{2g} \tag{8-7}$$

总损失(单位:m)为

$$h = h_b + h_1 \tag{8-8}$$

据证明,大约90%的能耗会在弯头处损失。整个系统的动力需求(单位:W)为

$$P = Q\rho gh \qquad (8-9)$$

换算后的能耗则为

$$E = \frac{Pt}{\eta_m \eta_p} \qquad (8-10)$$

上述公式中各类符号及其相关计算数据如表8-3所示。

8.2.2.2 离心分离

从第三个沉淀池出来的微藻将进入脱水下一阶段,如图8-1所示,以尽可能提高微藻的固含量,从而达到后续油脂提取的要求。采用的第二步脱水方式为离心分离,设备选用的是双螺旋压榨脱水机,其型号及主要参数如表8-4所示。根据絮凝后出来的每日藻产量及藻浓度,可推算出所需的离心设备约为2台。但考虑到在实际运行过程中,可能产生多种不可预测的停车等现象,故此处多增加2台以备用,离心设备总数量设定为4台。

表8-4 离心机选型及主要参数

项 目	单 位	参 数
设备名称及型号	双螺旋压榨脱水机(KST-B)	
进浆浓度	%	4
出浆浓度	%	25
生产能力	t/d	80
电机功率	kW	45
设备数量	台	4

絮凝沉淀后的微藻经离心脱水后,藻的浓度可进一步提高至220 kg/m³[14],固含量约为21%,离心的损失假定为5%[13,16],离心设备的效率假设为80%。根据这些数据可推算出每离心1 t的藻浆需消耗电力17.76 kW·h,折算成需消耗电力大约为14.1 MJ/m³。

8.2.2.3 干燥脱水

经离心分离后的微藻将进入脱水第三步阶段——干燥脱水。此阶段的目的是将微藻的固含量从21%提高至80%。首先离心脱水后的微藻将被皮带运输机运输至炼厂中的微藻干燥区域,先让其在自然状态下风干至60%左右的固含量,接着再通过流化床干燥的方式进一步将微藻固含量提高至80%左右。自然风干状态下不消耗任何形式的能量,皮带运输机的能耗假设由炼厂内的余能提供。干燥

设备的选型及主要参数如表 8-5 所示。一些研究认为干燥效率能达到 90%[14]，此处将选定的干燥方式其热转化效率设定为 85%，每日所处理的湿藻重量约为 64 t，根据干燥前后的固含量便可推断出将微藻的固含量从 60% 提高至 80% 需要脱除的水分，该值约为 16 029 kg/d。由此可进一步推算出设备的台数，同离心类似，此处仍多选 2 台作为备用，因此，总干燥设备数量为 4 台。根据表 8-5 中的电机功率等参数，计算可得知干燥 1 kg 微藻所需的能耗为 0.032 kW·h。

表 8-5　干燥设备选型及主要参数

项　目	单　位	参　数
设备名称及型号	ZDG 系列振动流化床干燥机(ZDG8×1.8)	
流化床面积	m²	14.4
进风温度	℃	70～140
出风温度	℃	40～70
水分蒸发能力	kg/h	350
电机功率	kW	11
设备数量	台	4

8.2.3　微藻油脂提取阶段

微藻经干燥达到一定的固含量后送至下一工序进行微藻油脂提取。油脂提取采用最常用的有机溶剂提取法。为提高有机溶剂的提取效率，往往在提取前对微藻进行预处理，以破坏细胞壁的结构，提高细胞的破碎程度，利于溶剂的渗入和油脂的渗出[2]。

8.2.3.1　微藻预处理

预处理的方法有多种，常用的有机械压榨法、球磨法、高压均质化、微波辅助破碎、超声辅助破碎以及酶水解等[2]。经过综合对比，高压均质化从处理效率及能耗等方面来看是最为合适的[11]。高压均质化的原理[2]是将微藻在高压下泵入小孔内，加速后的细胞经高压冲击喷射到固定阀上，同时当微藻穿过阀到室腔时经压降剪切力而使细胞破裂。从图 8-3 的工艺流程衡算过程可知，预处理后的微藻干重约为 34.3 t。由预处理前的藻绝干重量 38.1 t 及 80% 的固含量，可推算出每日的预处理量约为 47.6 m³ 藻浆。均质化设备的选型及参数如表 8-6 所示。由电机功率及处理量可推知该类高速均质机的电耗为 18.5 kW·h/m³ 藻浆。结合处理后的微藻干重及固含量等数据，便可进一步推算得到预处理 1 kg 绝干微藻的电耗约为 0.064 kW·h。

表 8-6　均质设备选型及主要参数

项　目	单　位	参　数
设备名称及型号	高速均质机(NS3037)	
处理量	m³/h	2
运行压力	bar	600
冷却水流量	m³/h	0.09
水分蒸发能力	kg/h	350
一次破碎率	%	79
二次破碎率	%	90
电机功率	kW	37

8.2.3.2　油脂提取

此处选用有机溶剂对微藻油脂进行提取。常用的有机溶剂有氯仿/甲醇、己烷/异丙醇、醇类等[2]。氯仿/甲醇是应用最广泛的溶剂,其优点是藻不需要完全干燥,其提取过程快速、高效,但缺点是氯仿有较大毒性。己烷/异丙醇是替代氯仿/甲醇组合的低毒方法,上层有机相中含有提取出的中性和极性脂肪,下层水相中含有蛋白质和碳水化物等非脂肪成分,其特点是对中性脂肪的选择性更强。醇类等(如丁醇、异丙醇、乙醇)也可用于油脂提取,易形成氢键,从而具备很强的企图附着在细胞膜上脂肪的能力,但对中性脂肪无效。故醇类常与有机溶剂混合使用,以达到最大限度提取出细胞中脂肪的目的。本研究中选取的溶剂组合为正己烷/甲醇,其溶剂比为 1∶5[13],总的油脂提取效率为 89.1%,提取后的油重量为 9.2 t,藻残余物的重量为 24.0 t(见图 8-3)。

油脂提取过程包含三个主要工段,一是溶剂与微藻反应的混合器,二是提取后的沉淀罐,三是溶剂回收过程。混合器反应温度为 50℃,电机效率为 90%,反应时间为 600 s,以此可推算出混合器中每立方米藻浆所需的电耗为 19.8 kW·h,也即是提取 1 kg 微藻油所消耗的电力约为 0.148 kW·h。沉淀罐中的处理量约为 2 m³/h 藻浆,电机功率为 11 kW,当电机效率为 90% 时,每立方米藻浆所需的电耗为 6.11 kW·h,即是 0.046 kW·h/kg 微藻油。溶剂回收过程中设定正己烷的回收率为 99.5%,回收设备的热需求为 1.6 kJ/kg TAG,经折算可知每千克微藻油的电力需求为 1.6 kJ。将上述三个工段汇总可知,微藻油脂提取过程的能耗需求约为 698.8 kJ/kg 微藻油。

8.2.4　生物柴油转化阶段

运输至生物柴油加工厂的微藻油将通过酯化反应转化成生物柴油。由于微藻生物柴油尚没有商业化生产,故生物柴油转化过程采用与国内其他生物柴油一样的生产方式[17]。如图 8-3 所示,转化后的生物柴油产量为 8.8 t,同时得到 1.01 t 的副产品甘油,传统酯化反应中副产品的比例约为 11%[18, 19],生物柴油转化率设定为 96%。在碱性酯化反应过程中,生产 1 t 生物柴油需要消耗甲醇 0.1 t,催化剂 0.06 t,电力 8.04 kW·h,水 0.35 m³ 及其他工质能耗约 251.6 kg 标准煤[17]。假设我国的甲醇生产全来自于煤,且生产 1 t 甲醇的过程中需要消耗标准煤 2.46 kg、水 10 m³[17]。得到的生物柴油热值为 39 MJ/kg,密度为 877 kg/m³,碳含量大约为 76.9%[20]。折算后生产 1 t 生物柴油的各种工质总能耗大约为 5 294.5 MJ。各种主要过程燃料消耗及比例如表 8-7 所示。

表 8-7 酯化反应过程的过程燃料消耗

过程燃料	比例/%	用量/(MJ/t BD)
标煤	64	3 388
电力	20	1 059
甲醇	10	529
催化剂	6	318

8.2.5　生物柴油运输及分配阶段

如图 8-3 所示,微藻生物炼厂中提取后的油脂将通过卡车运输至 100 km 以外的生物柴油加工厂。卡车载重 5 t,燃料为传统柴油,满载时的百公里油耗为 15 L,回程空载时的百公里油耗为 11 L。由此可推知,去程和返程的柴油能耗强度分别为 0.030 L/(t·km) 和 0.022 L/(t·km)。从生物柴油加工厂得到的生物柴油也将运送至分配站使用。卡车运输的油耗同微藻油的运输一致,仅运输距离假设为 25 km[14]。

8.2.6　生物柴油燃烧阶段

在输配站,便可将调配好的生物柴油加注到生物柴油汽车中进行燃烧。假设传统汽油车的油耗为 8 L/100 km[21],柴油车的油耗相比汽油车低约 20%,生物柴油车的油耗与柴油车相当。假设将生物柴油用于汽车中燃烧时,生物柴油车选用 5 座的小轿车为研究对象。

8.2.7　副产品分配方法

如图 8-3 所示,生物柴油生产路线中将产生两类副产品:一是油脂提取后的微藻剩余物用于发电;二是生物柴油加工过程中产生的副产品甘油。得到的副产品可补用至炼油厂而带来收益,因此,需要对副产品进行能耗与排放的分配。常用的副产品分配方法有质量分配法、能量分配法、市场价值分配法和替代法等,此处采用产品替代法对副产品进行分配[22]。产品替代法是指用以新产品来替代原油的产品。生物发酵产气制备的电力用我国国内当前的平均电力构成来替代,生物柴油加工过程得到的副产品甘油则用传统的石化基甘油来替代。平均电力构成及石化基甘油生产过程的能耗和排放将根据替代比例从生物柴油生产总的能耗和排放中扣除[23, 24]。

微藻油脂提取后的剩余物可经厌氧发酵产生生物气,利用生物气转化得到的电力被认为是重要的二级能源,可直接用于微藻炼厂[25]。根据我国中长期生物气规划可知,1 t 蛋白质和糖能分别产生 980 m³ 和 750 m³ 的生物气,CH₄含量大约为 49%～50%[14]。该生物气的低位热值大约为 20.908 MJ/m³。据统计,厌氧发酵过程中的能耗大约为 100 MJ/t BD[14]。假设生物气发电采用电站锅炉燃烧,发电效率约为 32%[26],炼厂内输电的损失率同我国平均电力输送损失,为 6.3%。

甘油作为生物柴油加工过程的副产品,具有较高的附加值,常被出售用作化工、化妆品、药物及食品原料等行业[25]。将提取后的微藻油加工成生物柴油时,平均每生产 1 t 生物柴油,可得到 110 kg 的副产品甘油[19]。本书中采用产品替代法来计算副产品的分配,当用石化基甘油去替代该副产品时,石化基甘油的能耗和排放参考国外的值[15]。

8.3 微藻生物柴油"2E"结果分析

此处将以上述设计的微藻培养以及生物柴油炼厂为基础,分析其生命周期能耗与环境排放,同时对微藻培养以及微藻生物柴油生产环节的主要参数进行敏感性分析,找出影响微藻生产的关键因素,最后将微藻生物柴油生命周期能耗与环境排放同其他生物燃料进行比较,探讨我国发展微藻生物柴油的优势与劣势。

表 8-8 是对整个微藻生物炼厂中各个生产环节所投入的物质和能耗数据进行的汇总统计,这些数据是后续能耗与排放计算的基础。在这些数据基础上,将各种过程燃料子系统的能耗与排放数据均纳入考虑,根据第 5 章介绍的详细计算方法,纳入迭代的算法,从而得到生命周期的能耗与环境排放结果。微藻生物柴油的生命周期"2E"结果将在后续 8.3.1～8.3.4 节中进行详细讨论。

表 8-8 微藻生物柴油生产过程的主要物质与能耗输入汇总(以每日的微藻干重计量)

过　程	单　位	数　值
培养阶段:		
尿素	g/kg 藻(干重)	65.92

(续表)

过　程	单　位	数　值
硫酸盐	g/kg 藻(干重)	30.39
烟道气(13.8% CO_2)	g/kg 藻(干重)	13 649
微藻得率	t	42.2
电耗	kW·t/kg 藻(干重)	0.07
脱水阶段:		
电耗——采收	kW·t/kg 藻(干重)	0.025
电耗——泵	kW·t/kg 藻(干重)	0.029
电耗——离心	kW·t/kg 藻(干重)	0.350
电耗——干燥	kW·t/kg 藻(干重)	0.090
油脂提取阶段:		
电耗——预处理	kW·t/kg 藻(干重)	0.064
电耗——混合器	kW·t/kg 油	0.148
电耗——沉淀罐	kW·t/kg 油	0.046
电耗——溶剂回收	kJ/kg 油	1.6
微藻油产量	t	9.2
微藻残余物重量	t	24.0
生物柴油加工阶段:		
能耗——甲醇	MJ/t BD	836.32
能耗——电力	MJ/t BD	28.91
能耗——蒸汽	MJ/t BD	5 260.45
生物柴油产量	t	8.80
甘油产量	t	1.01
厌氧发酵阶段:		
电耗	MJ/t BD	100
生物气产量	m^3/t BD	3 410

8.3.1　上游阶段结果

　　微藻生物柴油上游阶段的能耗与温室气体排放如图 8-5 所示。从 STT 结果可知,微藻生物柴油的总能耗、化石能耗及温室气体排放分别为 1.343 MJ/MJ、

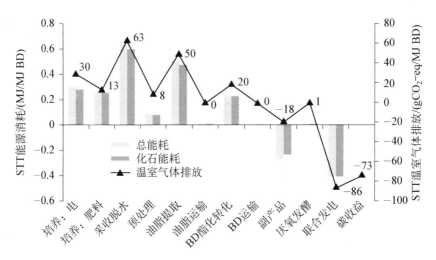

图 8－5　微藻生物柴油上游阶段不同工艺过程能耗及温室气体排放

1. 268 MJ/MJ 及 7. 857 gCO₂-ₑq/MJ。

　　微藻生物柴油的总能耗和化石能耗的趋势一致,微藻的脱水过程是能耗最高的过程。以化石能耗为例,微藻脱水过程占了上游阶段总化石能耗的 31.2%。其次为微藻培养过程、油脂提取过程,两者化石能耗分别占了上游阶段总化石能耗的 27.6% 和 24.6%。其中,在微藻培养过程中,主要包含了因肥料和电力等投入带来的间接能耗,两者分别占了培养过程化石能耗的 52.5% 和 47.5%。酯化转化过程对微藻生物柴油上游阶段的贡献约为 11.7%,油脂和生物柴油的运输过程所占的贡献最小,仅分别为 0.3% 和 0.1%。需要说明的是,图 8－5 中甘油和联合发电两项的能耗贡献值为负值,这是由生物柴油加工过程中产生的副产品甘油以及微藻油脂提取后的残余物所带来的副产品收益所致。两者之和能抵消约 33.1% 的 STT 阶段的化石能耗。

　　从温室气体排放的角度来看,各个工艺过程对温室气体排放的贡献也呈现较大区别。各工艺过程对 GHG 的贡献大小趋势同化石能源类似,但也存在细小差别。对 GHG 排放贡献最大的为微藻脱水过程,其次为油脂提取过程,再者为微藻培养过程和酯化过程,油脂和生物柴油的运输过程是对上游阶段的 GHG 排放贡献最小的。脱水过程是微藻生物柴油上游阶段能耗和 GHG 排放最集中的过程,这主要是因为微藻细胞小,浓度低,需要投入更多的能源以达到下一步处理的要求。同化石能耗类似,副产品甘油和厌氧发酵也带来了 103 g CO₂-ₑq/MJ 的 GHG 副产品收益。不同的是,微藻由于在生长过程中吸收了大量的 CO₂,根据碳守恒计算可知,微藻生长过程固定的 CO₂ 可为整个上游阶段带来73 g CO₂-ₑq/MJ 的碳收益。这三者碳收益之和可抵消上游阶段约 95% 的化石能源消耗。

8.3.2 全生命周期结果

图 8 - 6 为纳入车辆运行阶段的微藻生物柴油全生命周期结果,并将该结果与传统柴油车进行了总能耗、化石能耗、石油能耗和温室气体排放的比较。

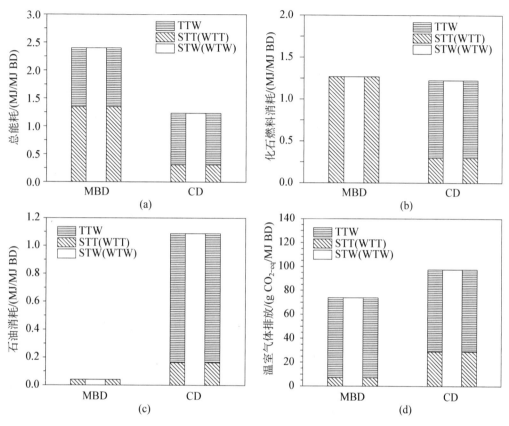

图 8 - 6 微藻生物柴油 STW 能源消耗与 GHG 排放
(a) 总能耗;(b) 化石能耗;(c) 石油能耗;(d) 温室气体排放

从图 8 - 6(a)中可以看出,微藻生物柴油和传统柴油的总能耗分别为 2.398 MJ/MJ 和 1.232 MJ/MJ,前者的总能耗比后者高了约 94.6%。这是因为在计算总能耗时,包括了生物质能本身。微藻生物柴油从微藻培养到最终生物柴油燃烧的整个过程中,STT 阶段是对总能耗贡献最大的阶段,STT 阶段的能耗比传统柴油上游阶段的总能耗高约 3.4 倍。对于下游车用阶段的总能耗,微藻生物柴油比传统柴油高约 14.1%。

从图 8 - 6(b)中可以看出,微藻生物柴油和传统柴油的全生命周期化石能耗分别为 1.268 MJ/MJ 和 1.224 MJ/MJ,微藻生物柴油的全生命周期化石能耗比传统柴油的能耗仅高出 3.6%,两者间的差异较小。对于微藻生物柴油来说,化石能耗仅是由微藻上游阶段贡献,车用阶段由于只消耗生物柴油,故下游阶段化石能源消耗为0。而传统柴油中车用阶段消耗了其生命周期约76％的化石能源。

由图8-6(c)可知,微藻生物柴油的全生命周期石油资源消耗为0.041 MJ/MJ,传统柴油的全生命周期石油资源消耗为1.087 MJ/MJ。微藻生物柴油的全生命周期石油资源消耗比传统柴油的低约96.2％。这是因为柴油的获取来源主要是石油,而微藻生物柴油的生产过程中投入的直接或间接的能源则是煤等化石能源。这主要与我国的能源结构有直接的关系。

图8-6(d)为微藻生物柴油和传统柴油的全生命周期温室气体排放。两者的GHG排放分别约为75 g CO_{2-eq}/MJ和98 g CO_{2-eq}/MJ,微藻生物柴油的全生命周期GHG排放比传统柴油低约23.6％。国外已有研究表明,微藻生物柴油的GHG排放约为54~150 g CO_{2-eq}/MJ[13, 14],主要是因工艺过程不同而导致排放结果呈现差异。从上游阶段来看,微藻生物柴油的GHG排放比传统柴油低约72.8％,下游车用阶段比传统柴油低约2.8％。上游阶段GHG排放的贡献主要是因为微藻上游若干工艺过程,如培养、脱水、油脂提取、脂肪转化等投入的大量物质和能源,从而引起GHG排放。但另一方面,微藻生物柴油也因副产品的获得等过程而带来较大的减碳收益,主要是:①微藻培养过程固定的CO_2所带来的减碳收益;②副产品甘油和发电带来的减碳收益。

综上所述,在该微藻生物柴油综合炼厂中,虽然微藻生物柴油生产过程中过长的生产链以及大量的物质能源等投入势必引起较高的全生命周期总能耗,但微藻生物柴油的生物周期化石能耗与传统柴油相差不大,并且微藻生物柴油的全生命周期石油资源消耗和GHG排放均比传统柴油的低。这说明,微藻生物柴油具有替代石油资源和降低GHG排放的潜力。若能降低培养过程及油脂提取过程的能耗或提高工艺过程的效率,可有望进一步降低能耗及GHG排放。

8.3.3 敏感性分析

由前述结果可知,微藻生物柴油生命周期能耗及温室气体排放与生产工艺过程密切相关。为进一步考察生产过程相关参数对微藻生物柴油生命周期的影响,此处将对微藻生物柴油的全生命周期总能耗、化石能耗、石油能耗和GHG排放进行敏感性分析,考察各类主要参数对这四种结果的影响。表8-9列举了敏感性分析的相关参数,包含藻长率、脂肪含量、混合速度、化肥使用量、油脂提取效率、生物柴油转化效率等。表中的"基准值"指的是用于前文生物柴油炼厂中的各工艺过程假设,"低值"指的是当这些参数数值降低到一定程度时的情况,"高值"指的是当这些参数提高到某一程度时的数值。除表中的参数外,还考虑了在"基准情景"的基础上去除预处理、减少50％的化肥施用量等过程对微藻生物柴油生命周期结果的影响。

表 8-9　敏感性分析参数选择

参数	低值	基准值	高值
藻生长率/(kg/m³)	0.5	1.7	5
脂肪含量/%	18	30	40
混合速度/(m/s)	0.2	0.25	0.3
脱水能耗变化率/%	−20	0	20
油脂提取率/%	60	89.1	100
生物柴油转化率/%	80	96	100

图 8-7 为微藻生物柴油全生命周期总能耗、化石能耗、石油能耗和温室气体

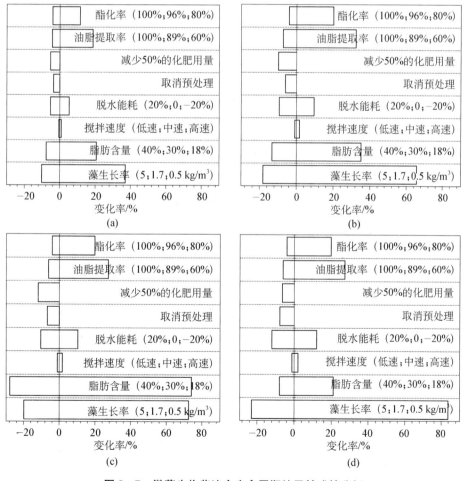

图 8-7　微藻生物柴油全生命周期结果敏感性分析
(a) 总能耗; (b) 化石燃料消耗; (c) 石油能耗; (d) 温室气体排放

排放的敏感性分析结果。由图可知,在这些参数中,微藻生长率是对结果最为敏感的,其次为脂肪含量,再者为微藻脱水过程及降低化肥施用量。从微藻生长率的角度来看,如图8-7所示,当生长率从1.7 kg/m³降低至0.5 kg/m³时,微藻生物柴油的总能耗、化石能耗、石油能耗和温室气体排放分别增加了37.2%、65.7%、72.5%和83.8%,当生长率从1.7 kg/m³提高到5 kg/m³时,微藻生物柴油的总能耗、化石能耗、石油能耗和GHG排放分别下降了10.2%、18.1%、19.9%和23.0%。提高微藻生长率,也可促进微藻生物柴油能耗的降低。

对于脂肪含量,18%和40%分别选取作为敏感性分析的低值和高值[13]。从图8-7中可以看出,微藻中脂肪含量的大小也对生命周期能耗和GHG排放的影响也较大。当微藻的脂肪含量从30%增加至40%时,微藻生物柴油的全生命周期总能耗、化石能耗、石油能耗和GHG排放的变化率分别为-7.7%、-13.2%、-27.8%和-7.9%。当脂肪含量从30%降低至18%时,微藻生物柴油的全生命周期总能耗、化石能耗、石油能耗和GHG排放分别增加了20.6%、35.2%、74.1%和21.1%。即若微藻脂肪含量能通过技术手段加以提高,则微藻生物柴油的全生命周期能耗和GHG排放能显著降低。

从油脂提取率来看,基准值为89.1%,高值为100%(假设所有的油脂均能从微藻细胞中提取出来),低值选用的为60%[16]。对于生物柴油转化效率,也做类似的假设,如表8-9所示。由图8-7中可知,当油脂提取效率从基准情景的89.1%降低至60%时,微藻生物柴油的全生命周期总能耗、化石能耗、石油能耗和GHG排放分别升高了18.6%、32.3%、53.9%和27.3%;当油脂提取率从89.1%提高至100%时,微藻生物柴油的全生命周期总能耗、化石能耗、石油能耗和GHG排放的变化率分别为-4.2%、-9.9%、-11.9%和-6.4%。从实际情况来看,尽管达到100%的油脂提取率和生物柴油转化率似乎不太可能,但通过技术手段使效率提高对整个生产过程是有利的。

同时也考察了微藻脱水过程能耗的降低、预处理单元以及肥料的减用量对全生命周期总能耗、化石能耗、石油能耗和GHG排放的影响。从图8-7中可以看出,当脱水过程的能耗降低20%时,可使微藻生物柴油的全生命周期总能耗、化石能耗、石油能耗和GHG排放分别降低5.3%、9.4%、10.4%和12.0%。另外,当去除微藻预处理单元时,可使全生命周期总能耗、化石能耗、石油能耗和GHG排放分别降低3.5%、6.1%、6.8%和7.8%。当将培养过程的化肥施用量减少一半后,微藻生物柴油的全生命周期总能耗、化石能耗、石油能耗和GHG排放分别降低了5.3%、9.9%、11.9%和6.4%。从图8-7中可知,培养池中微藻的混合速度对总能耗和GHG排放的影响不显著。

总的来说,从微藻培养过程来看,微藻本身的特点(如藻生长率和脂肪含量)对结果影响较大,另外,降低培养过程中化肥的使用量,也可以进一步降低能耗和排放；脱水过程的高能耗不可避免，但若能降低脱水过程的能耗或减少脱水过程的使用，可使得能耗和排放进一步降低；通过先进技术提高油脂的提取率，也可显著降低微藻生物柴油全生命周期能耗和排放。因此，在本书中提出的生物柴油炼厂的基础上，未来发展商业化生产的微藻生物柴油，可从以下几个方面着手：①利用各种手段（如基因过程技术）提高微藻细胞中的脂肪含量；②通过保温等措施提高微藻在培养池中的产量；③降低化肥的施用量，如联合富含营养物的废水进行培养等，不但可以减少化肥等营养物质的投入量，还可去除废水中的 N、P，达到净水的目的[27]；④降低脱水过程的能耗，开发适用于含水量高的微藻下游处理工艺；⑤通过科技手段进一步提高油脂的提取率，降低损失。

8.3.4　电力结构影响分析

为充分了解电力结构对微藻生物柴油生命周期结果的影响，此处对其进行了4 种不同电力组成下的情景分析。所选的四种电力情景如下：情景 1 为前文所描述的我国平均电力组成的结果；情景 2 为预测的 2020 年我国电力构成，其中，煤电从情景 1 中的 78% 下降至 70%；情景 3 中假设煤电比例降至 50%；情景 4 则假设所有的电力均为可再生电力。4 种电力情景最大的区别在于：①煤电在我国平均电力结构中所占的比例；②可再生能源电力在我国电力结构中所占的比例。对这四种情形下培养微藻生产生物柴油的全生命周期能耗和排放如图 8-8 所示。

当降低电力结构中的化石燃料发电或煤电的比例时，微藻生物柴油的全生命周期总能耗、化石能耗、石油资源消耗和温室气体排放也呈现下降的趋势。以温室气体排放为例，情景 1 中的微藻生物柴油排放约为 74 g CO_{2-eq}/MJ BD，当煤电比例降低至 70% 时，GHG 排放相比情景 1 的排放减少约 22.6%，当煤电比例进一步降低至 50% 时，微藻生物柴油的 GHG 排放相比情景 1 减少约 86.4%，当全使用可再生电力时，GHG 排放则比情景 1 中的 GHG 排放减少近 2 倍。这进一步说明，电力构成对微藻生物柴油的生物周期结果产生很大的影响，若能优化我国未来的电力结构，微藻生物柴油将表现出替代传统化石燃料的更大优势。

8.3.5　区域特征

为进一步考察中国不同地区培养微藻生产生物柴油对能耗的需求和环境的影响，本书除对海南微藻为代表的微藻生物柴油进行生命周期"2E&W"评估外，此处还进一步分析了在我国其他微藻适宜产区培养微藻生产生物柴油的能耗和 GHG 排放。即在第 6 章我国微藻生物柴油生产潜力的分布基础上，利用各地区的年均微藻生长率数据，结合各个地区的电力结构等特征，详细分析了不同地区微藻生物柴油生产的生命周期净化石能效比和温室气体排放，结果如图 8-9 所示。

图 8-9(a)中①～⑤分别代表所分析的微藻生物柴油地区：①为海南省，②为

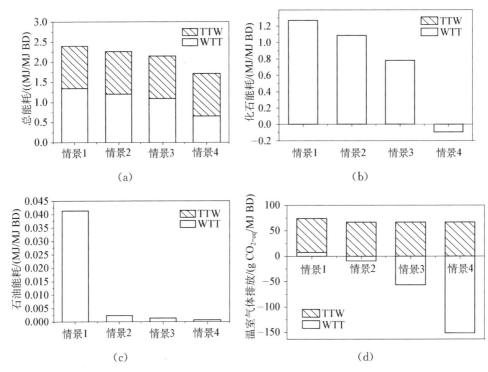

图 8-8　电力结构对微藻生物柴油生命周期结果的影响

(a) 总能耗；(b) 化石能耗；(c) 石油能耗；(d) 温室气体排放

广西、广东和福建三省，③代表湖南和江西省，④代表重庆、湖北、安徽和浙江四个省市，⑤为河南和江苏两地。由第 6 章表 6-1 中的数据可推算出这几个地区的微藻平均产量分别为 12.3，10.8，10.3，10.1 及 11.0 g/(m² · d)。图 8-9(a) 也给出了 2011 年这几个地区的平均电力结构[28]。从总体来看这些地区点电力均是以火电为主，但电力结构仍有明显差别。①区的火电比例约为 84.2%，同时还有 13.2% 的水电及 2.6% 的风电；②区的火电比例为 78.3%，水电比例为 14.3%，除此之外，还有 6.8% 的核电；③区的火电比例为 80.1%，水电比例达到 19.8%；④区的火电比例最低，为 74.6%，水电比例最高，为 21.2%，同时还有 4.1% 的核电；⑤区的火电比例最高，达到 95.5%，水电比例仅为 1.6%，同时有 2.4% 的核电、0.44% 的风电和 0.02% 的太阳能发电。

　　图 8-9(b) 为 5 个所选区域的微藻生物柴油净化石能效和温室气体排放。由表 6-1 中的数据可知，这 5 个地区微藻平均生长率的差异不是很显著。净化石能效（NER_{fossil}）定义为各地产出的微藻生物柴油热值与投入的全生命周期化石燃料热值的比值。比值越大，说明投入的化石能源越少，净化石能效越高。图 8-9(b)中短划线指的是我国平均电力结构下微藻生物柴油平均净化石能效，点划线指的

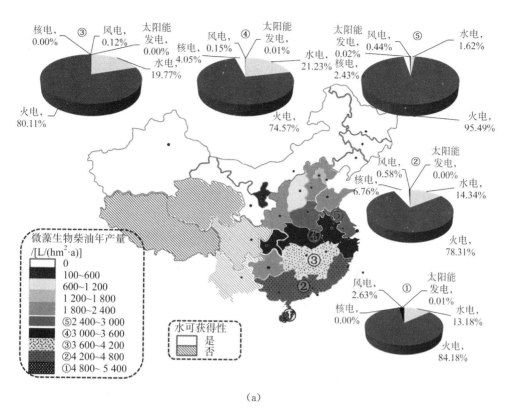

（a）

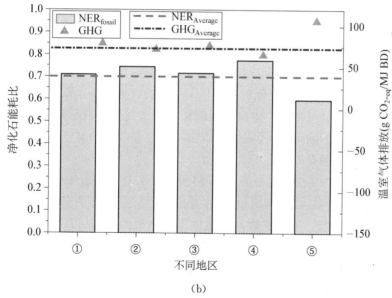

（b）

图 8‑9　不同地区微藻生物柴油特征

（a）微藻生物柴油选址和不同地区电力结构；
（b）不同代表地区微藻生物柴油生命周期净化石能效比和 GHG 排放
①海南；②广西、广东和福建；③湖南和江西；④重庆、湖北、安徽和浙江；⑤河南和江苏

是我国平均电力结构下微藻生物柴油平均温室气体排放。图中可知,④区的净化石能效在这几个所选区域中最高,其次为②区,③区和①区再次之,最低的为⑤区。温室气体排放在这5个所选区域也呈现类似的趋势,净化石能耗越高的地区,温室气体排放越低。这说明净化石能效与GHG排放的高低及当地的电力结构有密切的关系,火电比例越低,可再生能源电力比例越高,净化石能效也就越高,GHG排放也就越低。④区和②区的净化石能效均高于国内平均电力结构下的净化石能效值,GHG排放值均低于国内平均电力结构下的GHG排放值,说明这些地区相比其他地区更适宜发展微藻生物柴油。

8.4 小结

本章在设计了一个开放式跑道池培养微藻生产生物柴油的生物综合炼厂基础上,从生命周期的角度评价了微藻生物柴油的能耗与温室气体排放,并对生产过程的主要影响因素进行了敏感性分析,还探讨了我国区域间微藻生物柴油能效及GHG排放特点,得到如下主要结论:

(1) 所建立的生物柴油综合炼厂包含了微藻的高得率培养反应池、微藻采收脱水装置、油脂提取工艺、厌氧发酵工艺等,该微藻生物炼厂占地约 50 hm^2,日产微藻干重约 34 t,结果表明,设计的该综合炼厂具有较好的适用性和可推广性。

(2) 从微藻生物柴油全生命周期的角度来看,其总能耗高出传统柴油的总能耗约 94.6%,化石能耗仅高出传统柴油约 3.6%,石油资源消耗比传统柴油的减少约 96.2%,GHG 排放比传统柴油的减少 23.6%。从微藻生物柴油的上游阶段分析可知,微藻脱水是能耗和GHG 排放最集中的过程,其次为微藻培养过程和油脂提取过程,油脂的运输过程对能耗和 GHG 排放的贡献很小。微藻生物柴油生产过程中产生的副产品可为整个生命周期能耗和温室气体排放带来收益,如充分利用微藻油脂提取后的残余物,利用生产柴油加工过程产生的副产品甘油以及微藻本身生长过程中所拥有的固定 CO_2 的能力。

(3) 对微藻生物柴油全生命周期的能耗和GHG 排放进行敏感性分析可知,微藻的生长率、脂肪含量、化肥施用量、脱水单元、预处理单元、油脂提取效率等因素对结果有较大的影响。未来发展商业化微藻生物柴油,可从以下几个方面着手:①利用各种手段(如基因过程技术)提高微藻细胞中的脂肪含量;②通过保温等措施提高微藻在培养池中的产量;③降低化肥的施用量,如联合富含营养物的废水进行培养等;④降低脱水过程的能耗,开发适用于含水量高的微藻下游处理工艺;⑤通过科技手段进一步提高油脂的提取率,降低损失。

(4) 从 4 种不同电力结构的情景分析中可以看出,电力构成对微藻生物柴油的全生命周期能耗和温室气体排放的影响较大。降低电力结构中化石燃料发电比例,可减少微藻生物柴油的全生命周期能耗和 GHG 排放。未来电力结构的"绿色化"对微藻生物柴油的全生命周期评价结果有利。

(5)我国几个代表区域间的微藻生物柴油全生命周期净化石能效和温室气体排放分析结果表明,净化石能效和温室气体排放与各个地区的电力结构及微藻生长率相关。火电比例越高的地区,所投入的化石燃料越多,温室气体排放也就越多。两广、福建沿海地区以及浙江安徽等地从净化石能效和 GHG 排放的角度来看,均适于发展微藻生物柴油。

参考文献

［1］高春芳,余世实,吴庆余. 微藻生物柴油的发展[J]. 生物学通报,2011,(06):1-5.

［2］Halim R, Danquah M K, Webley P A. Extraction of oil from microalgae for biodiesel production: A review [J]. Biotechnol. Adv., 2012,30(3):709-732.

［3］Danquah M K, Gladman B, Moheimani N, et al. Microalgal growth characteristics and subsequent influence on dewatering efficiency [J]. Chem. Eng. J., 2009,151(1-3):73-78.

［4］Pruvost J, Van Vooren G, Le Gouic B, et al. Systematic investigation of biomass and lipid productivity by microalgae in photobioreactors for biodiesel application [J]. Bioresour. Technol., 2011,102(1):150-158.

［5］Li T, Zheng Y, Yu L, et al. High productivity cultivation of a heat-resistant microalga Chlorella sorokiniana for biofuel production [J]. Bioresour. Technol., 2013,131:60-67.

［6］Liang Y. Producing liquid transportation fuels from heterotrophic microalgae [J]. Applied Energy, 2013,104:860-868.

［7］Reijnders L. Microalgal and terrestrial transport biofuels to displace fossil fuels [J]. Energies, 2009,2(1):48-56.

［8］Lundquist T J, Woertz I C, Quinn N W T, et al. A realistic technology and engineering assessment of algae biofuel production [R]. Energy Biosciences Institute, 2010.

［9］刘竞,马晓茜. 微藻气化发电生命周期评价及碳循环分析[J]. 太阳能学报,2008,(11):1414-1418.

［10］Chisti Y. Biodiesel from microalgae [J]. Biotechnol. Adv., 2007,25(3):294-306.

［11］de Boer K, Moheimani N R, Borowitzka M A, et al. Extraction and conversion pathways for microalgae to biodiesel: A review focused on energy consumption [J]. J. Appl. Phycol., 2012,24(6):1681-1698.

［12］Lee A K, Lewis D M, Ashman P J. Microbial flocculation, a potentially low-cost harvesting technique for marine microalgae for the production of biodiesel [J]. J. Appl. Phycol. , 2009,21(5):559 - 567.

[13] Stephenson A L, Kazamia E, Dennis J S, et al. Life-cycle assessment of potential algal biodiesel production in the United Kingdom: A comparison of raceways and air-lift tubular bioreactors [J]. Energy & Fuels, 2010,24:4062 - 4077.

[14] Yanfen L, Zehao H, Xiaoqian M. Energy analysis and environmental impacts of microalgal biodiesel in China [J]. Energy Policy, 2012,45:142 - 151.

[15] Wang M, Wu Y, Elgowainy A. GREET 1. 8d. 1 (Fuel-Cycle Model) [R]. In Argonne: Argonne National Laboratory, 2010.

[16] Davis R, Fishman D, Frank E, et al. Renewable diesel from algal lipids: an integrated baseline for cost, emissions, and resource potential from a harmonized model [R]. Argonne National Laboratory Argonne, IL, 2012.

[17] 邢爱华,马捷,张英皓,等.生物柴油全生命周期资源和能源消耗分析[J].过程工程学报,2010,10(2):314 - 320.

[18] 侯坚,张培栋,王有乐,等.餐饮废弃油脂的生物柴油生命周期能耗与 CO_2 分析[J].环境科学研究,2010,23(4):521 - 526.

[19] 鞠丽萍,陈彬,杨志峰,等.麻疯果油为原料的生物柴油生产全过程能值分析[J].生态学报,2010,30(20):5646 - 5652.

[20] Xu Z, Li X, Guan C, et al. Characteristics of exhaust diesel particles from different oxygenated fuels [J]. Energy Fuels, 2013,27(12):7579 - 7586.

[21] Huo H, Zhang Q, Wang M Q, et al. Environmental implication of electric vehicles in china [J]. Environ. Sci. Technol. , 2010,44(13):4856 - 4861.

[22] Wang M, Huo H, Arora S. Methods of dealing with co-products of biofuels in life-cycle analysis and consequent results within the U. S. context [J]. Energy Policy, 2011,39(10):5726 - 5736.

[23] Xie X, Wang M, Han J. Assessment of fuel-cycle energy use and greenhouse gas emissions for Fischer-Tropsch diesel from coal and cellulosic biomass [J]. Environ. Sci. Technol. , 2011,45(7):3047 - 3053.

[24] Wu M, Wang M, Huo H. Fuel-cycle assessment of selected bioethanol production pathways in the United States [R]. Argonne, Ill. : Argonne National Laboratory, ANL/ESD/06 - 7,2006,120.

[25] Ehimen E A, Sun Z F, Carrington C G, et al. Anaerobic digestion of microalgae residues resulting from the biodiesel production process [J]. Applied Energy, 2011,88 (10):3454 - 3463.

[26] Campbell P K, Beer T, Batten D. Greenhouse gas sequestration by algae-energy and greenhouse gas life cycle studies [C]. Proceedings of the 6th Australian Conference on Life Cycle Assessment, Melbourne, February, included as supporting documentation:

last accessed 3rd June 2010.

［27］Posadas E. Carbon and nutrient removal from centrates and domestic wastewater using algal-bacterial biofilm bioreactors ［J］. Bioresour. Technol. ，2013，139：50 - 58.

［28］中电联. 2011 年电力工业统计基本数据一览表［R］. 北京：中国电力企业联合会，2012.

第 9 章　微藻生物柴油水足迹分析

在评价一种生物燃料时,不但要考虑其生命周期能源消耗及环境排放问题,还应考虑其生命周期相关的资源消耗,如水资源等[1]。保证便宜、安全、易于获取的水资源是生物燃料面临的最大挑战,这是因为:①生物质生长阶段需要大量的水资源;②作物种植阶段施放的大量肥料、杀虫剂、除草剂等深入到水体中加剧了水污染[2]。中国作为一个农业大国,其用于农作物种植过程的耗水量是继印度之后的第二大[3]。2011 年中国的水资源总量和供给量分别为 $2.77×10^{12}$ $m^{3[4]}$ 和 $6.107×10^{11}$ $m^{3[5]}$,在总供给量中,超过 61% 的水都用于农业灌溉[4]。为降低对化石燃料的依赖,缓解温室气体排放,我国提出到 2015 年,生物质年利用量超过 5 000 万吨标准煤的目标,其中包含生物质液体燃料 500 万吨[6]。生物质基液体燃料产量的增加必然会需要大量的生物质原料作为支撑,生物质原料规模的扩大势必会增加对水的需求,故评价生物燃料的生命周期水足迹尤为重要。本书中生物质基液体燃料主要指的是生物乙醇和生物柴油两类。

如前所述,本书中对各种生物质基液体燃料的生命周期水资源的分析将采用水足迹的概念。所研究的水足迹包括蓝水足迹(WF_b)、绿水足迹(WF_g)、灰水足迹(WF_{gr})及生命周期水足迹(WF_{LC})。每个工艺工程中的水足迹又将进一步细分为直接水足迹和间接水足迹。图 9-1 是生物质基液体燃料的生命周期水足迹系统边界。图中实线框指的是其他过程燃料或材料引起的间接水足迹,虚线框里的内容是生物质基液体燃料的生命周期过程,包括原料的种植、运输、燃料的生产、运输及生物燃料的使用等过程。整个系统的功能单元是指每生产 1 t 生物燃料形成的水足迹(m^3/t)。计算的原理参考 5.3 节的内容。

为充分理解微藻生物柴油的优势与劣势,本章的内容将围绕微藻生物柴油的生命周期水足迹展开,并比较我国近期和中长期几条典型的生物质基液体燃料的水足迹,从而了解各种生物质基液体燃料的水足迹现状,为我国生物燃料的推广提供更充分的依据。

在本章内容上,主要有如下几个方面:①首先结合我国的农业特点及我国的生物燃料发展规划,选择最有代表性的几条生物质基液体燃料路线来分析其生命周期水足迹;②接着对每一条线路的水足迹进行系统的计算分析,并在分析时结合各个环节的气候、资源等特点;③最后再对每条路线进行比较,从水足迹的角度来确认哪些生物燃料路线是有优势的。

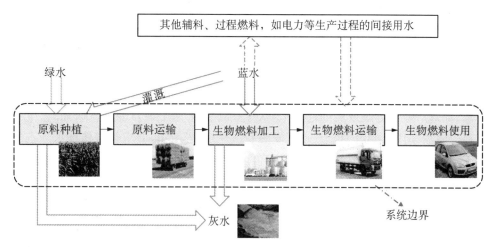

图9-1　生物质基液体燃料的生命周期水足迹系统边界

9.1　生物质基液体燃料路线的选择

9.1.1　中国生物质液体燃料发展框架

生物质基液体燃料主要包含燃料乙醇(bioethanol,BE)和生物柴油(biodiesel,BD)两种。国家发展生物质液体燃料的总体发展原则是应遵循因地制宜、多元发展、统筹兼顾、综合利用的特点。

中国的燃料乙醇主要经历了粮食乙醇和向非粮乙醇转变两个主要发展阶段。2001年,国家五部委颁布了《陈化粮处理若干规定》,提出用陈化粮来生产酒精、饲料等,同年4月批准了4家生物乙醇试点企业,包括吉林燃料有限责任公司、河南天冠燃料乙醇公司、安徽丰原生物化学股份有限公司和黑龙江华润酒精有限公司,其中河南天冠燃料乙醇公司以小麦为主要原料生产燃料乙醇,其他三家以玉米为原料生产燃料乙醇。到2006年末国家核准的燃料乙醇总生产能力是102万吨[7]。"十五"期间,国家又联合中石油、中石化等国有企业共同推动燃料乙醇产业发展。2002年3月和2004年2月先后颁布了《车用乙醇汽油使用试点方案》《车用乙醇汽油使用试点工作实施细则》和《车用乙醇汽油扩大试点方案》《车用乙醇汽油扩大试点工作实施细则》,增加燃料乙醇汽油试点省份和添加比例。到2006年,辽宁、吉林、黑龙江、安徽、河南5省及河北、湖北、山东、江苏部分地区已基本实现车用乙醇汽油替代传统汽油[7]。

中国的生物柴油发展始于2001年,海南正和生物能源公司在河北邯郸建立了第一个以回收废油、野生油为原料的生物柴油实验厂。四川古杉油脂化学公司于2002年成功开发出年产1万吨的以高芥酸菜籽油下脚料和潲水油为原料的生物柴油生产线。同年9月福建龙岩卓越新能源发展公司也建成了年产2万吨的生物柴油生产规模。目前,中国生物柴油生产主要是以地沟油、野生油料、植物油下脚料和餐饮废弃油等为原料。

2006年后,中国开始逐步调整政策,先后发布了《加强生物燃料乙醇项目建设管理,促进产业链健康发展的通知》、《关于暂停玉米加工项目的紧急通知》、《生物燃料乙醇及车用乙醇汽油"十一五"发展专项规划》等政策,要求暂停核准玉米乙醇加工项目,并对在建和拟建的玉米乙醇项目进入全面清理,明确提出"因地制宜,非粮为主"的发展原则,转而大力发展非粮生物燃料[7]。2006年1月1日正式实施了《中华人民共和国可再生能源法》,首次以国家立法的形式鼓励发展包括燃料乙醇在内的生物质液体燃料。2007年6月,国务院召开可再生能源会议正式叫停玉米燃料乙醇项目,要求产业在"不占用耕地、不消耗粮食、不破坏生态环境"的原则下发展非粮燃料乙醇。2007年8月发布的《可再生能源中长期发展规划》(以下简称《规划》)中再次提出不增加以粮食为原料的燃料乙醇项目,明确了近期重点发展以木薯、甘蔗、甜高粱为原材料的1.5代燃料乙醇,中长期发展以纤维素为原料的2代燃料乙醇[8]。《规划》中指出,到2020年,生物质发电总装机容量达到3 000万千瓦,生物质固体成型燃料年利用量达到5 000万吨,沼气年利用量达到440亿立方米,生物燃料乙醇年利用量达到1 000万吨,生物柴油年利用量达到200万吨。

之后颁布的《可再生能源"十一五"规划》中还鼓励以甜高粱茎秆、薯类作物等为原料的非粮燃料乙醇生产以及以小桐子、黄连木、棉籽等油料作物为原料的生物柴油生产,同时还鼓励积极建立燃料乙醇和生物柴油的规模化试点项目。2007年底,中粮集团在广西北海投资了一个以木薯为原料年产20万吨燃料乙醇的加工企业,它是中国首家非粮燃料乙醇生产企业,标志着燃料乙醇生产正式走上"非粮化"道路。2010年,中兴能源有限公司在内蒙古自治区投资启动了年产10万吨的甜高粱茎秆燃料乙醇项目,标志着纤维素乙醇生产的突破。同时,国家还批准了山东龙力生物科技股份有限公司的以玉米芯为原料的纤维素燃料乙醇项目。

随后,中国政府又在《生物质能发展"十二五"规划》中拟定,到2015年我国燃料乙醇利用规模应达到400万吨,生物柴油和航空燃料应达到100万吨[6]。2012年颁布的《中国的能源政策(2012)》提出到"十二五"末,非化石能源消费占一次能源消费比重将达到11.4%,非化石能源发电装机比重达到30%。2014年6月,国家又出台了《能源发展战略行动计划(2014—2020年)》[9],提出到2020年要将非化石能源占一次能源消费的比重进一步提高至15%。同时,在该《行动计划》中,指出"要积极发展交通燃油替代,加强先进生物质能技术攻关和示范,重点发展新一代非粮燃料乙醇生物柴油",以扩大现有交通燃油的替代规模。这些政策都为非粮生物燃料的发展提供了重要支撑。

《生物质能发展"十二五"规划》[6]中提出生物质能要到 2015 年时形成较大规模,并出现一批技术创新能力强、规模较大的新型生物质能企业,形成较为完整的生物质能产业体系。对于生物质基液体燃料,则提出加快发展非粮生物液体燃料的技术,建设非粮能源原料基地以及非粮生物液体燃料示范工程。到"十二五"期末,建成油料能源林基地 200 万公顷,建成一批产业化规模的纤维素乙醇示范工程,同时还要在适宜地方建立微藻生物燃料多联产示范工程[6]。

生产生物质基液体燃料的原料多样,我国已叫停了以粮食为原料的燃料乙醇生产,转向了非粮生物质原料。近期重点是发展以木薯、甜高粱等为原料的燃料乙醇技术以及以小桐子等油料作物为原料的生物柴油技术[8]。总体发展原则还应遵循因地制宜、多元发展、统筹兼顾、综合利用的特点。因此,考察微藻生物柴油生命周期水足迹的同时,也与木薯乙醇、甜高粱乙醇和麻疯树生物柴油作为对比。

9.1.2　主要非粮作物产量

图 9-2 为我国几种非粮作物在过去 30 年间的年产量变化趋势。从图中可知,甜高粱的产量从 1978 年以来一直处于下降的趋势,直到 2009 年开始产量有所缓慢上升。这主要是因为随着城乡人民生活水平的提高,甜高粱已不再作为主食,栽培面积减少。自从 2007 年国家开始推广发展纤维素乙醇技术[8],甜高粱种植开始得到重视。但甜高粱的种植条件和其他粮食作物一样,需要大量土地,这就可能会带来与粮争地等潜在问题[10]。木薯的产量在过去 30 年来稳步上升,这主要是

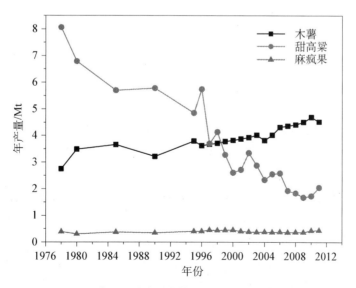

图 9-2　中国三种主要非粮作物的年产量变化趋势

因为木薯除了可食用外,还是生产淀粉的主要原料,更是制造燃料乙醇的重要原料。在广大的市场需求下,木薯的需求量将会进一步增加。麻疯树被提议生产生物柴油的历史较短,当前我国的麻疯树大多是野生林木,且是多年生的物种,故产量相比木薯和甜高粱而言相对较低。但我国也在逐步推广麻疯树人工林,未来产量有望得到提高。

表9-1总结了相关的几种非粮作物2011年的生产情况。其中微藻的种植面积和产量估算通过第4章的潜力评估得来。从几种作物的产量对比来看,甜高粱在我国的种植面积最大,超过50万公顷,年产量为205万吨,单产约为4.1 t/hm²。木薯的种植面积大约为甜高粱的一半,但年产量却为甜高粱的2倍多,故单产较甜高粱高。麻疯树的单产属于中等,微藻每公顷的产量最高,大约为木薯的18倍。

表9-1 2011年中国主要非粮作物生产情况

作物	种植面积/hm²	年产量/t	单产/(t/hm²)
木薯	275 757[11]	4 515 075[11]	16.4
甜高粱	501 360[11]	2 054 316[11]	4.1
麻疯树	83 707[12]	418 535	5[13]
微藻[14]	48	13 915	290

9.1.3 非粮作物燃料路线选择

图9-3总结了我国几种用于生产生物质基液体燃料的生物原料产量分布,包含了甜高粱及麻疯树的产量分布。图中微藻的种植地点选取为海南省,这是因为在第6章的微藻生物柴油潜力分布中,海南省从气候条件和水资源等角度来看,均是最适宜户外开放池培养微藻的地区。微藻平均生长率大约为12.6 g/(m²·d),年产生物柴油可达到4 500 L/hm²。故,海南省的微藻生物柴油路线将是本章中生物质基液体燃料路线水足迹的分析路线之一。

1) 甜高粱乙醇

甜高粱也叫糖高粱,糖黍,珍珠黍,如图9-4所示,它是一种广泛种植的一年生草本作物,也叫"二代甘蔗",主要作为生产糖的原料[15]。甜高粱喜温暖,具有抗旱、耐涝、耐盐碱等特性,在全球大多数半干旱地区都可以生长。对生长的环境条件要求不太严格,对土壤的适应能力强,特别是对盐碱的忍耐力比玉米还强,在pH值5.0～8.5的土壤上甜高粱都能生长。在中国,甜高粱的栽培历史悠久,分布北起黑龙江,南至四川、贵州、云南等省;西自新疆维吾尔自治区,东至江苏、上海等省、市,特别是长江下游地区,尤为普遍。张彩霞等人的测算表明,中国未利用地甜高粱乙醇生产潜力较大,在不考虑其他社会经济限制因素下,总乙醇生产潜力可达

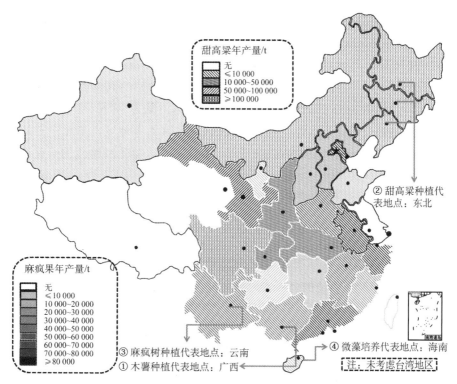

图 9 - 3 中国非粮作物产量分布及代表产地选择

图 9 - 4 甜高粱外形

(a) 整株；(b) 茎秆

11 838.5 万吨,适宜未利用地的甜高粱乙醇生产潜力为 573.4～2 637.8 万吨,可满足中国目前 E20 乙醇汽油 84.8% 的需求[16]。

甜高粱因其具有种植资源丰富、适用范围广、抗逆性强、产量高、茎汁含糖量高、生产成本相对较低等优点,被认为是最有发展潜力的乙醇原料之一。用甜高粱生产乙醇的主要工艺是将甜高粱茎秆中的糖分发酵转化成乙醇。一般来讲,甜高粱可产出 2 t/hm² 的高粱谷粒,同时还能采收 50 t/hm² 的高粱秆,秆中的汁液富含蔗糖、葡萄糖和果糖等成分[17]。甜高粱是高能作物,一亩甜高粱1天合成的碳水化合物可生产 3.2 L 酒精,而玉米只能生产 1.0 L,小麦 0.2 L,甜高粱是玉米和小麦的3.2和16倍。其光合转化率高达 18%~28%。

在我国北方,每公顷甜高粱大约可采收 1.8~5.0 t[18]的高粱谷粒以及 60 t[19]的高粱鲜秆。从图9-3的甜高粱产量分布中可知,内蒙古、吉林、辽宁和黑龙江这些地区的产量最高,其次为四川、贵州、河北、甘肃、陕西等地区。东北三省的甜高粱总产量大约占了全国产量的 65.2%[20]。因此,对甜高粱乙醇路线的研究选取东三省作为代表地区。

目前,国内黑龙江桦川四益乙醇有限公司、内蒙古特弘公司、中兴能源(内蒙古)有限公司等均开发了以甜高粱茎秆为原料生产燃料乙醇的技术,并已在黑龙江、内蒙古、山东、新疆和天津等地开展了燃料乙醇的生产试点。2010 年 4 月,中兴能源(内蒙古)有限公司年产 10 万吨甜高粱茎秆燃料乙醇项目开工建设,经过将近 1 年的调试,年产 3 万吨的燃料乙醇项目试生产成功,每天可处理原料 1 700 吨,生产乙醇 100 吨,产品通过检测,达到了国家相关标准。黑龙江四益乙醇有限公司在黑龙江桦川建成的年产 5 000 t 甜高粱茎秆乙醇的示范工程,是"十五"国家 863 "甜高粱茎秆制取乙醇"项目示范点。虽然甜高粱乙醇在中国已经取得了初步成功,但在原料、成本、技术等方面还是存在一定的障碍,因此,需要结合资源特点从生命周期的角度来进行评估。

2) 木薯乙醇

木薯(见图9-5)是灌木状多年生作物,原产于美洲热带,全世界热带地区均广为栽培。木薯于 19 世纪 20 年代由华侨从马来西亚引入我国,首先在广东省高州一带栽培,随后引入海南岛,逐步由南向北扩散,现已广泛分布于华南地区,以广西、广东和海南栽培最多,福建、云南、江西、四川和贵州等省的南部地区亦有引种试种。木薯有较强的耐旱耐脊能力,在年均温度18℃以上,无霜期8个月以上的山

(a)　　　　　　　　　　　　　(b)

图9-5　木薯外形照片

(a) 植株;(b) 块根

地和平原地区均可种植,最适宜年均气温在 27℃ 左右,日平均温差在 6～7℃,年降雨量在 1 000～2 000 mm 且分布均匀,pH 值在 6.0～7.5 之间,阳光充足,土层深厚,排水良好的土地生长。

图 9 - 6 为我国 1961—2013 年间的木薯种植面积与产量分布趋势[21]。从图中可以看出,我国木薯的产量在过去的半个世纪以来呈现总体平稳上升的趋势,而种植面积的上升速度较快,说明我国木薯的单产在不断提高,种植的技术在不断地进步。2013 年我国的木薯产量约为 460 万吨,在全球的产量排名中居第 15 位。

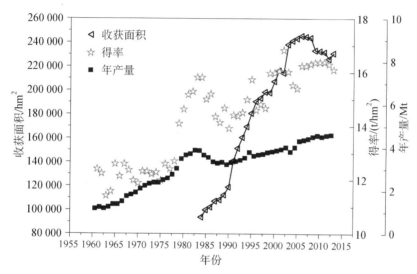

图 9 - 6　我国木薯种植面积与产量分布

从当今我国木薯的分布来看,全国出现了新的发展势头,木薯种植主次产区分布明显,主要划分为琼西-粤西、桂南-桂东-粤中、桂西-滇南以及粤-闽西南这 4 个木薯产业优势区[22]。表 9 - 2 列举了 2010—2011 年间全国木薯的种植情况估计。这个产量相比 FAO 的统计数据来看较为乐观。从种植分布来看,木薯主产区主要包括广西壮族自治区、广东省、海南省和福建省,种植面积已达到全国的 65% 以上,次产区主要为云南省、江西省,近年来发展较快,边缘种植区主要有贵州省、四川省、湖南省、江西省和浙江省等,目前也有不同程度的种植面积。从木薯单产来看,中国木薯每亩单产量基本是在 1～2 吨,江西的单产最高,其次为广西和广东地区。

表 9 - 2　2010—2011 年全国各省区木薯种植估计

省份	种植面积/万亩	产量/万吨	平均亩产/吨
广西	348.6	516	1.5
广东	150	180	1.2

省份	种植面积/万亩	产量/万吨	平均亩产/吨
海南	65	98	小于1.5
云南	55	55	1
江西	15	30	2
总计	633	879	

木薯是富含淀粉的作物,淀粉含量能达到干重的75%[23]。将淀粉转化成乙醇的主要方法是先将淀粉水解为糖,然后再发酵得到乙醇[23]。木薯乙醇的发展是在玉米酒精技术的基础上加以改进的,目前已进入工业化运用阶段。将木薯生产酒精与其他作物相比,有着不可比拟的优势[24]。首先,木薯是非粮农产品,不与粮争地,并且它能耐贫瘠和抗病虫害,一般品种还可抗9级台风,对病虫害的抵抗能力强,同时又符合当前国家生物质能发展战略,有利于保障国家粮食安全和能源安全。其次,用木薯生产乙醇具有很高的经济性。相比甘蔗、甘蔗糖蜜、玉米、小麦、马铃薯等作物,用鲜木薯和木薯干片生产每吨乙醇的成本可降低1000~2000元。从得率来看,每年每公顷可平均产鲜薯24~40 t,而每吨木薯可转化乙醇约150~180 L,相当于每年每公顷木薯的生物乙醇产量可达3600~7200 t[25, 26]。再者,木薯的光、热、水资源利用率高。木薯单位面积的生物产量高于大多数栽培作物,并且木薯的干物率和淀粉含量均比甘薯和马铃薯一类的作物高。

从全国的酒精产出来看,2011年全国酒精总产量615万吨,其中薯类酒精仅为130万吨。2012年全国酒精总产量约为820万吨,较2011年增长约25%,木薯酒精的产量仍维持在原有水平。目前,国内已投产和在建的燃料乙醇年产量规模超过10万吨的大型企业有7家左右,如表9-3所示,生产木薯酒精的主要是广西中粮集团,河南天冠有少量生产,广东中能、浙江燃料乙醇有限公司以及其他10万吨左右的燃料乙醇项目是目前国家发改委批复的正在建设的企业。

表9-3 国内已投产和正在建设的年产15万吨以上的燃料乙醇生产企业

企 业 名 称	原料类型	年产能/万吨	备注
中粮生化能源(肇东)有限公司	玉米、水稻	25	已投产
吉林燃料乙醇有限责任公司	玉米	50	已投产
安徽丰原发酵技术工程研究有限公司	玉米	45	已投产
河南天冠企业集团有限公司	玉米、小麦、木薯	50	已投产
广西中粮生物质能源有限公司	木薯	20	已投产

（续表）

企 业 名 称	原料类型	年产能/万吨	备注
国投广东生物能源有限公司	木薯	15	在建
浙江燃料乙醇有限公司	木薯	30	在建
海南椰岛集团股份有限公司燃料乙醇项目	木薯	10	在建
中石化东乡燃料乙醇项目	木薯	10	在建
贵州紫匀生物科技开发有限公司	芭蕉芋、秸秆	10	在建

在中国，大多数的木薯都是由农户们分散种植。我国木薯产区主要集中广西、广东、海南和云南等地区。广西地处亚热带地区，气温高，多雨，秋旱，非常适宜木薯生长[27]。该地区的木薯种植面积和木薯产量占了全国的 60% 以上[27]。如果深挖生产潜力，用全区 2 500 万亩荒坡旱地种植木薯，并全部推广优良品种，可年产鲜薯 2.5 亿吨。同时，经过这几年的发展，加上政府的重视，广西已形成以加工为主的广西中粮集团生物质能源有限公司、广西明阳生化开发有限公司等木薯产业龙头企业以及一批不同规模的加工、销售、流通企业。因此，选择广西的木薯作物燃料乙醇路线。

3）麻疯树

麻疯树是一种多年生灌木，普遍生长在亚热带地区，株高一般为 2～5 m，常生于海拔 300～1 600 m 的河谷荒山荒坡上，喜光，喜暖热气候，可在降雨量 200～3 800 mm、年均 18～28.5℃ 的环境下生存，对干旱、高热、瘠薄的适应能力极强。麻疯果的含油量因产地而异，一般在 40%～48%[28]。在中国，麻疯树被认为是最有潜力生产生物柴油的陆生作物之一，主要分布在西南地区[29]。据估计，我国西南地区大约有 $1.99 \times 10^6 \, hm^2$ 的适宜土地和 $5.57 \times 10^6 \, hm^2$ 的中等适宜土地可种植麻疯树[29]。云南、四川和贵州三省是麻疯树产量最集中的地区，三省区的种植面积占了全国的 95%，主要集中于云南省[30]。故选取云南的麻疯树作为生物柴油路线。

如上所述，为进一步考察微藻生物柴油的生命周期水足迹，本书中选取了东三省的甜高粱乙醇、广西的木薯乙醇和云南的麻疯树生物柴油等三条生物质基液体燃料路线与微藻生物柴油路线进行对比，研究其生命周期水足迹特点。

9.2　作物生长阶段水足迹计算

在作物生长阶段水足迹计算时，微藻不同于其他三种陆生作物，三种陆生作物是按照作物蒸发蒸腾量计算,主要用 CROPWAT8.0[31]计算。微藻则单独按照物料守恒的原理对工艺进行衡算。

9.2.1 模型代表地点选择

为方便计算,东北三省甜高粱的水足迹是吉林、辽宁和黑龙江三省区的平均值,计算代表地点分别选取长春(海拔 238 m,经度 125.21,纬度 43.9)、沈阳(海拔 43 m,经度 123.43,纬度 41.76)和哈尔滨(海拔 143 m,经度 126.76,纬度 45.75)。木薯的水足迹计算代表地点选择广西南宁(海拔 73 m,经度 108.35,纬度 22.81)。关于麻疯树,袁理春等人[12]以金沙江、澜沧江、怒江为中心,对云南麻疯树资源进行了本地调查,结果表明,全省麻疯树原料基地建设潜力为 700 万亩,其中,昆明市 40 万亩,红河州 250 万亩,楚雄州 120 万亩,思茅市 60 万亩。根据 CLIMWAT 2.0[32],云南地区有思茅、屏边、蒙自、昆明、腾冲及德钦 6 个测试点。考虑到我国数据的可获得性,此处选取昆明(海拔 1 892 m,经度 102.68,纬度 25.01)为代表。海南省微藻水足迹的计算则以海口(海拔 15 m,经度 110.35,纬度 20.03)为基准。

9.2.2 气候条件的确定

计算使用到的气候条件数据包括降雨量、相对湿度、日照时数、气温及风速几项。所选代表地点的这些数据处理过程如下。

9.2.2.1 降雨量的确定

要评定一个地区的降雨量特点,往往用过去 15～30 年间的平均值是较为合理的。但由于国内可获得数据有限,因此,本文以 2008—2012 年间的平均值作为计算依据。降雨量的数据来源于 2008—2012 年的国家统计年鉴[4],如表 9-4～表 9-7 所示。

表 9-4 云南年降雨量分布(2008—2012 年)(mm)

年份	1月	2月	3月	4月	5月	6月	7月	8月	9月	10月	11月	12月	全年
2008	18	35.4	0	39	65.3	86.6	307.9	252.3	64.9	57.3	6	0	933
2009	13.6	12.7	15.7	14.4	94.5	133.5	281.5	203.4	75.4	49.4	82.7	5.4	982
2010	7.1	0	10.7	22.4	51.6	153.8	90.8	169.7	28.3	9.1	21.8	0.5	566
2011	3.4	0	22.1	27.9	43.6	84.3	159.5	215.4	98.8	150.1	34.9	29.1	869
2012	22.2	0	18.6	31.2	29.1	130.3	102.7	57.2	212.9	21	19.7	14.1	659
平均	12.86	9.62	13.42	26.98	56.82	117.7	188.5	179.6	96.1	57.38	33.02	9.82	802

表9-5　广西年降雨量分布(2008—2012年)(mm)

年份	1月	2月	3月	4月	5月	6月	7月	8月	9月	10月	11月	12月	全年
2008	10	27	75	12	129	100	215	231	143	27	16	23	1 008
2009	76	70	19	45	122	301	260	317	188	48	156	24	1 625
2010	8	2	38	114	150	151	241	125	43	75	8	8	963
2011	151	4	9	127	168	282	326	104	162	3	10	32	1 377
2012	14	32	98	78	56	243	103	109	186	313	1	20	1 253
平均	52	27	48	75	125	215	229	177	144	93	38	21	1 245

表9-6　海南年降雨量分布(2008—2012年)(mm)

年份	1月	2月	3月	4月	5月	6月	7月	8月	9月	10月	11月	12月	全年
2008	25	5	31	65	163	90	145	282	233	360	19	3	1 419
2009	36	28	14	54	193	227	165	347	338	901	21	69	2 391
2010	4	15	215	212	245	244	242	427	567	444	6	8	2 628
2011	52	22	8	61	137	113	219	425	109	1 213	65	22	2 445
2012	16	28	45	15	126	337	175	70	307	746	97	39	2 002
平均	26	20	62	81	173	202	189	310	311	733	42	28	2 177

表9-7　东三省年降雨量分布(2008—2012年)(mm)

年份	1月	2月	3月	4月	5月	6月	7月	8月	9月	10月	11月	12月	全年
2008	5.9	10.2	42.6	10.0	63.6	26.8	204.1	131.3	32.9	17.4	11.6	11.9	568.1
2009	0.1	0.6	32.1	42.4	70.3	109.2	186.8	114.1	69.1	17.5	11.0	9.7	663.0
2010	7.4	19.0	13.1	67.8	34.4	129.9	119.4	64.5	23.4	48.4	14.1	16.8	558.1
2011	8.3	17.4	26.8	54.1	142.5	40.0	210.1	233.0	27.7	39.9	59.1	21.5	880.3
2012	1.9	3.9	4.6	23.7	57.0	68.8	143.8	102.8	15.7	25.0	21.7	0.6	469.4
平均	4.7	10.2	23.8	39.6	73.6	74.9	172.8	129.1	33.8	29.6	23.5	12.1	627.8

将上表中的平均年降雨量进行概率处理,结果如图9-7所示。

由图9-7中的公式便可推算出各地区干旱年(Dry)、雨季年(Wet)和正常年(Nor.)的降雨量,三者对应的概率分别为80%、50%和20%。各代表地区的干旱年、雨季年和正常年的降雨量值如表9-8所示。

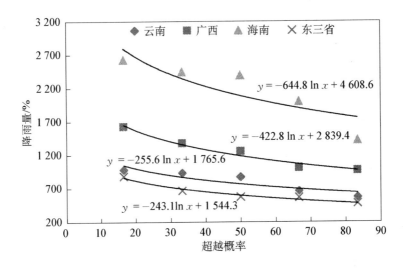

图 9-7 年降雨量概率分布

表 9-8 干旱年、雨季年和正常年的降雨量推算值

	云南	广西	海南	东三省
干旱年/mm	645.6	986.7	1 783.1	479.0
雨季年/mm	999.9	1 572.8	2 677.0	816.0
正常年/mm	765.7	1 185.4	2 086.1	593.3

根据表 9-8 中的年均降雨量,可推算出各地区干旱年和雨季年每个月的降雨量,公式如下:

$$P_{i\_dry} = P_{i\_av} \times \frac{P_{dry}}{P_{av}} \tag{9-1}$$

式中,P_{i_dry} 为干旱年中第 i 个月的月均降雨量(mm);P_{i_av} 为考察年内每个月的平均降雨量(mm);P_{dry} 为干旱年的年降雨量(mm);P_{av} 为考察年内的年均降雨量(mm)。雨季年的计算方法类似。计算结果如表 9-9 所示。

表 9-9 各代表地点正常年、干旱年和雨季年的降雨量(mm)

地点	月份	1月	2月	3月	4月	5月	6月	7月	8月	9月	10月	11月	12月	全年
昆明	Nor.	13	10	13	27	57	118	188	180	96	57	33	10	802
	Dry	10	8	11	22	46	95	152	145	77	46	27	8	646
	Wet	16	12	17	34	71	147	235	224	120	72	41	12	1 000

（续表）

地点	月份	1月	2月	3月	4月	5月	6月	7月	8月	9月	10月	11月	12月	全年
南宁	Nor.	52	27	48	75	125	215	229	177	144	93	38	21	1 245
	Dry	41	21	38	60	99	171	181	141	114	74	30	17	987
	Wet	65	34	60	95	158	272	289	224	182	117	48	27	1 573
海口	Nor.	26	20	62	81	173	202	189	310	311	733	42	28	2 177
	Dry	22	16	51	67	142	166	155	254	255	600	34	23	1 783
	Wet	33	24	77	100	213	249	233	381	382	901	51	35	2 677
东三省	Nor.	5	10	24	40	74	75	173	129	34	30	23	12	628
	Dry	4	8	18	30	56	57	132	99	26	23	18	9	479
	Wet	6	13	31	51	96	97	225	168	44	39	31	16	816

9.2.2.2　相对湿度的确定

同降雨量类似,所选代表地点的相对湿度数据仍是以 2008—2012 年 5 年间的数据作为计算基准[4]。数据处理方法同相对湿度类似。将这 5 年间的平均相对湿度处理可得到如图 9-8 所示的概率分布。

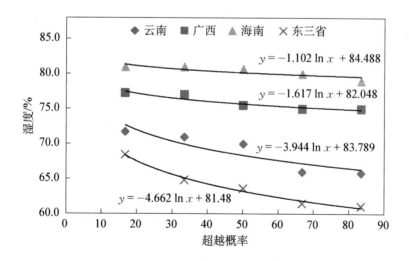

图 9-8　年相对湿度概率分布

同降雨量类似,根据上图便可进一步推算出各地区干旱年和雨季年每个月的相对湿度,如表 9-10 所示。

表 9-10　各代表地点正常年、干旱年和雨季年的相对湿度(%)

地点	月份	1月	2月	3月	4月	5月	6月	7月	8月	9月	10月	11月	12月	全年
昆明	Nor.	66	53	52	59	65	74	78	78	77	78	74	71	69
	Dry	64	52	50	57	63	71	76	75	74	75	72	68	67
	Wet	69	56	54	61	68	77	82	82	80	81	78	74	72
南宁	Nor.	73	74	78	78	76	79	78	79	77	75	73	73	76
	Dry	74	75	79	79	77	80	79	80	78	76	74	74	77
	Wet	76	77	81	80	78	82	81	81	80	77	75	75	79
海口	Nor.	82	84	82	82	79	79	79	82	81	82	76	78	80
	Dry	82	83	81	82	78	78	78	80	80	81	75	78	80
	Wet	83	84	83	83	80	80	79	83	81	82	77	79	81
东三省	Nor.	67	60	56	51	55	63	78	76	66	63	64	66	64
	Dry	64	57	54	49	53	60	75	73	63	60	62	63	61
	Wet	71	63	59	54	58	66	83	80	70	66	68	70	68

9.2.2.3　日照时数的确定

各代表地点日照时数的数据处理同上述降雨量和相对湿度一样,根据中国统计年鉴里 2008—2012 年 5 年间的平均值,处理得到图 9-9 的概率分布。

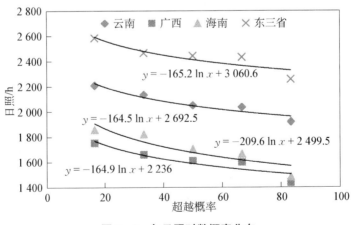

图 9-9　年日照时数概率分布

再由此概率分布,推算出各地区干旱年和雨季年每个月的日照时数,如表 9-11 所示,这些数据作为下一步计算待用。

表 9 - 11　各代表地点正常年、干旱年和雨季年的日照时数(h/d)

地点	月份	1 月	2 月	3 月	4 月	5 月	6 月	7 月	8 月	9 月	10 月	11 月	12 月	全年
昆明	Nor.	6.7	8.5	7.6	7.7	6.2	4.8	3.4	4.1	3.8	4.1	5.7	5.8	5.7
	Dry	6.4	8.1	7.3	7.3	5.9	4.6	3.2	3.9	3.6	3.9	5.4	5.5	5.4
	Wet	7.1	9.1	8.1	8.2	6.6	5.1	3.6	4.3	4.0	4.3	6.0	6.2	6.0
南宁	Nor.	2.2	3.0	2.1	3.0	4.7	4.9	6.5	6.6	6.2	4.9	5.7	3.1	4.4
	Dry	2.1	2.8	2.0	2.8	4.4	4.6	6.1	6.2	5.8	4.6	5.4	2.9	4.1
	Wet	2.4	3.2	2.2	3.2	5.1	5.3	7.0	7.1	6.7	5.3	6.2	3.3	4.8
海口	Nor.	2.2	3.7	3.5	3.7	6.0	6.6	7.7	6.6	5.5	3.6	3.5	3.4	4.7
	Dry	2.0	3.5	3.4	3.5	5.6	6.1	7.1	6.1	5.1	3.3	3.2	3.2	4.3
	Wet	2.4	4.1	3.8	4.1	6.6	7.3	8.4	7.2	6.0	4.0	3.8	3.8	5.1
东三省	Nor.	5.5	6.8	7.2	7.3	7.5	8.0	6.2	7.4	7.9	6.5	5.4	4.7	6.7
	Dry	5.3	6.5	6.9	7.0	7.2	7.6	6.0	7.1	7.6	6.2	5.2	4.5	6.4
	Wet	5.8	7.1	7.5	7.7	7.9	8.4	6.5	7.8	8.3	6.8	5.7	4.9	7.0

9.2.2.4　气温与风速的确定

我国现有的统计年鉴仅对各月的平均气温进行了统计,并没统计每个月的最低温和最高温。统计局的数据中仅有一年中的最低气温和最高气温。实际上,各地区气温总体上变化幅度较小,因此,采用从气象站获得的数据[33],以 2011 年和 2012 年的数据为基准进行计算,处理后的数据如表 9 - 12 所示。

表 9 - 12　各代表地点的气温(℃)

地点	气温	1 月	2 月	3 月	4 月	5 月	6 月	7 月	8 月	9 月	10 月	11 月	12 月	全年
云南	低温	0.5	2.5	2.5	8.5	13.5	14.5	16.5	15.0	13.0	9.0	4.0	1.0	8.4
	高温	18.5	23.0	25.0	26.5	29.0	28.0	28.0	28.0	27.0	25.0	23.0	19.5	25.0
广西	低温	4.5	6.5	7.5	14.5	19.0	23.5	23.5	22.0	16.5	14.5	10.5	2.5	13.8
	高温	18.0	25.5	27.0	33.0	34.5	35.0	35.5	36.0	35.0	32.0	30.0	23.5	30.4
海南	低温	8.5	11.5	12.5	18.5	23.5	24.0	24.0	24.0	22.5	20.5	17.5	9.0	18.0
	高温	25.0	29.0	30.0	34.0	35.5	35.5	35.0	34.0	33.5	30.5	29.5	27.5	31.6
东三省	低温	−27.4	−23.9	−16.8	−5.1	5.6	12.4	17.2	12.4	2.0	−4.7	−19.1	−26.5	−6.2
	高温	−15.6	−8.5	0.2	8.8	18.3	22.9	24.2	21.0	15.6	8.0	−2.7	−14.8	6.4

各地区风速的值参考 FAO 的值,如表 9 - 13 所示。

表 9-13　各代表地点的风速(km/d)

地点	1月	2月	3月	4月	5月	6月	7月	8月	9月	10月	11月	12月	全年
昆明	207	259	268	251	233	199	164	121	130	147	164	173	193
南宁	130	147	156	164	164	164	173	138	121	112	104	112	140
海口	259	277	277	277	242	216	233	199	199	251	259	251	245
东三省	228	241	279	327	312	274	223	198	195	241	258	235	247

9.2.3　作物种植过程主要参数

　　木薯、甜高粱和麻疯树三种陆生作物生长周期各异,作物形态也不同。木薯是灌木状多年生作物,高 2～5 m,主要生长在年均温度 18℃以上,无霜期 8 个月以上的山地及平原地区。木薯生长过程主要经过 4 个阶段:①幼苗期。在气温 21℃以上,木薯植后 7～10 天可发芽出土,植后 60 天为幼苗期。②块根形成期。植后 60～100 天为块根形成期,其中 70～90 天为结薯盛期。植后 90 天,块根的数量和长度已基本稳定,每株通常有 5～9 条,此时,茎叶生长较迅速,株高可达 1 m 以上。③块根膨大期。生产上把块根形成期至采收前的生长过程称为块根膨大期。这时茎叶生长量很大,叶量达到全生长期的最高峰,此后叶片开始脱落,10 月份以后,块根增粗随之减慢,至 11 月下旬叶片大量脱落,块薯基本停止增粗。④块根成熟期。一般植后 9～10 个月,块根已充分膨大,地上部分几乎停止生长,叶片大部脱落,块根也基本停止增粗,含水量减少,这时为块根成熟期,可开始采收。据调查,广西的木薯种植一般在种植后 30～40 天左右,每公顷追施 150 kg 尿素和 300 kg 氯化钾,在种植 3 至 4 个月后,每公顷施加 375 kg 的氯化钾。

　　麻疯树在我国主要集中分布在海拔 1 700 m 以下的干热河谷[12],每年 3 月底至 4 月初萌发,5 月中心果实开始成熟,集中成熟期在 7～9 月,落果期为 11 月中旬。单株坐果最高约 4.6 kg(株龄 6～7 年),株高 4～5.5 m,直径 30～40 cm,冠幅 4～6 m,最大株龄约 30 年。适宜麻疯树生长的土壤主要是石砾质土、沙壤土等。野生的麻疯树在自然条件下能较好地生长,一般无需任何管理。但在大规模人工种植时,一般每 6 个月按照每公顷 40∶100∶40 kg 的 N、P、K 施肥以增加产量[34]。

　　甜高粱在我国分布广泛,主要分布在黑龙江、内蒙古、山东和吉林等地[16]。甜高粱生长主要经历如下几个阶段[18, 35]:①46～53 天左右为伸长拔节期;②83～121 天为开花期;③成熟期集中在 116～160 天。甜高粱的种植过程中一般均需要施肥,否则产量较低。在种植初期[18],首先会施加一定量底肥,包括 48 kg/hm² 的尿素、90 kg/hm² 的磷肥以及 50 kg/hm² 的钾肥。在甜高粱伸长阶段,会施加 48 kg/hm² 的尿素以及 50 kg/hm² 的钾肥作为追肥。最后在开花期再施加 24 kg/hm² 的尿素。采收甜高梁时取采收系数为 0.65,副产品分配比例取 0.863[36]。

9.2.4　作物生长阶段水足迹

利用各代表地点的气候处理数据及作物参数等数据对几种陆生作物生长阶段的水足迹进行计算,结果如表 9 - 14 所示。从表中可以看出,对于绿水的每日蒸散量 ET_g,广西的蒸散量最高,其次为云南,最低的为东三省地区。这主要是与当地的气候条件有关系。广西在这三个区域中最靠近南回归线,作物在这个区域的蒸腾作用相对较为旺盛。而东三省在纬度相对较高的地区,气候比较温和,所以,作物的蒸散量相对较低。蓝水的每日蒸散量 ET_b 相对绿水蒸散量而言较低,这主要是用于灌溉的那部分的蒸发量。云南的麻疯树大多是野生林,即使是大规模人工种植林,在无需大规模灌溉便能较好地生长。而在广西的木薯和东北地区的甜高粱,在降雨量偏少的干旱年得适当进行灌溉,才能保证木薯和甜高粱的产量。因此,在产量一定的情况下,云南地区的麻疯果种植阶段的绿水足迹大约为 155~213 m^3/t,蓝水足迹为 0,广西地区的木薯种植阶段的绿水足迹为 83~95 m^3/t,干旱年的蓝水足迹为 8.7 m^3/t,东三省的甜高粱种植阶段的绿水足迹为 27~33 m^3/t,干旱年的蓝水足迹为 6.28 m^3/t。灰水足迹是由化肥的施用量计算得到,计算公式见式(5 - 14)。淋溶率 α 的值根据文献取 10%[36, 37],污染物在水体中的最大容许浓度参考 GB 3838 - 2002《地表水环境质量标准》[38]。水体中污染物的自然初始浓度假设为 0[3, 39]。如表 9 - 14 所示,云南、广西及东三省种植的麻疯树、木薯及甜高粱的灰水足迹分别为 800 m^3/t,432 m^3/t 以及 339 m^3/t。该值的大小主要跟种植过程中化肥投入量的多少有关。

表 9 - 14　三种陆生作物生长阶段水足迹结果

指标	云南			广西			东三省		
	正常	干旱	雨季	正常	干旱	雨季	正常	干旱	雨季
ET_g/(mm/d)	58.52	49.6	68.11	80.33	70.91	80.85	37.3	30.88	36.31
ET_b/(mm/d)	0	0	0	0	7.44	0	0	7.12	0
CWU_g/ (m^3/hm^2)	914.3	774.9	1 064.1	1 255.0	1 107.8	1 263.1	582.7	482.4	567.3
CWU_b/ (m^3/hm^2)	0.00	0.00	0.00	0.00	116.23	0.00	0.00	111.24	0.00
WF_g/(m^3/t)	182.85	154.98	212.82	94.15	83.11	94.76	32.92	27.26	32.05
WF_b/(m^3/t)	0.00	0.00	0.00	0.00	8.72	0.00	0.00	6.28	0.00
WF_{gr}/(m^3/t)	800.00	800.00	800.00	431.55	431.55	431.55	338.97	338.97	338.97

9.2.5 微藻培养过程水足迹

由于微藻是水生作物,其生长过程不同于上述三种陆生作物,故微藻培养过程的水足迹是按照第 8 章所建立的微藻生物柴油炼厂来计算的。炼厂中的 12 个培养池中,一次培养输入的水资源总量为 144 000 m³,待采收时,大约 24 804 m³ 的微藻进入絮凝池,絮凝后 65% 的水回用至培养池,回用水的体积约为 16 123 m³。根据前述的定义,输入的水资源总量与回用水的差值即为蓝水消耗,换算后每吨绝干藻所消耗的蓝水约为 3 033 m³。该炼厂选取的地区是位于海南,据资料显示[40],该地区的年均蒸发量和降雨量分别为 1 734 mm 和 1 652 mm,即是 4.8 mm/d 和 4.5 mm/d。根据炼厂内培养池和絮凝池的规模,可推算出因蒸发引起的水损失约为 2 313 m³/d,换算后每吨藻的绿水消耗约为 55 m³。微藻培养过程的灰水足迹是根据培养中投入的肥料计算得来,根据前述的灰水计算公式可推知,微藻培养阶段的灰水足迹约为 3 296 m³/t 藻。

9.3 生物燃料加工过程水足迹计算

大多数研究认为,生物燃料加工过程的水足迹对整个生命周期的影响非常小[36, 41]。但往往生物燃料加工厂的水主要是来自对附近河道等流域的取水,取水量的大小及排污情况会对工厂附近的生态造成潜在的影响。因此,对生物燃料生产工厂的水足迹评价,尤其是对生物燃料整个生命周期而言,是必不可少的部分。此处将以我国典型的生物乙醇和生物柴油生产厂为例,探讨生物燃料转化过程的水足迹。

9.3.1 生物乙醇

本书中研究的生物乙醇路线包括木薯乙醇和甜高粱乙醇两条路线。木薯乙醇生产工程的数据主要是来自广西的两家木薯乙醇生产厂。甜高粱乙醇的数据则以我国内蒙古的一家先进固态发酵技术(advanced solid-state fermentation,ASSF)制备乙醇示范厂为例[42]。

1) 木薯乙醇

为进一步了解木薯乙醇生产情况,实地调研了广西木薯发展情况及木薯乙醇生产加工厂。据调查,广西木薯年总产量超过 180 万吨,已形成一批不同规模的木薯加工、销售、流通企业。广西某生物能源公司的(见图 9-10)燃料乙醇项目是广西的木薯加工龙头项目,该项目是按照国家发改委《燃料乙醇及车用乙醇汽油"十一五"期间推广使用专项规划》的要求,配合国家能源战略的重要项目,也是经国家发改委立项批准的国内第一个非粮燃料乙醇项目。项目占地 3.6×10⁵ m²,总投资

13.5亿元人民币,生产规模为燃料乙醇2×10^5t、木薯渣6.7×10^4t、沼气2.4×10^7m³。

图9‑10　广西木薯乙醇加工厂

从广西的两家乙醇加工代表企业进行的调研可知,木薯乙醇加工过程主要包括粉碎、液化、发酵、精馏等几个过程,如图9‑11所示。木薯乙醇加工厂有两条碎粉生产线,一是新鲜木薯粉碎线,另一是干木薯粉碎线。受新鲜木薯采收时节的限制,鲜木薯粉碎线一般在采收季左右开启,时长大约为3～4个月。干木薯粉碎线

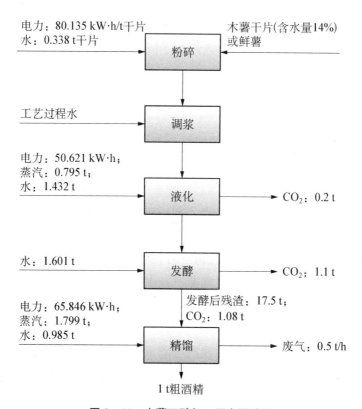

图9‑11　木薯乙醇加工厂主要流程

常年启用,大部分的干木薯片来自于广西本地,剩余的从东南亚越南和泰国等地进口。每生产 1 t 燃料乙醇大约需要消耗鲜薯 7 t,木薯干片 2.8 t。粉碎后的木薯进入到液化工段,当预热至 63～84℃左右时,加入耐高温淀粉酶,经过喷射器后,即送入保温保压罐进入下一工段。在液化罐中,加入 1.18 kg/t 的糖化酶及 1.6 kg/t 的尿素,保持一定时间后,在酒母罐中,加入菌体浓度为 2.0 亿个细胞/mL 的醇母素,采用间歇工艺发酵,使之变成糊精,此时的酒精含量约为 13.5%。加入酸、碱调节 pH 值,并加入 3 kg/罐的青霉素杀菌。随后将液体输入精馏塔中进行 3 段精馏,精馏时间为 6 h 左右,塔顶馏出的酒精纯度约为 99%(体积比)。此段的主要工艺是控制水、酸度和 pH 值。精馏塔底部的废醪液酒精含量在 0.05%以下,经固液分离后,固体用于辊筒干燥,清液除少量回用外,大部分排至厂内的污水处理池。干燥后的固体含水量在 40%左右,除了少量被卖掉外,大部分用于电站锅炉中进行燃烧发电供热,热值大约为 2 000 kJ/kg。中部的废醪液将进入二精塔进行循环,二精塔顶馏出的乙醇体积浓度约为 93%～94%。二精塔出来的酒精将进行分子筛吸附,进一步提高浓度到 94%～99%,然后冷却降温至 30℃左右。最后得到的乙醇将按照国家规定加入适量汽油成为变性乙醇,从而供给中石化或中石油投放至加注站使用。广西生产的燃料乙醇除了能满足广西的加油站外,剩余部分卖至外省。在燃料乙醇生产厂内,每生产 1 t 乙醇大约需要消耗水约 7.60 m^3。在燃料乙醇分配时,每吨乙醇大约需要消耗水 0.18 m^3,电力 2.74 kW·h 以及柴油 9.4 L。

2) 甜高粱乙醇

甜高粱采收后,会运输到附近的燃料乙醇加工厂进行乙醇生产。本书中燃料乙醇生产工厂以位于我国内蒙古的燃料乙醇示范厂为例[42]。该厂采用先进固体发酵技术(ASSF)生产燃料乙醇。固态发酵是指在没有或几乎没有流动水的状态下进行的一种或多种微生物发酵生产乙醇的过程[43]。ASSF 生产工艺如图 9-12 所示[42],主要包括甜高粱秆的粉碎、预热、菌体的准备、发酵、分离以及蒸馏等过程。首先,运输到工厂的甜高粱秆经清洗后,输送至粉碎阶段进行粉碎,粉碎过程中主要消耗电力。随后的甜高粱浆用蒸汽及电力进行预热,到达一定温度后加入菌种进行培养,培养后的液体进入下一步发酵工艺。发酵后的液体进入剥离器进行分离,得到的粗酒精将进一步精馏得到体积浓度为 99.5%的乙醇,分离后的残渣便是副产品酒糟。从这个工艺的物质与能量守恒总过程来看,16 t 的甜高粱秆(含水 70%,含糖 13.5%)可生产大约 1 t 体积含量为 99.5%的乙醇。该过程的物质流如表 9-15 所示。

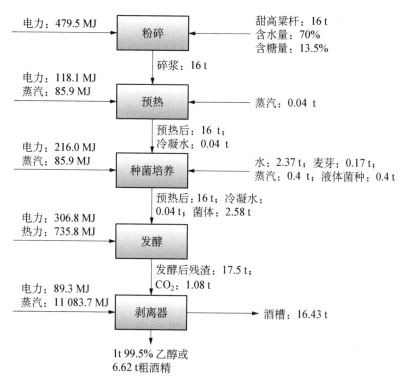

图 9-12　中国甜高粱乙醇加工示范厂的物质与能量的平衡

表 9-15　乙醇生产工厂的物质流

输入/(t/h)		输出/(t/h)	
甜高粱	3.72	粗酒精	1.54
大麦麦芽粉	0.04	酒糟	3.74
液体菌种	0.01	CO_2	0.25
蒸汽	1.31	冷凝水	0.02
水	0.55		

酒精生产过程中产生的副产品酒糟将部分用作饲料,其余部分干燥后用于工厂进行燃烧生产蒸汽供生产使用。在整个 ASSF 工艺过程中,生产 1 t 燃料乙醇大约需要 2.73 m^3 水。

9.3.2　生物柴油

微藻和麻疯果中的油脂提取出来后,通过卡车运输至临近的生物柴油加工厂进行生物柴油的生产。由于国内没有商业化的微藻生物柴油生产,因此,假设微藻生物柴油生产同国内菜籽油、废弃油脂等的生产工艺类似[44]。对于麻疯果生物柴油,酯化反应过程采用均相碱催化方法。碱催化工艺对反应物的纯度比较敏感,因此,需要控制反应物中的水和游离脂肪酸的浓度。碱催化反应工艺流程如图9-13所示[45],主要包括酯交换反应、甲醇回收、水洗、生物柴油精制、中和、甘油精制和废物处理等反应单元。主要过程操作要点如下[45]所述。

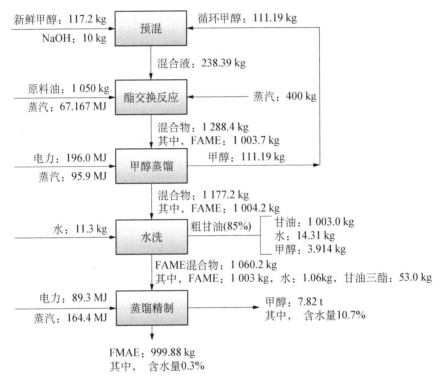

图9-13 碱催化制备生物柴油工艺流程

(1) 酯交换与甲醇回收过程。新鲜甲醇(117 kg/h)与循环甲醇(111 kg/h)和干燥 NaOH(10 kg/h)混合均匀后进入反应器,提取后的油脂也经预热后进入反应器。在反应器中,设定 FAME 的转化率为95%,产生的甘油为副产品。从反应器出来的物料进入到甲醇蒸馏塔中,该塔中采用五级分离,可使甲醇得到较好的分离,回收的甲醇用于回用。塔底的物料经热交换器冷却后送入到洗涤塔中。

(2) 水洗和 FAME 的精制。采用四级水洗塔将 FAME 从甘油、甲醇和催化剂的混合物中分离。需加入 25℃ 左右的水(11 kg/h),塔底的物料中含有 81% 的甘油、8% 的水分、3% 的甲醇和 9% 的 NaOH。塔顶的甲醇和水随真空气体排出。FAME(纯度 99.65%)为一液体馏分。塔底的废物料中仅有少量残留的反应油。

(3) 中和与甘油精制。将富含甘油的物料送入到中和反应器中,加入磷酸中和除去 NaOH，生成 Na_3PO_4 后，在重力分离器中分离出去。中和后可得到 85％ 的甘油，可将此甘油进一步蒸馏得到浓度较高的甘油（92％）。

（4）废物处理。精馏塔底或冷凝器等出来的无效组分可进一步回收利用。如甘油精制塔顶出来的冷凝水等可代替新鲜水作为洗涤剂回用。FAME 精馏塔底的固体废物可回收利用为肥料。这些回用过程一方面可减少废物处理的负荷，同时还可节省生产成本。

对上述工艺过程进行物料守恒计算可知，在回用了冷凝水等工艺水后，每生产 1 t 生物柴油，大约需要 0.02 m^3 的新鲜水。

9.4　水足迹结果比较

在对四条生物燃料路线进行生命周期水足迹比较时，除了评价生物质的作物生长阶段和燃料转换阶段外，还需对作物采收后的运输、燃料生产后的运输分配及生物燃料的使用等阶段的水足迹进行评价。对作物和生物柴油的运输及分配，假设采用中型卡车进行短距离运输，平均运输距离采用表 7-6 中的我国 2013 年公路运输货物平均距离。运输分配环节的水资源消耗量假设为 0.18 m^3/t[44]。汽车运行阶段的水足迹假设为 0。

9.4.1　各阶段水足迹比较

表 9-16 总结了四条生物燃料路线的各个生产阶段的水足迹，包括蓝水足迹、绿水足迹、灰水足迹和生命周期水足迹。此外，还将各种水足迹细分成直接水足迹和间接水足迹。直接水足迹指的是每个生产过程因直接消耗水资源引起的水足迹，间接水足迹指的是各个生产过程中因投入的能源、辅料等物质在它们各自的获取过程中引起的间接水消耗。过程物质输入带来的间接水耗被看作是蓝水消耗，因为这些物质获取过程中的水主要来自于流域取水。

在作物种植阶段，四种生物燃料的直接水足迹因物种而呈现较大的差异，总的直接水足迹范围在 3 713～31 361 m^3/t。种植阶段各条生物燃料路线总的间接水足迹相差较小，为 20～41 m^3/t。因此，作物种植阶段总的水足迹范围为 3 700～31 351 m^3/t。三种陆生作物（木薯、甜高粱和麻疯果）运输阶段的总水足迹均为 0.23 m^3/t，由于微藻在培养后直接用于提取油脂，如第 8 章所示，故不需要运输微藻。在燃料转化阶段，木薯乙醇生产厂的总水足迹为 12.75 m^3/t，甜高粱乙醇生产厂的总水足迹为 8.25 m^3/t，麻疯果生物柴油酯化过程的总水足迹为 12.48 m^3/t，微藻生物柴油转化过程的总水足迹为 10.18 m^3/t。对于生物燃料运输与分配阶段，水足迹仅与运输的交通工具有关，故四条生物燃料路线的水足迹均相同，为 0.23 m^3/t。同理，汽车运行阶段均不对水足迹作贡献。

表 9-16　各条生物燃料路线的直接、间接及生命周期水足迹

生物燃料	过程	直接水足迹(m³/t)				间接水足迹(m³/t)				生命周期水足迹(m³/t)			
		WF_b	WF_g	WF_{gr}	合计	WF_b	WF_g	WF_{gr}	合计	WF_b	WF_g	WF_{gr}	合计
木薯乙醇（CBE）	作物种植	0	659	3 021	3 680	20	0	0	20	20	659	3 021	3 700
	作物运输	0.18	0	0	0.18	0.048	0	0	0.048	0.228	0	0	0.23
	燃料转化	6.33	0	0.14	6.47	1.56	0	4.72	6.28	7.89	0	4.86	12.75
	燃料运输	0.18	0	0	0.18	0.048	0	0	0.048	0.18	0	0	0.23
	汽车运行	0	0	0	0	0	0	0	0	0	0	0	0
甜高粱乙醇（SBE）	作物种植	0	1 514	15 597	17 112	40.29	0	0	40.29	40.29	1 514	15 597	17 152
	作物运输	0.18	0	0	0.18	0.048	0	0	0.048	0.228	0	0	0.23
	燃料转化	2.37	0	1	3.37	1.34	0	3.54	4.88	3.71	0	4.54	8.25
	燃料运输	0.18	0	0	0.18	0.048	0	0	0.048	0.18	0	0	0.23
	汽车运行	0	0	0	0	0	0	0	0	0	0	0	0
麻疯树生物柴油（JBD）	作物种植	0	960	4 201	5 161	24.1	0	0	24.1	24.1	960	4 201	5 185
	作物运输	0.18	0	0	0.18	0.048	0	0	0.048	0.228	0	0	0.23
	燃料转化	0.26	0	0.14	0.40	2.24	0	9.85	12.08	2.50	0	9.99	12.48
	燃料运输	0.18	0	0	0.18	0.048	0	0	0.048	0.18	0	0	0.23
	汽车运行	0	0	0	0	0	0	0	0	0	0	0	0
微藻生物柴油（MBD）	微藻培养	15 244	263	15 803	31 310	41	0	0	41	15 285	263	15 803	31 351
	油脂运输	0	0	0	0	0	0	0	0	0	0	0	0
	燃料转化	0.35	0	0.15	0.50	9.68	0	0	9.68	10.03	0	0.15	10.18
	燃料运输	0.18	0	0	0.18	0.048	0	0	0.048	0.18	0	0	0.23
	汽车运行	0	0	0	0	0	0	0	0	0	0	0	0

蓝水、绿水和灰水三种水足迹之间也存在较大的差异性。从作物种植阶段来看，对于木薯乙醇，种植阶段的灰水足迹为 3 021 m³/t，占总水足迹的 81.5%，绿水足迹为 659 m³/t，占总水足迹的 17.8%，蓝水足迹最小，占总水足迹的 0.5%。对于甜高粱乙醇，种植阶段的灰水足迹为 15 597 m³/t，占总水迹的 90.9%，绿水足迹为 1 514 m³/t，占总水迹的 8.8%，蓝水足迹为 40 m³/t，仅占总水足迹的 0.3%。对于麻疯树生物柴油，种植阶段的灰水足迹为 4 201 m³/t，占总水迹的 81.0%，绿水足迹为 960 m³/t，占总水迹的 18.5%，蓝水足迹为 24.1 m³/t，仅占总水迹的 0.5%。对于微藻生物柴油，在微藻培养阶段，灰水足迹为 15 803 m³/t，占总水迹的

50.4％,绿水足迹为 263 m³/t,占总水迹的 0.8％,蓝水足迹为 15 285 m³/t,占水足迹的 48.8％。微藻培养过程的绿水足迹贡献最大,这主要是因为微藻培养过程中消耗了大量的新鲜淡水。在燃料转化阶段,四条生物燃料路线的绿水足迹均为 0。木薯乙醇的蓝水和灰水足迹分别为 7.83 和 143 m³/t,灰水足迹占了 94.8％。甜高粱乙醇的蓝水和灰水足迹分别为 3.71 和 1 m³/t,蓝水足迹占 78.8％。麻疯树生物柴油转化过程的蓝水足迹为 2.01 m³/t,占 93.5％,微藻生物柴油转化过程中蓝水足迹占 98.6％。即在燃料转化阶段,相比其他两种水足迹来说,蓝水足迹对总水足迹贡献最大。

9.4.2　生命周期水足迹比较

图 9-14 比较了四条生物燃料路线的生命周期水足迹,其中图 9-14(a)是以每吨生物燃料为单位,9-14(b)是以每吉焦生物燃料为单位。对生物乙醇路线来说,木薯生物乙醇和甜高粱生物乙醇的生命周期水足迹分别为 3 713 和 17 160 m³/t。不论是以每吨生物乙醇来计量,还是以每吉焦生物乙醇来衡量,甜高粱乙醇的生命周期水足迹均比木薯乙醇高。两条生物柴油路线中,麻疯树生物柴油和微藻生物柴油的生命周期水足迹分别为 5 198 和 31 361 m³/t。同样,两种不同单位计量方式的水足迹结果中,微藻生物柴油的生命周期水足迹均高出麻疯树生物柴油。从每吉焦生物燃料的生命周期水足迹结果来看,如图 9-14(b)所示,麻疯树生物柴油的生命周期水足迹最低,其次为木薯乙醇,甜高粱乙醇和微藻生物柴油的水足迹最大,且两者的生命周期水足迹相当。经粗略估算,我国传统汽柴油路线的生命周期水足迹平均分别为 5.44 m²/t 和 4.62 m³/t,这四条生物燃料路线的生命周期水足迹均比传统汽柴油路线高出很多。这一是因为生物燃料路线从种植到转化过程经历的生产链较长,二是由于生物质获取过程消耗了大量的水资源。

由图 9-14 可知,四条生物燃料路线中,灰水是对生命周期水足迹贡献最大的。木薯乙醇、甜高粱乙醇、麻疯树生物柴油和微藻生物柴油各自的灰水足迹占其生命周期水足迹的比例分别为 81.4％、90.9％、81.0％和 50.4％;绿水足迹分别占的比例为 17.7％、8.8％、18.5％和 0.8％;蓝水足迹分别为 0.9％、0.3％、0.5％和 48.8％。三种陆生作物的灰水足迹比例较高的原因是在木薯、甜高粱和麻疯树生长阶段施用了大量的化肥,导致灰水足迹相对较高。对微藻来说,不但培养过程中使用的大量肥料带来了高的灰水足迹,而且新鲜淡水的使用也同时造成了微藻较高的蓝水足迹。

从这四条生物燃料路线中可得出一致的结论是,不论哪种作物,在规模化大量种植时,因施用化肥等营养物带来的灰水足迹是影响最大的,降低化肥施用量可显

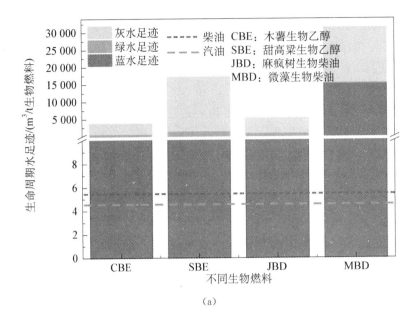

（a）

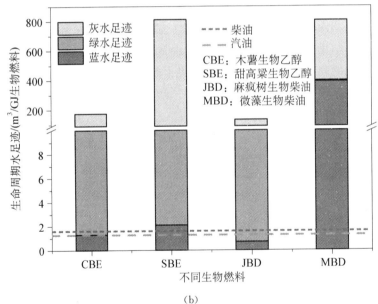

（b）

图9‑14 不同生物燃料路线生命周期水足迹

（a）每吨生物燃料的生命周期水足迹；（b）每吉焦生物燃料的生命周期水足迹

著降低生物燃料生命周期水足迹。若木薯、麻疯树这两种作物在种植过程中均采取农户散养的方式，而不进行规模化集约种植，这样就不会使用大量的肥料以促进其生长。这种情况下，这两种作物生产过程中的灰水足迹就大大降低。但对于木薯、甜高粱和麻疯树而言，降低化肥的施用量可能意味着作物产量的降低，产量的降低会引起生物燃料产量的减少,因此,降低化肥的施用量不是降低三种陆生作物灰水足迹的有效手段。对于微藻生物柴油而言,降低化肥的绝对使用量可通过其他方法来实现,如联合富含N、P的废水进行培养,不但可降低微藻对营养物的依赖,还可减少新鲜淡水的使用,达到净水的目的,从而进一步降低水足迹。但联合废水培养也有可能会带来其他问题,如废水中的微生物可抑制微藻生长、残留的有害物质会对微藻燃料下游处理带来困难等,这需要进一步的研究。

总的来看,从生命周期水足迹的角度来说,广西的木薯乙醇和云南的麻疯树生命柴油是可行的,东三省的甜高粱乙醇和云南的微藻生物柴油水足迹强度较大。根据第3章各地区可获得水资源来看,这些地区尚有足够的水资源来维持这些燃料的生产。因此,提出的四条生物燃料路线在中国的推广发展从水足迹的角度来看是可行的。

9.4.3　国内外水足迹结果比较

表9-17总结了国内外相关生物燃料水足迹的研究结果,并与本书的结果进行了对比。Hoekstra 等人[46]根据全球13种主要农作物的产量及作物中的主要成分含量,计算了蓝水和绿水足迹,结果发现,生物乙醇的水足迹普遍比生物柴油的水足迹低,生物乙醇的水足迹为 1 758～12 429 m³/t,而生物柴油的则是 15 541～22 641 m³/t。本书的结果与之相比均较高,这是因为定义的生物燃料考察路径不一样,包含了生物燃料的各个生命周期阶段。Batan 等人[47]所考察的美国微藻生物柴油的水足迹为 94～3 485 m³/t,该结果相对较低,主要原因在于 Batan 等的研究是采用封闭式光生物反应器培养微藻,且没有考虑灰水足迹,这就大大降低了微藻生物柴油的水足迹。而本书中的研究是针对开放池培养系统,且考虑了微藻生物柴油的生命周期灰水足迹,所以导致结果差异较大。同样,Jia Yang 等[48]的研究中虽然也是针对开放池培养微藻,并考虑了培养过程中不同的水回用率对水足迹的影响,所得到的微藻生物柴油水足迹仅为 3 726 m³/t,比本书中的研究结果低很多,原因在于该研究中也没考虑灰水足迹。Elena 等[49]研究的对象包括56%的小麦乙醇和44%的大麦乙醇以及60%的葵花籽生物柴油和40%的油菜生物柴油等,结果表明,生物乙醇和生物柴油的水足迹分别是 1 281～2 237 m³/t 和 1 487～5 029 m³/t,该结果仍比本书中的研究结果低,主要原因仍是在计算生物燃料的实际水需求时未考虑灰水足迹。M. Wu 等人[37]在估算美国主要玉米产区的玉米秆乙醇生命周期水足迹时,纳入了灰水进行考虑,可看出其结果与本书中的木薯乙醇相差不大,但相比甜高粱乙醇则偏低,这主要是因为各地区的化肥投入量、气候资源环境、过程能源投入等的不同引起的。

总的来看,所研究的生物燃料系统边界及肥料投入量等是造成水足迹结果差异的主要原因。并且,不同地区间的气候和资源差异也会给水足迹结果带来不同的影响。因此,各地发展生物燃料时,应因地制宜地结合当地实际情况进行系统分析。

表 9-17　生物燃料生命周期水足迹结果对比

燃料类型	研究地区	水足迹/(m³/t)	文献来源
木薯乙醇	中国广西	3 713	—
甜高粱乙醇	中国东北	17 160	—
麻疯树生物柴油	中国云南	5 198	—
微藻生物柴油	中国海南	31 361	—
微藻生物燃料	美国	94～3 485	Liaw Batan 等[47]
微藻生物柴油	美国	3 726	Jia Yang 等[48]
微藻生物柴油	美国	5 774	Laura B. Brentner 等[50]
玉米秆乙醇	美国	1 024～3 283	M. Wu 等[37]
生物乙醇	美国	6～2 708	Chiu 等[41]
生物乙醇	全球	1 758～12 429	Hoekstra 等[46]
生物乙醇	西班牙	1 281～2 237	Elena 等[49]
生物柴油	西班牙	1 487～5 029	Elena 等[49]
生物柴油	全球	15 541～22 641	Hoekstra 等[46]
菜籽油生物柴油	中国	9 064	邢爱华等[44]
麻疯树生物柴油	中国	12 306	邢爱华等[44]
地沟油生物柴油	中国	1.97	邢爱华等[44]

9.5　小结

基于本书第 5 章建立的水足迹评价模型及第 8 章建立的微藻生物柴油生产工厂,本章首先评估了我国生物质基液体燃料的发展框架,选取了四条典型的生物质基液体燃料发展路线,并通过对典型生物燃料生产地实地调研的方式,结合各地的气候条件及资源特点,评价了各条生物燃料路线的生命周期水足迹。在此基础上,主要得到如下结论:

(1) 从全国各地的产量和气候特点来看,广西的木薯乙醇、东三省的甜高粱乙醇、云南的麻疯树生物柴油及海南的微藻生物柴油是近期中国几种典型的生物质基液体燃料发展路线。

（2）木薯乙醇、甜高粱乙醇、麻疯树生物柴油和微藻生物柴油的生命周期水足迹分别为 3 713、17 156、5 198 和 31 361 m³/t。从每吉焦生物燃料的生命周期水足迹来看，水足迹最低的是麻疯树生物柴油，其次为木薯乙醇，甜高粱乙醇和微藻生物柴油的水足迹最大，且两者相当。对每条生物燃料路线而言，作物种植阶段对生命周期水足迹的贡献最大。

（3）三种陆生作物制备生物燃料的生命周期水足迹中，相比蓝水和绿水足迹而言，灰水足迹占总水足迹的比例均在 80％以上。微藻生物柴油路线中，灰水和蓝水足迹的比例各占 50.4％和 48.8％。

（4）化肥等营养物的大量投入是造成高水足迹的主要原因。减少肥料的使用可显著降低灰水足迹。如微藻在培养过程中联合废水培养，不但可降低灰水足迹，还能减少新鲜淡水的使用，从而降低蓝水足迹。

参考文献

［1］ Ishola M M, Brandberg T, Sanni S A, et al. Biofuels in Nigeria：A critical and strategic evaluation ［J］. Renewable Energy, 2013,55:554-560.

［2］ Dominguez-Faus R, Powers S E, Burken J G, et al. The water footprint of biofuels：A drink or drive issue? ［J］. Environ. Sci. Technol. , 2009,43(9):3005-3010.

［3］ Mekonnen M M, Hoekstra A Y. The green, blue and grey water footprint of crops and derived crop products ［J］. Hydrology and Earth System Sciences, 2011,15(5):1577-1600.

［4］ 国家统计局. 中国统计年鉴 2012［M］.北京:中国统计出版社,2013.

［5］ 国家统计局. 环境统计数据 2011［DB/OL］.北京:国家统计出版社,2013-09-16. http://www. stats. gov. cn/tjsj/qtsj/hjtjzl/hjtjsj2011/.

［6］ 国家能源局.生物质能发展"十二五"规划［R］.北京:国家能源局,2012.7.

［7］ 谢光辉,张宝贵,刘宏曼,等.世界主要国家生物燃料产业政策报告［R］.北京:中国农业大学 & 能源基金会,2014.

［8］ 国家发展和改革委员会.可再生能源中长期发展规划［R］.北京:国家发展和改革委员会,2007.

［9］ 国务院办公厅. 能源发展战略行动计划（2014—2020 年）［EB/OL］.（2014-11-19）http://www. gov. cn/zhengce/content/2014-11/19/content_9222. htm.

［10］ Rawat I, Ranjith Kumar R, Mutanda T, et al. Biodiesel from microalgae：A critical evaluation from laboratory to large scale production ［J］. Applied Energy, 2013,103:444-467.

［11］ FAO. FAOSTAT-Agriculture ［DB/OL］. Rome, Italy：Food and Agriculture Organization, 2013-06-08. http://faostat3. fao. org/home/index. html#HOME.

[12] 袁理春,张磊,何璐,等.云南麻疯树资源本底调查与分析[J].中国热带农业,2011,(06):36-39.

[13] 欧训民.中国道路交通部门能源消费和GHG排放全生命周期分析[D].北京:清华大学,2010.

[14] 张庭婷,谢晓敏,黄震.中国微藻生物柴油生产潜力分布特征分析[J].太阳能学报,2014.

[15] Eggleston G, Cole M, Andrzejewski B. New commercially viable processing technologies for the production of sugar feedstocks from sweet sorghum (sorghum bicolor L. Moench) for manufacture of biofuels and bioproducts [J]. Sugar Tech., 2013:1-18.

[16] 张彩霞,谢高地,李士美,等.中国能源作物甜高粱的空间适宜分布及乙醇生产潜力[J].生态学报,2010,(17):4765-4770.

[17] Dutra E D, Neto A G B, de Souza R B, et al. Ethanol production from the stem juice of different sweet sorghum cultivars in the State of Pernambuco, Northeast of Brazil [J]. Sugar Tech., 2013:1-6.

[18] Zhao Y L, Dolat A, Steinberger Y, et al. Biomass yield and changes in chemical composition of sweet sorghum cultivars grown for biofuel [J]. Field Crops Res., 2009,111(1-2):55-64.

[19] Zhang C, Xie G, Li S, et al. The productive potentials of sweet sorghum ethanol in China [J]. Applied Energy, 2010,87(7):2360-2368.

[20] 中华人民共和国农业部.中国农业统计资料2010[M].北京:中国农业出版社,2011.

[21] FAO. FAOSTAT-Agriculture [DB/OL]. Rome, Italy: Food and Agriculture Organization, 2014-09-23. http://faostat3.fao.org/home/index.html#HOME.

[22] 韦本辉.中国木薯栽培技术与产业发展[M].北京:中国农业出版社,2008.

[23] Yu S, Tao J. Energy efficiency assessment by life cycle simulation of cassava-based fuel ethanol for automotive use in Chinese Guangxi context [J]. Energy, 2009,34(1):22-31.

[24] 朱睿,朱国辉,刘俐,等.木薯乙醇产业发展状况[C].第二届全国研究生生物质能研讨会,2007.

[25] Okudoh V. The potential of cassava biomass and applicable technologies for sustainable biogas production in South Africa: A review [J]. Renewable & sustainable energy reviews, 2014,39:1035-1052.

[26] Babel M S, Shrestha B, Perret S R. Hydrological impact of biofuel production: A case study of the Khlong Phlo Watershed in Thailand [J]. Agric. Water Manage., 2011, 101(1):8-26.

[27] 冯献,詹玲.广西木薯生物质燃料产业链效益分析——基于广西桂平市木薯产业链的典型调查[J].中国热带农业,2009,(02):19-22.

［28］ Akminul Islam A K M，Primandari S R P，Yaakob Z，et al. The properties of jatropha curcas seed oil from seven different countries ［J］. Energy Sources，Part A：Recovery，Utilization and Environmental Effects，2013，35(18)：1698 - 1703.

［29］ Liu L，Zhuang D，Jiang D，et al. Assessment of the biomass energy potentials and environmental benefits of Jatropha curcas L. in Southwest China ［J］. Biomass Bioenergy，2013，56：342 - 350.

［30］ 吴伟光，黄季焜，邓祥征. 中国生物柴油原料树种麻疯树种植土地潜力分析［J］. 中国科学(D辑：地球科学)，2009，(12)：1672 - 1680.

［31］ FAO. 'CROPWAT 8. 0 model'［DB/OL］. Rome，Italy：Food and Agriculture Organization，2013 - 07 - 10. http：//www. fao. org/nr/water/infores_databases_cropwat. html.

［32］ FAO. 'CLIMWAT 2. 0 database'［DB/OL］. Rome，Italy：Food and Agriculture Organization，2013 - 07 - 10. http：//www. fao. org/nr/water/infores_databases_climwat. html.

［33］ Eing C，Goettel M，Straessner R，et al. Pulsed electric field treatment of microalgae-benefits for microalgae biomass processing ［J］. IEEE Transactions on Plasma Science，2013，41(10)：2901 - 2907.

［34］ 鞠丽萍，陈彬，杨志峰，等. 麻疯果油为原料的生物柴油生产全过程能值分析［J］. 生态学报，2010，30(20)：5646 - 5652.

［35］ 严洪冬，焦少杰，王黎明，等. 黑龙江省甜高粱种质资源鉴定与评价［J］. 黑龙江农业科学，2013，(03)：3 - 6.

［36］ Chiu Y W，Wu M. Assessing county-level water footprints of different cellulosic-biofuel feedstock pathways ［J］. Environ. Sci. Technol. ，2012，46(16)：9155 - 9162.

［37］ Wu M，Chiu Y，Demissie Y. Quantifying the regional water footprint of biofuel production by incorporating hydrologic modeling ［J］. Water Resour. Res. ，2012，48 (10).

［38］ 环境保护部. GB 3838 - 2002 地表水环境质量标准［S］. 2002.

［39］ Hoekstra A Y，Chapagain A K，Aldaya M M，et al. The Water Footprint Assessment Manual：Setting the Global Standard ［M］. London，UK：Earthscan：2011.

［40］ 张黎明，魏志远，漆智平. 近 30 年海南不同地区降雨量和蒸发量分布特征研究［J］. 中国农学通报，2006，(04)：403 - 407.

［41］ Chiu Y W，Walseth B，Suh S. Water embodied in bioethanol in the United States ［J］. Environ. Sci. Technol. ，2009，43(8)：2688 - 2692.

［42］ Li S，Li G，Zhang L，et al. A demonstration study of ethanol production from sweet sorghum stems with advanced solid state fermentation technology ［J］. Applied Energy，2013，102：260 - 265.

［43］ 韩冰，王莉，李十中，等. 先进固体发酵技术(ASSF)生产甜高粱乙醇［J］. 生物工程学

报,2010,(07):966-973.

[44] 邢爱华,马捷,张英皓,等.生物柴油全生命周期资源和能源消耗分析[J].过程工程学报,2010,10(2):314-320.

[45] 吴谋成.生物柴油[M].北京:化学工业出版社,2008.

[46] Gerbens-Leenes W, Hoekstra A Y, van Der Meer T H. The water footprint of bioenergy [C]. Proceedings of the National Academy of Sciences of the United States of America, 2009,106(25):10219-10223.

[47] Batan L, Quinn J C, Bradley T H. Analysis of water footprint of a photobioreactor microalgae biofuel production system from blue, green and lifecycle perspectives [J]. Algal Research, 2013.

[48] Yang J, Xu M, Zhang X, et al. Life-cycle analysis on biodiesel production from microalgae: Water footprint and nutrients balance [J]. Bioresour. Technol., 2011, 102(1):159-165.

[49] Elena G D C, Esther V. From water to energy: The virtual water content and water footprint of biofuel consumption in Spain [J]. Energy Policy, 2010, 38(3): 1345-1352.

[50] Brentner L B, Eckelman M J, Zimmerman J B. Combinatorial life cycle assessment to inform process design of industrial production of algal biodiesel [J]. Environ. Sci. Technol., 2011,45(16):7060-7067.

第 10 章 主要结论与政策建议

10.1 主要结论

近十年来能源价格飙升、温室效应加剧、能源供需形势严峻,使得能源和环境问题成为全球共同关注的焦点。随着科技的快速发展,替代能源也已逐步走上能源的舞台并受到关注。在我国全面叫停粮食基生物燃料的背景下,发展非粮生物燃料成为开发新能源的重要路线,也是我国《生物质能发展"十二五"规划》的核心思想。微藻作为一种新兴的生物质资源,因其具有生长速度快、产油效率高、占地面积小等优点被认为是第三代生物燃料。利用微藻等非粮生物质进行生物能源的生产具有重要的现实意义,但需结合我国的资源特点进行系统的评估。评定一种生物燃料的发展对环境社会的影响,需从生命周期的角度对生物燃料生产的完整产业链进行系统分析,这才能真正体现出该燃料从"生产到消亡"的整个过程对环境社会的影响,也是利用生命周期进行各类评价分析的意义所在。

本书在建立了微藻生命周期能源消耗、环境排放和水足迹评价方法的基础上,首先结合我国各个地区的资源特点及气候特征,利用微藻生长模型,分析了中国各个地区发展微藻生物柴油的潜力。然后根据微藻生物柴油潜力分布特征,选取典型的微藻生长地区,设计了一个微藻生物柴油综合炼厂模型,并从生命周期的角度对微藻生物柴油进行能源消耗和环境排放的评价,同时还将该炼厂的思想扩大至我国其他地区,并探讨不同地区微藻生物柴油的能效及温室气体排放。本书最后从水足迹的角度出发,将微藻生物柴油与我国当前正全面推广的几种非粮燃料路线进行了系统的对比分析。得到的主要结论如下:

(1) 微藻生物柴油理论计算表明:利用户外开放式跑道池培养微藻时,我国微藻生物质年均生长率在冬季时大约为 9.1 g/(m² · d),夏季时平均生长率大约为 15.6 g/(m² · d);结合当地光照、水温等气候条件,我国东北及北方大部分区域不适合发展开放池培养微藻;我国中部的大部分区域,微藻生物柴油年产量约为 3 000~4 200 L/hm²,南部沿海地区每公顷的年产量为 4 200~5 000 L。即我国适宜开放式跑道池培养微藻的区域主要集中在中南部大部分区域,特别是我国东南沿海地带和海南这些地区。

(2) 设计的微藻生物柴油综合炼厂模型,包括微藻的高得率培养反应池、微藻采收、微藻脱水、油脂提取、厌氧发酵等单元。该生物综合炼厂占地约 96 hm²,日产微藻约 34 t(干重)。若采用设计的微藻生物柴油综合炼厂模型且以全国平均电力结构为基础进行分析,结果表明:与传统柴油相比,微藻生物柴油的全生命周期石油资源消耗和 GHG 排放分别比传统柴油的减少 96.2% 和 23.6%。对微藻生物柴油的生命周期能耗与环境排放分析可知,微藻脱水是能耗和 GHG 排放最集中的过程,其次为培养过程和油脂提取过程,油脂的运输过程对能耗和 GHG 排放的贡献很小。

(3) 通过设定不同电力构成情景进行研究分析,发现电力结构对微藻生物柴油的全生命周期能耗和 GHG 排放结果有较大影响。降低电力结构中化石燃料的发电比例,可降低微藻生物柴油的全生命周期能耗和 GHG 排放。例如,当煤电比例为 70% 时,微藻生物柴油的 GHG 排放相比以全国平均电力结构为基础的结果减少约 22.6%,当煤电比例降至 50% 时,微藻生物柴油的 GHG 排放减少 86.4%,当全为可再生电力时,GHG 排放则减少近 2 倍。电力结构的"绿色化"会使微藻生物柴油成为更为低碳的清洁替代燃料。

(4) 从我国几个代表区域的微藻生物柴油化石能源消耗和 GHG 排放分析可知,微藻生物柴油的化石能源消耗和 GHG 排放与各地区的电力结构及微藻生长率密切相关。火电比例越高的地区,所投入的化石燃料越多,GHG 排放也就越多。从化石能源消耗和 GHG 排放的角度考虑,由于电力结构中呈现火电比例较低、水电等可再生电力比例相对较高的特点,海南、两广及福建沿海地区以及浙江安徽等地均适合发展微藻生物柴油。

(5) 从水足迹的分析角度可知,木薯乙醇、甜高粱乙醇、麻疯树生物柴油和微藻生物柴油的生命周期水足迹分别为 3 713、17 160、5 198 和 31 361 m³/t。对每条生物燃料路线而言,作物种植阶段对生命周期水足迹的贡献最大。从水足迹构成形式来看,三种陆生作物制备生物燃料的生命周期水足迹中,相比蓝水和绿水足迹而言,灰水足迹占总水足迹的比例均在 80% 以上。微藻生物柴油路线中,灰水和蓝水足迹的比例各占 50.4% 和 48.8%。化肥等营养物的大量投入是造成高水足迹的主要原因,减少肥料的使用可显著降低灰水足迹。利用废水培养微藻也可减少微藻生物柴油的灰水和蓝水足迹。

由国内外的发展现状可见,微藻作为第三代生物燃料的原料来源,虽然目前尚未实现工业化生产,但其发展方向得到了国内外科研工作者及政府机构的多方面肯定。未来还应利用综合炼厂的思想,加强生物燃料综合产业体系建设。因为单一的生物燃料生产路线很难在经济性上取得优势。这需要在充分技术论证和经济分析的基础上,以综合炼厂的建设为主线,扩大生物燃料生产的产业链,充分利用生物质的每种组分。如在利用微藻作为生物燃料的原料时,除了得到主线产品生物柴油外,还应将微藻剩下的蛋白质、碳水化合物等组分充分利用,同时因地制宜,回收利用高能耗企业排放的 CO_2 作为碳源,利用废水处理厂的废水为微藻生长提供水资源和部分营养物,以此真正实现绿色低碳。

10.2　政策建议

大力发展可替代能源,尤其是生物燃料,不仅可有效解决全球能源危机,也能推动我国实现生态文明建设。对于我国来说,车用燃料的总体发展战略是多元化发展可替代传统化石燃料的车用生物燃料。具体的发展路径和实施过程应是按照重叠递进的方向进行,即第一代以粮食为主的生物燃料应控制规模;加快以非粮作物为代表的第二代生物燃料示范工程建设,合理规划建设原料供应基地和大型生物液体燃料加工企业;抓紧研发和紧密跟踪以微藻为代表的第三代生物燃料。微藻生物柴油产业链是一个复杂的系统工程。对于该产业的发展而言,当前最大的问题是如何突破技术和成本的障碍。为保障微藻生物柴油的产业化发展进程的顺利进行,需要从以下几个方面来考量。

(1) 微藻作为第三代生物燃料的原料来源,虽然目前尚未实现工业化生产,但其发展方向得到了国内外科研工作者及政府机构的多方面肯定。在制定与之相关的发展规划、政策时应进行微藻生物柴油生产潜力评估和生命周期评价,对生产潜力评估中可充分将气候、CO_2 排放源、肥料供应地和废水处理设施等资源特征、下游产品处理技术、原材料的运输及当地政策法规等方面综合考虑;生命周期评价则应对其生命周期能源消耗,特别是化石能源消耗、环境排放以及水足迹进行全面评价。

(2) 微藻生物柴油开发从微藻藻种资源筛选开始,到生产出合格的生物柴油这一过程中,涉及了诸多环节,包括了多种不同技术。例如,筛选生长快、含油高、环境适应性强的适宜于规模化培养的微藻;研究微藻积累脂肪的生物学特性;探讨能源微藻的规模化培养最佳工艺;确立高效、低能耗的微藻采收工艺;研究微藻细胞破壁与油脂分离提取方法以及综合利用微藻残渣技术等。这些环节和技术之间不是独立关系,而存在着相互交叉和牵连。往往一个环节的技术改变将会使得其他环节发生相应调整,甚至需要对整个生产工艺进行重新设置。因此,在实际运用中,需要结合具体的微藻种类特性、培养地区自然条件、经济和其他资源状况,进行反复考察和评估,才能建立适宜规模化的开发流程,为微藻生物柴油产业链打基础。

(3) 为了降低微藻能源生命周期能耗及环境排放,应提高各个阶段的生产效率,开发高效的转化技术。从本书中微藻生物柴油的生命周期能耗、温室气体排放和水足迹的结果可知,该生产链中高能耗、高排放和高耗水的环节主要集中在微藻采收脱水过程和微藻培养过程。建议国家鼓励与支持研究机构开发低水耗、连续、规模化的微藻养殖工艺技术,低成本、低能耗采收与油脂提取技术等。设立专项资金支持微藻生物柴油发展,包括支持微藻生物柴油产业化关键技术研发、适宜微藻生长的资源地勘察和评估、相关行业标准制定、示范工程建设等。

(4)要充分认识微藻生物柴油综合炼厂和多联产的重要性。将微藻生物柴油开发与废水综合利用、CO_2减排和高附加值产品开发有机结合起来。微藻在CO_2固定、有毒有害物质和难降解有机物的去除以及重金属离子吸附等方面具有很多优势。在微藻生物柴油炼厂选址时,除了考虑必要的气候条件外,还应考虑该地获取CO_2的便利性。如,可将微藻生物柴油炼厂建立在发电站、氨化工厂等CO_2排放源附近,既可降低微藻的培养成本,又可起到减排的目的。同时,若能利用城市生活废水、工厂排放的废水等水源来培养微藻,理论上既可满足微藻培养所需的营养物,降低微藻培养成本,还可以同时去除废水的污染物等。微藻提取脂肪后的生物质残渣中,还含有大量如蛋白质、色素、多聚糖一类的活性物质。这些物质经加工提取纯化后可用于化工、食品、医药等多个领域。最终的藻残余物可发酵生产沼气供炼厂使用或做他用。综合炼厂可结合电、热等联产,通过燃料、电力、热的综合生产、利用,实现能量的阶梯利用,大大提高炼厂的综合能效。因此,需要详细研究微藻生物柴油综合炼厂中各个工艺的耦合,对工艺进行选择和优化,最大限度地开发微藻生物质,降低微藻生物柴油生产成本。

(5)国家应对微藻生物柴油的产业化发展以及其他生物燃料的发展制定长期稳定的政策,以增加投资者的信心。有关部门应尽快出台、落实生物燃料的产业优惠政策。例如,加大对生物燃料的补贴力度,通过国家的合理调控和引导,确保生物燃料的市场需求。同时,还应在车用生物燃料相关基础配套设施方面进行完善,建立统一的技术标准,规范检测手段和标准,从而促进生物燃料和新能源汽车的协调发展。

(6)鼓励支持微藻生物柴油"产—学—研"合作,政府要积极引导科研院校和企业之间的合作。企业是科技创新的主体,研发在很大程度上是一种市场行为。高校或科研院所与企业之间应建立更加密切的联系,将高校与科研机构的研究成果输出给企业,从而帮助企业实现生物燃料产业的发展。此外,高校与科研机构还应加强微藻生物柴油产业化发展急需的技术、管理、物流、营销等人才的培养。

虽然在目前技术发展水平下,以微藻等为原料生产获得的生物燃料,尚不能达到与传统石化燃料相竞争的水平,但随着时间的推进、效率的提高、技术的进步和规模的扩大,必将会降低微藻生物柴油等生物燃料的生产成本,从而使得生物燃料的竞争性不断提高,在国家能源安全和环境保护上发挥越来越重要的作用。

索　引

C

沉降　55,58,60－62,146

CO_2　2,9－11,19,26,35,42,43,46,48－52,54,56,66,71,74,75,89－91,97,105,109－124,127,133,170,171,174,175,181,183,184,196,197,199,201,203－205,210－213,219,221,229,230,232,238,240,263,277,278

D

大气环境污染　5,11

电　111,120,121,124,139,162,171,172,203,213,278

电力　18,19,63,109－111,113－115,118－120,123,132,139,140,146,168,170,173,174,200－202,205,206,210－215,224,226－230,235－239,241,262,276,278

定量特征化　104

杜氏藻　38－40,42,44,63

F

分析指标　103,168

风电　2,145,210,211,236

风速　57,157,180,252,257

浮选　58,61,62

副产品分配　119,158,171－173,227,258

G

改善评价　100－102

灌溉　17,142,143,145,148,152,154,155,157,162,163,178,180,195,242,259

光饱和度　184－187,190

光合转化效率　184

光化学烟雾　103,121

光利用效率因子　185,190－192

光生物反应器　46－49,51－54,158,216,269

光照　39－41,50－52,54,55,64,66,183,185－187,190,192,196,197,216,221,275

过程燃料　120,121,168,170,173－176,200－204,209,210,212,214,227,242

过程燃料子系统　121,168,170,181,217,228

过滤　58－62

H

红球藻　38,39,41,42,85,158

化石能耗　118,120,171,173,177,181,204,210－214,229－236,238

化石燃料　1,2,5,9,11,18,29,34,46,56,83,110,116,121,123,144,146,147,154,155,233,235,236,238,239,242,276,277

灰水　148,157,159－161,180,260,266,267,269,271,276

灰水足迹　117,148,156,157,162,171,178－181,242,259,260,265－269,271,276

J

间接水足迹　242,265,266

间接用水　148

降雨量　155－157,162,180,187,193,197,248,251－256,259,260,273

焦炭　202,207,209

K

开放式跑道池　46,124,183,184,196,197,216,238,275

颗 粒 物　　11－13,15,35,61,113,203,204,211

可持续　　24,29,31,34,36,42,49,84,89,102,107,116,124,132,139,147,149－151,153－155,163,164,181,183

可再生能源　　1,2,4,5,18,19,22,23,25,29,31,32,87,109,115,119,123,124,135,144,145,147,235,238,244,271

L

蓝水　　148,152,157,159－162,179,180,259,260,265－267,269,271,276

蓝水足迹　　148,151,152,156－159,161,162,171,178－181,242,259,265－267,271,276

离 心　　58,60－62,217,218,222,224,225,229

理论产量　　121,185,189

理论生长率　　183

粮食安全　　119,154,250

陆生作物　　123,158,178－180,251,258－260,265,267,268,271,276

绿水　　148,152,157,159－162,179,180,259,260,266,271,276

绿水足迹　　148,151,152,156－158,162,171,178－181,242,259,265－267,269

螺旋藻　　38－42,44,59,61,68,69,85

M

麻疯果　　19,80,159,240,251,259,263,265,273

麻疯果生物柴油　　117,160,263,265

敏感性分析　　228,232－234,238

木薯乙醇　　29,30,117,118,120,121,123,131,135,157,159,245,248,250,251,260,261,265－267,269－272,276

N

能源安全　　1,5,8,18,19,22,24,31,34,35,139,163,250,278

能源生产　　5,31,48,143－146,153,163,174,201,202

P

跑道式开放池　　52,220

PM$_{10}$　　11,12,110－112,116,120,203

PM$_{2.5}$　　11－14,203,204

平均生长率　　187,189,196,236,246,275

Q

气溶胶　　11,35

气温　　9,55,57,124,155,156,162,180,183,184,186,190－192,196,248,251,252,257,258

清单分析　　100－106,109

清单数据　　103,104

全球变暖　　10,11,103－105,122,173,175

全球气候变化　　5,9,132

R

燃料乙醇　　19－24,26－32,34,42,43,117,119－121,134,135,159,243－246,248,250,251,260,262,263

燃料油　　168,170,172,174,200－202,208－213

燃料油发电　　112,211,212

燃煤发电　　110,211,212

燃烧　　1,2,9,10,21,34,56,77,81,83,111,118,123,131,139,147,163,168,175,176,181,201,203,204,210,227,228,231,262,263

人均水足迹　　151,153

日照时数　　252,256,257

S

上游阶段　　109,110,116,168,174,176,177,217,229－232,238

生产潜力　　34,87,119,137,183,197,216,235,246,251,272,277

生长阶段　　156,161,163,179,180,242,251,259,265,267

生命周期　　1,29,34,58,87,100－123,125,126,128,131,132,134－136,153,162,168,170－172,174,180－182,198,200,201,

212－214,216,217,228,231－240,242,
248,260,269,272,273,275－277

生命周期能源消耗　111,114－117,125,
135,148,170－173,181,201,204,210,
212－214,242,275,277

生命周期水足迹　117,154,156－159,161,
177,180,242,243,245,251,265－271,276

生物柴油　19,21,23,24,26－34,41－43,
45－50,52,58,66,67,70,74－84,89,91,
97,98,107,110,115,117,119,120,123,
124,131,144,145,152,154－162,168,177,
179,181,184,185,187,189,192,193,214,
216－218,221,226－235,238,240,242－
246,251,260,263－267,269－271,273,
274,276,277

生物柴油加工　47,49,77,168,208,217,
218,226－230,263

生物能源　24－26,29,30,41,46－49,76,
84,87,89,145,147,154,243,260,275

生物燃料　1,2,5,18－22,24－34,36,37,
41,43,45－47,49－51,56－58,68,69,76,
89,117－119,121,123－125,143－145,
147,150－164,177－181,228,242－245,
260,265－271,275－278

生物质　2,18,19,21,22,24,25,29,31,33,
42,43,45－50,54,58,68－70,77,81,83,
87,88,109,111－114,116－119,123,125,
132,135,139,144,145,147,153,154,158－
162,171,172,183－185,189,191,192,196,
209,231,242－246,250,251,265,267,
270－272,275,276,278

生物质发电　24,145,157,244

生物质气　68,158

生物质液体燃料　117,242－244

石油能耗　118,171,173,177,181,204,
210－213,231－234,236

水　67,74,123,125,139,140,142－147,
153,155,158,163,170,178,180,184,187,
193,227

水电　1,4,5,110,111,113,139,144－146,
210,211,236,276

水可获取能力　147,192

水需求修正系数　186

水足迹　68,117,123,148－163,168,170,
171,173,177－181,242,246,251,252,259,
260,265－267,269－271,275－277

水足迹评价　139,149,150,153,156,163,
260,270,275

酸化　103－105,119,121,122

酸雨　2,13,14,104,105

T

太阳能　2,18,65,87,110,111,113,115,
123,132,137,144－146,198,211,236,
239,272

替代燃料　19,25,29,49,107,108,117－
119,125,126,173,181－183,214,276

天然气发电　109,110,208,211,212

甜高粱乙醇　117－119,121－123,136,157,
159,245,246,248,251,260,262,263,265－
267,269－271,273,276

W

微藻　19,22,32,34,38,39,41－77,79－
85,87,89,91,92,95,96,107,118,123－
125,158,159,168,170,177－180,183－
187,189－193,195－198,208,216－222,
224－232,234－236,238,239,245,246,
251,252,260,263,265－267,269－271,
275－278

微藻采收　49,58,60－65,84,91,92,96,
222,238,276－278

微藻培养　42,47－49,51－58,64,81,124,
161,168,180,186,187,190,191,196,216－
218,221,228,230－232,234,238,260,266,
267,278

微藻筛选　47

微藻生物柴油　1,34,45－49,51,52,58,
77,79,80,82－84,86,87,89,95,118,123,
124,137,158,159,161,168,170,171,173,
177,180,181,183－185,187,189－197,
200,201,216－218,220,226,228－239,
242,245,246,251,260,263,265－272,
275－279

微藻生物柴油综合炼厂　　　83,168,180,216,
　　217,232,275,276,278
微藻脱水　　65,222,230,234,238,276
温度修正系数　　186,191,192
温室气体　　9,11,28,29,102,103,105,
　　110－112,115－117,119,171,174,175,
　　177,233
温室气体排放　　10,29,34,102,103,109,
　　110,112,114－123,134,136,148,168,
　　171－177,181,183,201,213,214,216,
　　229－239,242,275,277
雾霾　　2,13,14

X

系统边界　　101,109,120,168,170,173,
　　178,181,216,217,242,243,269
下游阶段　　168,217,231
相对湿度　　57,252,255,256
小球藻　　38－43,47,50,51,55－57,59－
　　62,64,65,68－70,73,82,85,87,89,183,
　　216,218
修正产量　　185,191
絮凝　　58－64,92,217,218,222－224,260

Y

液化石油气　　110－112,174,200,208
营养物　　52,54,56,64,124,146,170,184,
　　196,209,221,235,238,267,269,271,
　　276－278
影响评价　　100－103,109,115,118,149,
　　153,163

油井到车轮　　117
油箱到车轮　　217
油脂提取　　49,66－68,70,72－74,76,77,
　　81－84,95,96,168,216,217,224－230,
　　232－234,238,263,276,278
预处理　　19,62,67－70,74－76,82,95,
　　217,218,225,229,232,234,238
原料加工　　209
原料开采　　201
原油　　4－6,8,26,30,33,65,113,115,116,
　　168,170,174,178,200－210,212－214,
　　217,228
运输方式　　56,157,176,201,205,207－209,212
运输分配　　217,265
运输距离　　111,176,206－209,227,265

Z

藻种筛选　　49,50
蒸汽　　1,121,144,174,200,201,205,206,
　　229,262,263
正向渗透　　60,65
政策建议　　277
直接水足迹　　242,265,266
直接用水　　148
酯化反应　　77－79,82,83,208,218,226,
　　227,264
酯交换反应　　77－79,83,264
资源影响　　103
总能耗　　4,18,81,117,118,171,173,176,
　　177,181,204,210－213,223,227,229,
　　231－236,238